Christiane Tramitz

Unter Glatzen

Meine Begegnungen mit Skinheads

Christiane Tramitz

Unter Glatzen

Meine Begegnungen mit Skinheads

Droemer

Besuchen Sie uns im Internet:
www.droemer-weltbild.de

Die Folie des Schutzumschlags sowie die Einschweißfolie sind
PE-Folien und biologisch abbaubar.
Dieses Buch wurde auf chlor- und säurefreiem Papier gedruckt.

Umschlaggestaltung: ZERO Werbeagentur, München
Umschlagfoto: © Bärbel Büchner
Satz: Ventura Publisher im Verlag
Druck und Bindung: Franz Spiegel Buch GmbH, Ulm
Printed in Germany
ISBN 3-426-27242-3

2 4 5 3 1

Für meinen lieben Bruder Moritz,
der das Dritte Reich nicht überlebt hätte.

Inhalt

Peter – Der Dämon in mir (Teil I)	9
Hans – Keine Achtung vor dem Leben	17
Knasteindrücke	48
Detlef – Die Drohung	57
»Aktion Sorgenkind«	67
Erich – Stumme Zeugen	70
Robert – Das Ende der Unschuldsjahre	103
Freunde, Feinde, Freunde	121
Torsten – Eine Frage der Ehrlichkeit	131
Den Tod vor Augen	152
Ein Albtraum	155
Peter – Der Dämon in mir (Teil II)	160
Marko ist schwarz	195
Die Boa	201
Dietmar – Unfreiwilliger Begleitschutz	209
Ausgerastet	216
Geborgenheit	238
Buchverkauf	245
Zivilcourage	255
Ausbruch	263
Fieber	267
Erschlagen	277
Tierpark	284
Abgestumpft	290
Am Ende	295

Der Ausstieg 301
Die letzte Begegnung 304

Dank 317

Peter – Der Dämon in mir (Teil I)

»Wissen Sie, ich hab mir da meine eigene Theorie gebildet. Es gibt auf der Welt kein Gut und Böse, damit hat sich schon Goethe befasst. Was vorherrscht, ist das Böse, das wird immer bleiben. Auch dann, wenn mal Tilt ist, wenn alles zu Ende ist. Nehmen wir mal einen Atomkrieg als Beispiel. Was bleibt, ist das Böse, selbst dann, wenn es keine Menschen mehr gibt. Das Böse siegt immer.
Stellen Sie sich das vor wie einen Dämon, einen Dämon im Kopf, der gibt Impulse, da können Sie machen, was Sie wollen. Die Adrenalinpumpe wird angeworfen, und der Dämon will Blut sehen. Er braucht es. Zumindest mein Dämon. Wie er in den Köpfen anderer aussieht, weiß ich nicht. Mein Dämon verkörpert Hass, er kennt keine Liebe. Ich bin der personifizierte Hass!«
Er kaute an seinen Fingernägeln, von denen die gierigen Zähne ohnehin nur noch Fragmente übrig gelassen hatten. Die Hände wechselten ständig die Farbe, mal rot, mal weiß, sie beugten sich dem Druck, den die Seele auf sie ausübte. Der ganze Kerl stand unter Hochspannung, ebenso wie ich. Die Geschichte nahm kein Ende, das Böse ergoss sich über mich. Abhärtung wollte sich nicht einstellen. Möglicherweise war ich doch zu sensibel für diese Arbeit.
Warum sonst konnte ich mich nicht an diese grausamen Schicksale gewöhnen?

Hier, in dem kahlen Gefängnisbau, beschloss ich zu schreiben, Last loszuwerden.

Es sollten Interviews werden, lange, intensive Gespräche mit Glatzen, mit Skins, Rechtsextremen, Gewaltverbrechern. Wochenlang hatten wir Wissenschaftler uns im Kriegsrat befunden, bauten Theorien wie Mosaiksteinchen zusammen, diskutierten und brachten die Ergebnisse zu Papier. Das Resultat war ein Fragebogen, der unendlich schien. Wir wollten alles wissen über Kindheit, Jugend, über das Verhältnis zu den Eltern und Geschwistern. Wie verlief die Zeit im Kindergarten, in der Schule und im Beruf? Welches Bild hatten die Skins von sich selbst? Empfanden sie sich als sensibel? Als gefühlskalt? Wann hatten sie das erste Mal Kontakt zur Skinszene? Wie sind sie zu ihrer rechtsextremen Gesinnung gekommen? In der Mitte des Fragebogens hatten wir die Frage nach der Tat platziert: »Erzählen Sie mir doch bitte, warum Sie hier sind!« Wichtig für uns waren auch die Gefühle. Was spüren sie, wenn sie Menschen durch die Stadt jagen, quälen und zu Tode prügeln? Haben sie überhaupt noch Gefühle? Nein? Warum nicht? Achtunddreißig Seiten Fragebogen sollten wühlen, zum Teil im Dreck, gleichzeitig nach Hoffnung suchen.
Meine Vorstellungen waren diffus. Am Küchentisch bei Kaffee und Honigsemmel trug mir die Zeitung ein düsteres Bild zu, servierte mir zum Frühstück vage Vorstellungen von Brutalitäten, die die Frage weckten: Wie können die nur? Was sind das für Menschen?
Gesehen hatte ich bislang nur wenige. Sie hatten mir Angst eingeflößt, wenn sie wie eine Horde wild gewordener Büffel vorbeizogen, im Schlepptau eine Fahne aus Whiskey und Bier.

Als das Innenministerium den Forschungsauftrag vergab, konnte ich die Konsequenzen nicht ahnen. Auf mich wartete eine unbekannte Welt, bestehend aus Gewalt, aus hohen Ziegelmauern, aus Stacheldraht.

Der junge Mann vor mir beruhigte sich wieder. Das Beben seiner Hände hatte sich gelegt. Ich fragte ihn, warum er gezittert habe. »Es ist kalt hier, das ist alles«, erwiderte er. »Sicher? Nur deswegen? Bist du dir da ganz sicher?« Er blickte mich kalt lächelnd an: »Klar, warum sollte ich sonst zittern?«

Seit meinem sechsten Lebensjahr schreibe ich Tagebuch. Meine Mutter kaufte mir damals ein schwarzes Heft und einen Kugelschreiber. Das war toll, denn in der Schule durfte ich nur mit Bleistift schreiben. In dieses Tagebuch hatte ich 1966 in Krakelschrift geschrieben: »Heute habe ich einen schönen Tag gehabt, in der Relikchion haben wir gelernt das der Her Jesus in den Himmel gefaren ist und ich habe mein Farad gewaschen.«
Hatte ich eine gute Kindheit? Reenie* wurde ich keine und meine Brüder keine Skins – wie engstirnig mein Denken geworden ist.

Als ich fünfzehn, sechzehn Jahre alt war, drehte sich alles um Jungs, um pubertäres Querdenken, um Probleme mit Mutter und Vater, festgehalten in indisch angehauchten Tagebüchern – Probleme umrankt von kitschigen Schnörkeleien.
Später schrieb ich Fachbücher: wie sehr Irren männlich

* Reenie: So werden die Mädchen der Skinszene genannt.

sein kann, wie Liebe auf den ersten Blick entsteht – alles Bücher mit endlosen Literaturangaben und Statistiken. Ich versuchte damals einen Spagat zwischen wissenschaftlichem Anspruch und Popularität. Das fiel mir schwer, ich plagte mich, die Seiten füllten sich nur zögernd. Meine Kinder, die noch sehr klein waren, begleiteten die Arbeiten mit ständigen Forderungen nach Milchflaschen und Keksen. Abstracts, Fachartikel, aus internationalen Zeitschriften kopiert, lagen überall in der Wohnung verstreut: in der Küche, auf den Tischen, auf dem Boden, in der Toilette, in Schlaf-, Kinder- und Wohnzimmer. Ein einziges Chaos!

Ich weiß, wie wissenschaftliches Material aufbereitet wird, zumindest im psychologischen Bereich. Menschenschicksale werden zu Daten, gebunden in einer Broschüre, wie sie in diesem Fall das Innenministerium verbreiten wird – schmal, aber bedeutsam. Während man in Wahrheit verzweifelt nach den verdammten Gründen sucht, produziert man so ein willkommenes Alibi: »Hier in Deutschland tun wir was gegen Ausländerfeindlichkeit.«

Ich will nicht, dass das individuelle Leben hinter Summen und Tabellen verschwindet, Prügelszenen, kindliche Panik vor dem Schlagstock, Folterszenen im Jugendalter will ich nicht in Zahlen abtauchen lassen. Einzelschicksale sind wichtig, nur sie können aufklären, können verstehen machen. Darum schreibe ich nieder, was ich gehört und erfühlt habe, und komme damit auch dem Bedürfnis nach, meine überquellende Seele zu befreien, Albträumen mit Trotz zu begegnen und die Leser mit Ereignissen und Erfahrungen zu konfrontieren, die sie sich in ihren kühnsten Phantasien nicht vorstellen können. Diesmal fällt mir das Schreiben leicht, ich brauche keine Abstracts suchen, keine

Zitate abschreiben, die Küche, das Klo sind begehbar, die Kinder alt genug, um sich die Kekse selber zu holen.
Es ist ein gänzlich unwissenschaftliches Buch geworden, ohne jeglichen Anspruch auf Verallgemeinerung, es führt keine objektiven Ergebnisse auf, die sich auf Statistiken stützen. Es handelt sich schlicht um Eindrücke, Ahnungen und Gefühle. Dennoch ist dieses Buch authentischer als alle anderen, die ich geschrieben habe – meine Tagebücher einmal ausgenommen.

Im Gefängnishof wurde es laut, die Gefangenen hatten Ausgang, an allen Ecken wurden sie von Justizbeamten bewacht. Während der vom Dämon regierte Kerl die letzten Seiten des Fragebogens bearbeitete, registrierte ich, wie unten im Hof kleine Papierfetzen ausgetauscht wurden. Drogen seien ein großes Problem hier, hatte ich gehört. Wie war das, wenn die Gefangenen Fußball spielten? Traten da Mörder gegen Kinderschänder an? Rechtsextreme gegen Diebe? War auch ein Versicherungsbetrüger unter den Spielern? Ich konnte mir beim besten Willen nicht vorstellen, dass ein ehemaliger Krawattenträger, der mit Aktenkoffer auftrat, geschniegelt und gewienert, seinen Erfolg im Knast fortsetzen könnte. Allenfalls spielte er jetzt die Rolle eines mäßigen Verteidigers, im Knast gelten schließlich andere Regeln …
Was für merkwürdige Gedanken hatte ich heute?
Wie ein gehorsamer Schuljunge saß der Skin da und beantwortete scheinbar hoch konzentriert jede Frage: Sind zu viele Juden im Land? Würden Sie mit diesen Geschäfte machen? Sollten Ausländer aus dem Land – notfalls mit Gewalt? War der Nationalsozialismus an und für sich eine gute Idee, die nur falsch ausgeführt wurde?

Ein eingeschworener Nationalsozialist wie er konnte sich bei diesen Fragen bestens austoben – und er tat es. Seine Kreuzchen drückten sich fest ins Papier. Endlich konnte er sein braunes Gedankengut offiziell einem Blatt Papier anvertrauen, das in deutsche Statistiken Eingang finden würde.
Ich spürte Ungeduld in mir aufkeimen. Inzwischen waren sechs Stunden vergangen. Sechs Stunden konzentrierten Zuhörens und Fragens, sechs Stunden Müll schlucken – und das unter der Vorgabe, verstehen zu sollen. Eine weiße Wand sein, an der alles abprallt, so würden Psychotherapeuten diesen seelischen Dauerbeschuss beschreiben. Das klingt so einfach.
Das Interview war zu Ende, nie wieder würde ich ihn sehen. Ich übergab ihn in die Obhut der Wärter, nicht ohne bemerkt zu haben, dass wir in irgendeiner Form einen Pakt geschlossen hatten. Ich war zum Mitwisser geworden, als er sagte: »Was ich hier erzählt habe, weiß keiner, ich musste es loswerden!«
Mit dieser Bürde verabschiedete ich mich von meinem Kollegen Oliver. Der saß in einer engen Zelle, eingeräuchert. Wie er, der Antirauchapostel, das hasste. Schlechte Arbeitsbedingungen für Oliver, denn wenn ich meine bisherigen Erfahrungen hochrechnete, kam ich zu dem Ergebnis, dass alle Skins Kettenraucher sind – bis auf einen, der hatte es sich im Knast abgewöhnt. Zum Ausgleich bekam Oliver in dieser Zelle ausgesuchte visuelle Reize geboten: eine nackte Pamela Anderson hatte er im Rücken, neben ihm ein Pin-up-Girl mit gespreizten Beinen, über ihm, an der Decke, ein Pärchen, das es miteinander treibt, und vor ihm ein wahrlich Furcht erregender, wuchtiger, wild tätowierter Skin, der mich anlächelte und in sein

Reich bat. Zu dritt hatten wir kaum Platz in der Zelle. Den meisten Raum nahm das Klo ein, das durch einen quietschorangenen Vorhang von dem übrigen Raum abgetrennt wurde. Das beruhigte mich, denn früher hatte mich die Frage gequält, ob bei Menschen, die auf acht Quadratmetern leben müssen, wohl auch noch jeder zusehen kann, wenn sie aufs Klo gehen. Ich erklärte Oliver, dass ich nun fahren würde, und wünschte ihm, Clara und Dennis noch eine schöne Zeit – wie ironisch. Dann ließ ich mir unzählig viele Tore aufsperren und verließ im Regen den düsteren Ort. Es regnete immer, wenn ich im Gefängnis war.

Zu Fuß ging ich zum Bahnhof. In dem kleinen Stehimbiss kaufte ich mir eine heiße Schokolade, wollte einfach mal tief durchatmen und Ruhe finden. Da wurde die Tür mit einem lauten Knall aufgestoßen und sechs Glatzen stapften schweren Schritts zur Theke. Der Wirt kannte sie wohl, war hocherfreut. Ich verzog mich in die Ecke und lauschte. Irgendjemand hatte was ausgefressen, irgendwer hatte bei der Polizei angerufen und nun stand jemand vor Gericht. Der Wirt wirkte finster, er schien eingeweiht, war wohl einer von ihnen. Auf einmal bemerkten die Kahlköpfigen meine Anwesenheit. Durchaus höflich, aber bestimmt baten sie mich hinaus, in einen Nebenraum. Ich hatte das Gefühl, man könnte meine Gedanken, meinen Beruf, meine Eindrücke lesen.

Ich wurde die Skinheads nicht los. Ihre Taten, ihr Verhalten, ihre Geschichten, ihre Biographien durchzogen mein Leben. Als ich in Leipzig aus dem Zug stieg, lungerten wieder Glatzen am Bahnhof herum: »Am Bahnhof, da ist was los. Da kann man gute Partys feiern.«

Ausländergruppen hier, Skins da – die Eindrücke be-

schäftigten mich derart, dass ich nach anderthalbstündiger Wartezeit meinen Zug nach München um eine Minute verpasste, so dass ich weitere zwei Stunden auf diesem Bahnhof verbrachte. Ich fühlte mich einsam, wollte mit jemandem reden, erzählen, was sich in mir angesammelt hatte. Ich rief Daniel an, hoffte, seine Stimme hören zu können. Vergebens.
Völlig erschöpft erreichte ich gegen Mitternacht München. Die Allergie, meine Form der Berufskrankheit, ist stärker geworden, Übelkeit begleitete mich schon den ganzen Tag und die halbe Nacht. Noch mal wählte ich Daniels Nummer, wollte nicht alleine schlafen. Kurze Zeit später sank ich in Kissen und Arme, fühlte mich geborgen.

Hans – Keine Achtung vor dem Leben

Der Nebel wurde immer dichter und hüllte die Landschaft in trübes Licht. Die Ortschaften, durch die wir fuhren, schienen ausgestorben. Die Häuser trugen Mäntel aus Eternit. Die Vorgärten waren sorgfältig gepflegt, ab und zu bewachte sie ein Gartenzwerg. Die einzig wirkliche Abwechslung in diesen Dörfern waren die Gardinen: hier Rüschen, da strenge Linien, gestickte Rosen, ausgefeilte, geometrische Muster. Ich stellte mir vor, wie sonntags flaniert wird, von der Kirche nach Hause. Hier gehen die Leute noch Kerzen anzünden und beten auf Knien den Rosenkranz. In der Kirche haben sie sich ordentlich mit Weihwasser besprüht, das Vaterunser gebetet, mit dem Herzen geschworen, Glauben in sich zu tragen und den Nächsten zu lieben. Dann marschieren sie in Grüppchen zurück, kommen irgendwo zum Stillstand. Nicht im Ortskern, den gibt es nicht. Es ist ein Straßendorf, ewig lang, Haus an Haus gereiht, die Fenster mit Gardinen geschmückt. So stehen die Menschen nebeneinander und tratschen darüber, was sich hinter diesen Gardinen abspielen mag: Der Hinze trinkt in letzter Zeit, die Anita ist schwanger, der Hauser hat was mit der Liebisch – und der Maier ihr Sohn hat neuerdings eine Glatze, wo es sonst am Haus so ordentlich ist, die Mutter sich immer so viel Mühe gibt. Übrigens hat die Maier die schönsten Gardinen.

Damals war nicht Sonntag, sondern Montag, die Straßen leergefegt, die Zigarettenkippen, während der sonntäglichen Gespräche achtlos weggeschmissen, waren bereits von Besen und Kehrschaufel beseitigt. Woran lag es wohl, dass wir keinen einzigen Menschen sahen? Weder an den Fenstern noch auf den Straßen. Hier pulsierte nichts, lebte nichts, war alles von peinlichster Sauberkeit erstickt. Aber hinter den Gardinen, da war der Teufel los. Ganz sicher!

Dennis bemerkte trocken: »Ehrlich, würde ich hier aufwachsen, würde ich wohl genauso werden wie die!« Mit »die« meinte er die Skins, derentwegen wir unterwegs waren. Oliver fuhr kommentarlos weiter, schien zu grübeln. Vielleicht machte er sich Sorgen, dass die volle Tasse Pfefferminztee, die ich auf dem Armaturenbrett platziert hatte, in einer Kurve herunterfallen könnte. Aber dafür fuhr er viel zu langsam. Nach einer schier endlosen Fahrt durch tote Dörfer erreichten wir endlich unseren Zielort. Vorher hatten wir noch Salat und Leberkässemmeln gekauft. Wer weiß, wie lange die Interviews dauern würden.

In A. wurden wir von einem freundlichen Bewährungshelfer erwartet. Die Stiegen des Hauses, in das wir geführt wurden, knarzten, und die Zimmer, in denen alles stattfinden sollte, waren klein. In der Küche warteten wir auf »unsere« ersten Skins und rauchten. Überall lagen hier im Mütterberatungswerk Kisten mit Spielzeug herum, kleine Rasseln, Gummischlangen, Spielbälle, Klötzchen, und Plakate zeigten heile und vertraute Familien, lachende Kinder, glückliche Eltern.

Wir warteten, aber niemand kam. Ich schlug meinen Kollegen vor, wenn keiner kommt, könnten wir ja gemeinsam nach Bad S. fahren und einen Kurtag einlegen, in Moorpackungen schwitzen, uns massieren, die Füße, das Gesicht pflegen lassen, ausspannen, bevor der Stress beginnt. Der Bewährungshelfer war sich jedoch sicher: »Die haben fest zugesagt, die wollen das Geld, die kommen.«

Es waren unsere ersten Interviews mit Glatzen, und nicht nur ich ließ Zeichen leichter Aufregung erkennen. Dennis und Clara hielten sich an Zigaretten fest, und ich aß zu viel Leberkässemmeln, die mir im Hals stecken blieben, als die Tür von drei Bomberjacken, sechs Springerstiefeln und drei tätowierten Glatzköpfen aufgestoßen wurde. Beginn der Feldarbeit!

»Feldarbeit« nennen Wissenschaftler den praktischen Teil ihrer Arbeit. »Wir gehen ins Feld« heißt in unserem Fall: in Gefängnisse, Kneipen, Amtsgerichte, Wohnungen. Das sind die Felder, auf denen die wissenschaftliche Erkenntnis und der Lorbeer des Ruhms wachsen sollten. »Feldzugang« ist die logistische Beschaffung des Datenmaterials, in diesem Fall also der Skins. Unser »Feldzugang« hatte sich als sehr schwierig erwiesen. Wir mussten nicht nur die Gefängnisdirektoren von der Wichtigkeit des Projekts überzeugen, wir mussten auch den Skins genügend Anreiz zum Mitmachen bieten. Geld, so dachten wir, sei das beste Lockmittel, wurden jedoch bald eines Besseren belehrt: Viele wollten ganz einfach nur mal mit jemandem reden.

Da standen sie nun, »unsere« ersten Skins, wahrlich Furcht einflößend. Später, nach dem x-ten Interview, waren wir den Anblick gewöhnt. Springerstiefel und Bomberjacken gab es im Gefängnis zwar nicht, aber die Skins, die wir zu Hause aufsuchten, öffneten uns die Tür im entsprechenden Outfit.

An diesem ersten Tag war es noch nicht normal für uns. Das Zusammentreffen begann mit vorsichtigem

Mustern, Taxieren. Die Verhaltensforscherin in mir suchte nach der richtigen Strategie. Wie sollte ich mit ihnen umgehen?

Die drei Glatzen durchbrachen die Sekunden der Überlegung und Ratlosigkeit: »So, und was nun? Der Stephan kann nicht, der Jost will nicht, und wir haben nur dreißig Minuten Zeit.«

Wir standen ziemlich dämlich herum – Oliver, Dennis, Clara und ich. Vier Interviewer für drei Skinheads, von denen einer noch nicht mal mitmachen wollte. Die erste Feldzugangsarbeit erwies sich als ziemlich uneffektiv, unser erster Feldbesuch war überdimensional aufwändig. Dem Bewährungshelfer war das peinlich, er verwickelte sich in eine heftige Diskussion mit den dreien, die daraufhin beschlossen, ihren »Chef« anzurufen. Sie seien gut organisiert, der »Chef« solle bestimmen, wer sonst noch mitmachen könnte, meinte ein Skin, der inmitten der Spielsachen lässig Platz genommen hatte, eine Zigarette schräg im Mundwinkel.

Ich war still, spürte, wie ich Zentimeter um Zentimeter schrumpfte, wie immer, wenn ich mich unwohl fühle.

Wer befragt wen? Welcher Skin hat das Interessanteste zu berichten, wer ist umgänglich, wer störrisch? Ich versuchte, aus den Gesichtern mögliche Schicksale zu lesen, doch die Verhaltensforscherin musste wohl ganz von vorn anfangen. Hier halfen die bisherigen Erfahrungen nicht weiter.

Während ich bei diesen Glatzen mit den sieben Siegeln nach Hinweisen auf ihre Persönlichkeit suchte, ergriffen Oliver und Clara die Initiative, um den Anschein von Kompetenz zu wahren: Oliver verschwand mit dem Wuchtigen im Beratungsraum, Clara bat den schmächtigen Skin, dessen Bomberjacke einen für wirklich harte Kämpfe nicht

geschaffenen Körper kaschieren sollte, in den anderen Raum.
Dennis und ich warteten, bis der »Chef« einen seiner Adlaten zu uns gesandt hatte. Der fuhr mit lauter Musik in den Hof, eine schwarze Sonnenbrille hoch auf den kahl geschorenen Kopf geschoben, darunter eine tätowierte Schlange. Er kam die knarzenden Stiegen hoch, begrüßte uns mit einem festen Händedruck – man sagt, ein Händedruck verrät den Charakter ... Nichts verabscheue ich mehr als einen laschen Druck von weichen, womöglich schwitzenden Händen. Dieser Händedruck war von Härte und Entschlossenheit geprägt.
Wir nahmen im dritten Raum Platz, dem Arbeitszimmer des Bewährungshelfers. Dennis hielt sich im Hintergrund, noch war er sozusagen Lehrling, musste die Technik des Befragens verinnerlichen. Zwischen mir und dem Skin stand ein kleiner Tisch, darauf das Tonband, der Fragebogen, Cola, für mich eine Buttermilch, Kuli, Zigaretten und ein Aschenbecher – den sollte Dennis an diesem Tag noch oft leeren müssen!

Ich muss für diesen Bericht einen Namen für mein Gegenüber finden, was mir nicht leicht fällt. Ich kenne Männer, die Thomas, Gottfried, Martin, Benno, Dieter, Joseph heißen. Im Lauf des Lebens werden wir mit so unendlich vielen Namen konfrontiert, und für jeden davon hält unser Gedächtnis zahlreiche Assoziationen bereit, gute wie ungute. Ich habe mich oft gefragt, wie Romanautoren die geeigneten Namen für ihre Helden finden ...
Ich mache eine Zigarettenpause in der Küche, mein Blick fällt auf die Zeitung, und ich entschließe mich, den ersten Vornamen zu nehmen, der in der Tageszeitung ganz ausge-

schrieben ist. Da steht auf Seite 1: »Bundesfinanzminister Hans Eichel verteidigte seinen Sparkurs.« Hans also – auch ich kenne natürlich einen Hans, die erste Begegnung mit einem solchen Namensträger war eine ungute. Hans war damals zehn Jahre alt, ich sechs, als er mir eine fette Kröte in den Ausschnitt stopfte. Die blieb auf meinem Bauch in Gürtelhöhe stecken und zappelte schrecklich. Hans war sozusagen der Auslöser meiner bis heute nicht bewältigten Fröschephobie.

Der Skin, den ich also Hans nenne, saß mir gegenüber, aufrecht, provozierend und abwartend. Wie aus Schubladen zog ich meine Strategie. Es mag berechnend klingen, wenn ich sage, dass ich jetzt nach sorgfältig ausgetüftelten Plänen arbeitete, die in Windeseile geschmiedet worden waren. Tatsächlich handelt es sich um Reaktionsmuster, die automatisch und in der Regel unbewusst ablaufen, wenn zwei Menschen sich begegnen. Man sagt, Menschen schätzen sich gegenseitig in Bruchteilen von Sekunden ein, ein Netzwerk von Intuitionen sei am Werk. In diesen hundertstel Sekunden nehmen wir die wichtigsten Informationen auf, die der Unbekannte uns bietet, verarbeiten sie, und das Resultat ist unser Verhalten.

Hans trug einen Totenkopfring, war an Armen und Nacken grell tätowiert. Er trug Ohrringe, vier an der Zahl. Seine Augen wirkten kalt, die Stimme scharf. Seine Körperhaltung war aufrecht und dominant, seine Hände massig. Er hatte leicht abstehende Ohren – und eine Glatze.

Um seinem Auftreten etwas entgegenzusetzen, wollte ich Respekt einflößend wirken, das nahm ich mir zumindest vor. Tolle Strategie!

Alle unsere Interviews begannen mit der so genannten

Eingangserzählung, einer Aufforderung, über das bisherige Leben zu berichten: »Erzählen Sie mal, wie Sie Ihr Leben bislang so sehen, fangen Sie ruhig bei Ihrer Kindheit an, so weit Sie sich zurückerinnern …« Hans hatte zu seinem Leben Folgendes zu sagen:

»Tja, mei. *(Lachen)* Das Früheste war halt des, was soll ich sagen, überhaupt, ja, mei Familienzeug, was ich da durchgemacht hab, sprich die Scheidung meiner Eltern und, ja, und die Wut, die was da teilweise schon mit dabei war, schon als Kind, als Zweijähriger, ich hab halt immer schon gern hingelangt, na ja, *(lacht)* ich weiß auch nicht, was ich da großartig erzählen soll.«

Es folgte eine lange Pause, in der Hans etwas ratlos zu Boden blickte und mit den Achseln zuckte.

Ich ermutigte ihn, fortzufahren: »Weiter – du hast gern hingelangt?«

Er atmete tief durch: »Damals hab ich halt dann auch so Sachen geschaut, wo man sich identifizieren kann, da wo in den Medien immer des da war, der Deutsche ist so'n Verbrecher und so, so ne Bestie, schon als Kind hat mir des nicht getaugt, weil ich doch damals auch, so doof sich des bissel anhört, aber auch so ne ziemlich gute Einstellung zu meinem Land gehabt hab und da halt auch geschaut hab, dass ich so viel als möglich Berichte krieg darüber, sprich, so mit vier, fünf Jahren. Hab auch einige Zeitungsartikel gelesen von damals, von der Geschichte, um mich auch ein bissel darüber zu informieren. Mit der Zeit ist dann alles so zurückgestellt worden, weil ich doch irgendwie gesehen hab, dass das dann zu viel Hetzpropaganda […] Wenn ich mich schon informieren will, dann möchte ich doch schauen, dass es so gut wie möglich neutral ist. Na ja, was zu Hause war, okay, ich bin damals ins Heim gekommen, und als

Ältester, war lange da drinnen. *(Pause)* Hm. Und so, *(Lachen)* ich weiß nicht, das ist alles so komisch. *(Lachen)*«

Das war's, Hans schwieg. Ein ziemliches Durcheinander hatte er von sich gegeben: Als Kind war er also schon aggressiv, landete im Heim und hat sich früh für Propagandamaterial interessiert.

Hans war einundzwanzig Jahre alt, geboren wurde er in S., einer kleinen Vorstadt von Bremen. Seine Mutter war erst siebzehn, als sie Hans bekam. Im Lauf der folgenden drei Jahre kamen noch zwei Geschwister hinzu, so dass die Mutter, als sie einundzwanzig war, mit dem Aufziehen von drei Kindern beschäftigt war. Als Hans klein war, blieb die Mutter meist zu Hause, musste jedoch ab und zu Gelegenheitsarbeiten annehmen, damit das knappe Geld reichte. Der Vater, fünf Jahre älter als die Mutter, war damals Bauarbeiter. Seine Lebensverhältnisse in dieser Zeit bezeichnete Hans als armselig. Die Wohnung war eng, er teilte sich das Zimmer mit den Geschwistern. In der Familie sprach man kaum miteinander, hörte sich gegenseitig nicht zu. Jeder ging seiner Beschäftigung nach, mehr oder weniger schweigend. Hans empfand keine Gefühle für die Eltern, und er weigerte sich, mit ihnen über seine Sorgen, Ängste und Regungen zu sprechen.

»Hast du jemals versucht, mit deinen Eltern über deine Gefühle zu reden?«, fragte ich ihn.

»Sagen wir mal so, so normales Elterngefühl hab ich nicht, so Elternliebe oder so, das ist auch ein Streitthema zwischen meiner Mutter und mir. Weil sie meint, ich muss doch Elternliebe rüberbringen. Aber kann ich nicht.«

»Hast du die nie empfunden?«

»Hab ich noch nie empfunden. Ich hab ihr gesagt, ich bin dankbar, dass sie mich gemacht haben, und das hört sich zwar bescheuert an, aber so Elternliebe oder so was kenne ich nicht.«

Hans beschrieb ausführlich, wie wenig Empfindungen er seinen Eltern entgegenbrachte. Mangelnde Liebe Mitmenschen gegenüber hatte sein Leben immer schon bestimmt, im Kindergarten, in der Schule, im Beruf.

»Bist du ein Menschenhasser?«

»Zum Teil, ja.«

»Hast du Angst vor den Leuten?«

»Nee, ich will einfach nichts zu tun haben mit Leuten, die ich nicht kenne. Und vor allem, wenn sie mir vom Äußeren her unsympathisch sind. Mit denen kann ich nichts anfangen.«

»Das ist klar. Ich glaube, das geht jedem Menschen so. Kann die Unsicherheit, von der du gesprochen hast, da eine Rolle spielen? Dass die dich eh nicht akzeptieren?«

»Könnte gut möglich sein.«

»War das schon so, als du klein warst? Dieses Gefühl? Hast du dich ganz gerne hinter dem Rockzipfel deiner Mutter versteckt?«

»Nee, des hab ich nie gemacht. Genauso Kuschelaktionen und so was. Da krieg ich immer so'n Kotzgefühl.« Er lachte fast schon angeekelt.

»Gab's bei dir überhaupt Kuschelaktionen?«

»Mhm, das war in den Zeiten, wo man versucht hat, Friede – Freude – Eierkuchen zu machen.«

»Warum hast du da das Kotzgefühl gekriegt?«, wollte ich wissen.

»Weil ich so was hinterlistig oder irgendwie falsch finde, so was pack ich nicht. Das ist genau so was wie Weihnachten oder so. Das ist grad mal der Tag, wo alles so ›Liebe deinen Nächsten‹ und Bla-Bla-Bla-Unsinn ist, und am nächsten

Tag hauen sie sich wieder die Köpfe ein. Und so was kapier ich nicht. Entweder man sagt es, ja okay ... Bei uns war das ja notgedrungen so, Weihnachten oder in den Ferien, da musste man um den Christbaum rumsitzen und dann kamen halt so Dinge wie Christendreck zu singen und so was.«

In seinem Gesicht spiegelte sich Abscheu.

Er fühlte sich allein, war ein Einzelkämpfer, von Kindesbeinen an. Nie wurde etwas zusammen unternommen, kein Familienausflug, kein Urlaub. Ab und zu seien sie in den Zoo gefahren, hätten heile Familie gespielt, aber der Schein trog, sagte Hans. Zu seinen Geschwistern hatte er ein eher gestörtes Verhältnis, er fühlte sich stets ausgegrenzt und missachtet.

Als Hans drei Jahre alt war, wurde er das erste Mal geschlagen. An Dinge, die früher liegen, erinnern wir uns in der Regel ohnehin nicht ...

»Du wurdest mit drei Jahren viel geschlagen. Von deiner Mutter oder von deinem Vater?«

»Von meiner Mutter.«

»Warum?«

»Weil ich eben viel Blödsinn gemacht habe. Sagen wir mal so, ich hab damals das Lausbubenhafte draufgehabt, also immer meine Scherze und Witze gemacht, und das haben meine Leute dann doch nicht ganz gewollt.«

»Was waren das für Scherze?«

»Typische Kinderscherze zum Großteil. Bisschen rumgezündelt und so.«

Feuer hatte immer etwas Faszinierendes für Hans. Mit drei Jahren schloss er sich in die Toilette ein, um dort ungestört ein Lagerfeuer aus Klopapier zelebrieren zu können. Später baute er kleine Scheiterhaufen aus Buntstiften und setzte sie in Brand. Übrig blieb ein großer schwarzer und vor allem verräterischer Fleck auf dem Schreibtisch. Schulhefte, deren Einträge Hans nicht gut fand, Nachrichten von Lehrern an Eltern etwa, waren bevorzugte Objekte des Kleinpyromanen, ebenso Matchboxautos, deren Reifen besonders schön anzusehen brannten.

Mütterliche Schläge waren die Folge.

»Wolltest du damit Leute provozieren oder wolltest du Feuer sehen?«

»Ich wollte das Feuer sehen.«

»Es war also weniger, dass du jemanden ärgern, zum Beispiel deine Mutter reizen wolltest?«

»Ich hab noch nie Feuer gemacht, soweit ich mich daran erinnern kann, um damit andere zu reizen. Ich bin halt einfach fasziniert davon, weil es einfach schön ist. Zum Beispiel auch wenn Sommer ist, zum Grillen bin ich gefahren, da ham wir Lagerfeuer gemacht, und da könnt ich auch Ewigkeiten dort sitzen und ins Feuer schauen. Das mach ich auch teilweise, schau einfach zu, bisschen Phantasie spielt da auch mit, weil das sind auch meistens Sachen, na ja …«

»Was sieht man da für Sachen?«

Seine Augen begannen zu leuchten: »Ja, da formt sich teilweise ein Gesicht oder Augen. Es ist faszinierend einfach.«

»Es ist also das Feuer selber? Die Tatsache, dass dabei Dinge kaputtgehen, spielt das auch eine Rolle?«

»Ja okay, sagen wir mal so. Ich hab eigentlich auch einen ziemlichen Zerstörungsdrang. Aber mittlerweile kann ich das schon beherrschen.«

»Also du wolltest auch die Dinge zerstören, die du hattest, zum Beispiel Matchboxautos?«

»Ja.« Er kaute an den Fingernägeln.

»Das wolltest du zerstören. Hattest du keine Freude an den Autos oder hattest du einfach Freude daran, dass sie kaputt gehen?«
»Ja, da hatte ich mehr Freude dran.«
»Hast du auch Ohrfeigen von deiner Mutter bekommen oder hat sie immer gleich fester zugeschlagen?«
»Soweit ich mich erinnern kann, hat sie immer gleich richtig zugeschlagen, also mit Dings, mit Bambusrohrstock oder mit Gürtel oder mit Kochlöffel. Das waren die bevorzugten Sachen.« Seine Stimme klang erregt.
»Wie lang gingen diese Schlägereien, wie lange zog sich das hin? Waren das drei Schläge, vier Schläge?«
»Das ging also teilweise schon ewig. Also teilweise hat's dann auch, kam drauf an, was ich gemacht hab grad. Für meine Zündeleien hab ich sehr viel Schläge bekommen, da ist dann teilweise mit dem Kochlöffel so lange auf den Hintern gehauen worden, bis er abgebrochen ist.«
»Auf den nackten Hintern?« Wie sehr quälte mich die Fragerei! Es war mein erstes Interview, ich war solche Berichte nicht gewöhnt.
»Teilweise. Also zum größten Teil auf den nackten Hintern. Ganz zu Anfang hat's Zeiten gegeben, da hab ich meine Hose noch anlassen können, und dann ist es mit der Zeit immer mehr zurückgegangen.«
»Du musstest also die Hose ausziehen?«
»Ja.«
Ich fragte, ob er bei seinen Zündeleien nie an die dann unweigerlich folgenden Strafen gedacht habe. »Der Mensch ist halt ein Gewohnheitstier«, lautete seine Antwort.
Solange seine Eltern zusammenlebten, stritten sie viel miteinander, meistens wegen des Geldes. Der Vater trieb sich häufig in Spielhallen herum, die er in der Regel erst

mit leerem Geldbeutel wieder verließ. Der Familie blieb zum Leben nicht viel übrig. Die Streitereien mündeten in Schlägereien, Täter war der Vater, Opfer die Mutter:

»Ich weiß ein paar Mal, so drei, vier Mal kann ich mich erinnern. Ich weiß auch, dass mein Vater versucht hat, meine Mutter umzubringen.«

»Wie hat er versucht, sie umzubringen?«

»Durch Würgen. Mein Vater würgt gerne.«

»Wie kam es, dass er sie nicht umgebracht hat?«

»Ah, meine Schwester hat sich dazwischen gestellt.«

»Bist du auch mal in dem Konflikt gewesen, dass du zwischen deinen Eltern entscheiden musstest, was du machst?«

»Zu wem ich geh?«

»Ja. Wo warst du, wenn die sich gestritten haben?«

»Ich?«

»Warst du dabei?«

»Teilweise.«

»Was hast du empfunden?«

»Ja, Angst.«

»Angst um was?«

»Ja, weil es halt doch irgendwie meine Eltern damals waren und es auch immer noch sind. Aber man will halt als Kind schauen, dass die Familie doch intakt ist. Also, ich hab damals als Kind schon versucht, dass da irgendwie was geht, dass meine Eltern wieder zusammenkommen, weil ich das einfach auch nicht ertragen hab können, dass meine Eltern sich so auseinander gelebt haben.«

Hans war schon als Kleinkind auffällig, er lebte zwischen zwei Extremen: Einerseits war er äußerst schüchtern, versteckte sich hinter dem Sofa, wenn Besuch kam, andererseits war er überaus aggressiv. Entsprechend früh beendete er seine Karriere als Kindergartenkind. Nach einem Jahr flog er aus dem Hort, weil er sowohl die anderen Kinder als auch die Erzieherinnen schlug. Nachdem er der Kindergärtnerin nach einer heftigen Auseinandersetzung die Bauklötzchen ins Gesicht geworfen hatte, hielt man ihn endgültig von den Altersgenossen fern. So blieb er zu Hause, war dort oft alleine und saß in seinem Zimmer, wo er seinem Hobby, dem Zündeln, nachging.

Als Hans fünf Jahre alt war, verließ sein Vater die Familie, um mit einer anderen Frau neu anzufangen. Alsbald begannen sich die Eltern um Hans zu streiten. Der wollte zu seinem Vater, zu seinem Idol. Die Mutter jedoch weigerte sich standhaft, Hans aus ihrer Obhut zu entlassen. Nachdem das Gericht entschieden hatte, dass Hans bei der Mutter zu bleiben habe, folgte die mütterliche Strafe. Den Geschwistern, die vor dem Richter den Vater gemieden, die Mutter bevorzugt hatten, wurde in der Bäckerei eine Breze gekauft. Hans ging leer aus. Doch nicht genug damit, befahl ihm seine Mutter, auf dem Nachhauseweg fünf Meter Abstand zu halten. So trottete er, ohne Breze und immer die vorgegebene Distanz einhaltend, hinter der Mutter und den Geschwistern her: »Das hat mich schwer gekränkt.«

Hans hantierte unruhig an seinem Totenkopfring herum: »Ja, bei der Scheidung, wo wir [zum Gerichtssaal] hochgegangen sind, weil ich der Älteste bin, ich hab relativ alles miterlebt und ich wollt damals immer zu meinem Vater, aber meine Mutter war immer dagegen, und da war'n wir immer hier oben [beim Amtsgericht] wegen dem Sorgerecht, und, na, da war ich mehr oder weniger der Ausgestoßene.«

»Woran scheiterte das, wollte dein Vater dich nicht haben oder deine Mutter dich nicht hergeben?«

»Meine Mutter wollte mich nicht hergeben.«

»Hat dein Vater um dich gekämpft?«

»Ja. Aber von meinem jetzigen Standpunkt aus bin ich froh, dass es nicht geklappt hat, weil ich meinen Vater nicht abhaben kann. Damals mochte ich ihn, weil er für mich doch ein Idol war.«

»Wieso wolltest du nicht bei deiner Mutter bleiben?«

»Da war mein Stiefvater damals noch da, also, der ist immer noch da, und mit dem hab ich mich auch nicht besonders gut verstanden … Und ich hab mich halt auch nicht so als Familienmitglied akzeptiert. Also ich weiß nicht so genau, was Familie ist, aber für das, ich akzeptier ihn und versteh mich mittlerweile auch gut mit ihm …«

Die Mutter war mit der neuen Situation überfordert, sie wurde mit dem aggressiven Hans nicht mehr fertig und suchte Unterstützung bei ihrem neuen Partner. In der Zeit begann Hans, extreme Hassgefühle zu entwickeln. Die Gefühle der Ausgrenzung wuchsen bei ihm ins Unermessliche, Schläge gehörten zum Alltag. Bis heute hegt er Rachegedanken.

»Am Anfang, hast du gesagt, hast du die Schmerzen gespürt, und dann war's vorbei?«, bohrte ich nach.

»Ja, nach nem gewissen Zeitpunkt … *(Pause)* … hat's nicht mehr so wehgetan. Es hat dann auch, wo's dann zum Kinderheim zugegangen ist, und ich hab da ja auch hin und wieder Schläge bekommen, und da hab ich dann auch teilweise das Lachen angefangen … Ja. Also zum Schluss hab ich dann eigentlich nicht mehr geweint. Ich bin dann halt immer zu meinem Kumpel, der hat von seinen Eltern auch immer viel Schläge bekommen, und dann sind wir draußen gewesen und haben uns den Arsch abgelacht. Es hat mir nichts mehr ausgemacht.«

Während der ersten Interviews quälten mich noch Visionen. Ich stellte mir die vor mir sitzenden Männer als kleine Kinder vor, ich versuchte es zumindest. Ich verglich sie mit meinen Kindern, die jetzt neun Jahre alt sind. Kleine, dünne Arme, kleine Finger, alles noch so zerbrechlich, Augen, denen jede Regung abzulesen ist. Eigene Phantasien, eigene Welten, gespickt mit Plüschtieren, Gameboys, Asterix und Obelix, Pokemon, Fußbällen und vielen Träumen. Die Probleme meiner Kinder – soweit ich sie kenne, soweit sie mit mir darüber reden – kreisen um Sammelkarten, um die Frage, wer wen auf dem Nachhauseweg geärgert hat, ob man im Schulbus schon neben »Jugendlichen« sitzen darf ...

»In dem Moment, wo du geschlagen worden bist, hast du da Hassgefühle bekommen? Hast du irgendwie gesagt, du rächst dich eines Tages? Hast du dich gerächt?«, fragte ich.

»Bis jetzt noch nicht.«

»Hast du das Gefühl, dass du dich irgendwann einmal rächen möchtest?«

»Ich kenne einfach nichts anderes als körperliche Gewalt und, sagen wir mal so, wär ich jetzt nicht eingesperrt gewesen, wär es früher oder später so weit gewesen, dass ich kein Halt mehr gemacht hätte, ob das jetzt meine Mutter oder meine Frau ist. Da hätte ich auch zugeschlagen.«

»Zurückgeschlagen oder einfach zugeschlagen?«

»Einfach zugeschlagen.«

»Wie weit hätte das gehen können?«

(lange Pause)

»Sehr weit.«

»Also hättest du unter Umständen auch den Tod in Kauf genommen?«

»Ja.«
»War das innerhalb deiner Rachegedanken?«
(lange Pause)
»Ja.«
»Wie früh kamen die Gedanken, dass du so was machen würdest?«
»Die kamen schon mit vier oder fünf Jahren.«
»Dass du gedacht hast, ich hau meine Mutter mal tot?«
»Ja.«
Er hielt inne, atmete tief durch und meinte dann: »Dadurch, dass ich jetzt im Gefängnis gewesen bin, hab ich mir einige Gedanken gemacht zu meinen Racheakten. Denn ich bin ein ziemlich rachsüchtiger Mensch, und wenn das mal so ist, dann kenn ich selber kein Limit mehr, wenn ich draufschlage. Sagen wir mal so, Rache *(Ausatmen)* – ich konzentrier mich heute auf mein neues Leben. Ich muss von vorne anfangen und möchte selber meine eigene Familie haben. Frau und Kinder und so. Bis dahin muss ich halt jetzt mir einen gewissen Lebensstandard zurechtlegen, dass ich meinen Kindern, wenn ich mal welche haben sollte, nicht ein solches Leben bieten muss, wie ich das hatte ...«
Hans kam in die Schule. Er war ein sehr nervöses Kind, zappelte unruhig auf seinem Stuhl herum und konnte sich nicht konzentrieren. Vom Lernstoff fühlte er sich überfordert. In kritischen Situationen bekam er feuchte Hände und sein Herz klopfte bis zum Hals. Er hatte keine Freunde, fühlte sich von allen, vor allem von den Eltern, allein gelassen und war oft traurig. Ab dem Alter von sechs Jahren war das Leben für ihn nichts mehr wert, mit Sprüngen ins Ungewisse wollte er seine Existenz spüren. Die spannende Frage war, ob er überlebte oder sich

selbst tötete, wenn er von Balkonen und hohen Bäumen sprang. »Ja, ich bin immer gefährliche Sachen hochgeklettert, sprich Steinbrüche, die doch ziemlich gefährlich waren.«

»Du wolltest dich wirklich umbringen oder war das ...?«

»Ja, ich hab keine Achtung vorm Leben gehabt.«

Mit sieben Jahren wurde Hans ins Heim gesteckt, weil seine Mutter argwöhnte, er träfe sich heimlich mit seinem Vater. Sie war gegen den Kontakt, da sie befürchtete, der Vater hätte einen schlechten Einfluss auf Hans. Das Heim war streng religiös, Hans war tief unglücklich. Ab der dritten Klasse und noch im Heim begann er, regelmäßig Alkohol in kleinen Mengen zu trinken. Ich fragte zweifelnd nach, ob er tatsächlich schon mit acht Jahren Bier getrunken habe. »Allerdings, war ja nichts Neues für mich, hab ja schon als Baby am Abend Alkohol bekommen, damit ich nachts ruhig bin.« Als er neun Jahre alt war, verleitete ihn ein Freund zum Rauchen.

Zweimal versuchte er, aus dem Heim abzuhauen. Einmal gelang es ihm, und er versteckte sich zwei Tage lang bei Freunden, bis ihn die Polizei aufgriff und wieder zurückbrachte, zu den von Hans so gehassten Nonnen: »Die schlugen mich wie verrückt, und so was nennt sich Gottesdiener!«

Diesen Heimaufenthalt bezeichnete Hans als die schlimmste Krise in seinem Leben. Der seelischen Pein trotzte er mit körperlicher Eigenfolter:

»Ich hab mir damals im Takt zur Musik die Arme aufgeschnitten, danach Essig draufgeschüttet.«

»Wie oft hast du das gemacht?«

»So lang, bis der Arm wieder verheilt worden ist, dann hab ich's wieder gemacht.«

»Und der Schmerz war für dich ein Kick-Gefühl?«

»Ja.«
»Du denkst sehr viel über dich nach. Warum, glaubst du, hast du das gemacht?«
Hans überlegte lange und presste die Luft angestrengt durch die Mundwinkel: »Weil ich die Wut und den Hass teilweise – sagen wir mal so, ich hab sehr viel Hass in mir. Und wenn ich den gegenüber anderen zeigen würde, dann würde es ein Gemetzel werden. Ich würde dann bis zum Äußersten gehen, würde alles in Kauf nehmen.«
Was muss im Kopf eines Achtjährigen vor sich gehen, wenn er sich derart quält?
Über fünf Jahre blieb Hans in diesem sozialen Umfeld. Die bigotte Atmosphäre, in der ihm im Auftrag Gottes Disziplin und Nächstenliebe eingebläut wurden, führte bei Hans zur ersten Begeisterung für Skinheads, die sich im Heim formiert hatten. Er bewunderte ihren Zusammenhalt und ihre Stärke.
Nach dem Heimaufenthalt lebte Hans auf eigenen Wunsch bei seinem Vater, da war er dreizehn Jahre alt. Möglicherweise versuchte er dadurch den mütterlichen Schlägen zu entkommen. Doch er sollte sich täuschen. Der geliebte Vater war der körperlichen Züchtigung ebenfalls nicht abgeneigt. Einmal drückte er seinem Sohn derart den Kehlkopf zu, dass Hans innere Blutergüsse hatte. Lange Zeit ließ sich Hans diese Misshandlungen gefallen: »Ja, das war so. Damals hieß es noch, man solle Vater und Mutter ehren. Wenn mein Vater mich angerührt hat, dann hat er mich angerührt. Ich war nur dagestanden und habe nichts gemacht.«
»Warum hat dein Vater dich geschlagen?«
»Typisch Vater: Solange man die Füße unter seinem Tisch gehabt hat, musste man halt machen, was er gesagt hat. Und

das war teilweise für mich nicht richtig, weil ich hab den Haushalt geführt, ich hab zum größten Teil die Miete gezahlt, durfte aber mein Zimmer nicht so gestalten, wie ich wollte, und durfte meine Freunde nicht einladen.«

»Wie hat dein Vater dich geschlagen? Auch mit Gegenständen?«

»Nee, mit der Hand. Aber meistens auf feige Art. Wenn ich ihm den Rücken zugekehrt hab oder wenn ich gesessen bin.«

»Wenn du gesessen bist? Das heißt, du hast es auch auf den Kopf bekommen, ins Gesicht?«

»Ja.«

Das Schlimmste in dieser Zeit waren jedoch nicht die Schläge, sondern die täglichen Herabsetzungen. Hans musste sich ständig anhören, dass er sowieso zu nichts tauge, die Schule nie und nimmer schaffen würde, in gesellschaftlicher Hinsicht ohnehin ein ahnungsloser Taugenichts sei. Auf gesellschaftliche Akzeptanz legte der gestrenge Vater sehr viel Wert, immerhin war er als aktives Mitglied einer »Wehrsportgruppe« entsprechend orientiert: Deutschland brauchte seine Ordnung, und was er bei dem ganzen Land nicht schaffte, das machte er bei seinem Sohn: Er brachte ihm Disziplin bei.

Zu Hause zeigte sich Hans gehorsam. Er war gefügig, ließ sich beschimpfen und machte aus seinem Herzen eine Mördergrube. In der Schule jedoch trug er die angestauten Aggressionen offen nach außen, indem er jeden Mitschüler zusammenschlug, der ihm irgendwie »blöde kam«.

Schließlich setzte Hans seine Faszination für Skinheads in die Tat um. Angeblich hatte er bereits mit sieben Jahren begonnen, Hitlers *Mein Kampf* zu lesen, der stand so im Bücherregal herum. Auch faszinierten ihn die Geschichten aus dem Zweiten Weltkrieg. Historisch »bestens« bewandert, wie er meinte, schor er sich eine Glatze, besorgte sich eine Bomberjacke und Springerstiefel. Da war er dreizehn und meinte, die Welt, vor allem Deutschland, ändern zu können – auf seine Weise, mit Protest und Provokation.

Zwischen dem elften und dreizehnten Lebensjahr vertrieb er sich die freie Zeit mit Kumpels, die ihn als Sonderling akzeptierten. Er war der einzige Skin weit und breit. Das Merkmal dieser Gruppe waren weniger die skinüblichen Schlägereien, sondern Sauftouren, wegen denen Hans in der achten Klasse von der Schule flog. Der Vater fühlte sich bestätigt und quittierte den Rausschmiss mit erprobten Mitteln.

Eines Tages begehrte Hans gegen den Vater auf: »Ja, da war mal wieder so ne Party, bin ich nachts nach Hause, hab meine Gaspistole zu Hause abgeliefert, weil ich doch gedacht hab, bevor irgend so ein Scheiß passiert, tu ich sie lieber nach Hause. Dann hab ich meine Wüstenrennmäuse saufen lassen und hab sie gefüttert, und da kam mein Vater rüber, ich hab auch schon was getrunken gehabt, und der hat gemeint, er muss sich aufführen. Ich hab ein paar Mal gedroht und gesagt, er soll aufhören. Tja, und dann zum Schluss, also als alles vorbei war, da hat er irgendwie eine leichte Gehirnerschütterung gehabt und ein oder zwei gebrochene Rippen, eine war angebrochen. Dann hab ich seine Prothese etwas reingedrückt, dann hab ich ihm seine Zahnprothese kaputtgemacht. Aus der Nase hat er geblutet und, ja, hat sehr schlecht Luft bekommen.«

»Du hast also eingeschlagen auf den Kopf und überall hin?«

»Überall.«

»Mit der Hand oder hast du Gegenstände genommen?«

»Mit der Faust und dann, ja, mit der Brust, da war mein Stiefel dran beteiligt.«

»Lag er da schon am Boden?«

»Nee, er hat sich mehr oder weniger … ja, okay, ich hab mehr oder weniger auf den Kopf gehauen. Mein Vater geht mir nur bis hier hin, also ein Kopf kleiner als ich.«

»Hat das Konsequenzen für dich gehabt?«

»Nein. Also keine Anzeige. Polizei ist zwar gekommen dann.«

»Wie alt warst du da?«

»Siebzehn.«

»Wie hat dein Vater danach reagiert?«

»Er hat geflennt, und da, wo die Polizei da war, da hat er wieder eine große Klappe bekommen. Also, mein Vater ist einer, der wo erst hinterrücks jemanden angreift und dann das Maul erst wieder aufkriegt, wenn jemand dazwischen oder hinter ihm steht.«

Nach diesem Vorfall kehrte Hans zurück zu seiner Mutter, mit der er sich irgendwie arrangieren konnte. Mittlerweile war er ihr gänzlich über den Kopf gewachsen, auch in körperlicher Hinsicht, was sie davon abhielt, ihn noch einmal zu schlagen.

Seinen Vater sah Hans nie wieder.

Rückblickend betrachtete Hans seine Eltern als »medienverblödet«, als Menschen, »die überall nur mitreden und hinterherlaufen« und ständig Angst verspüren, von der Gesellschaft ausgegrenzt und nicht akzeptiert zu werden. Er verachtet sie dafür, denn für ihn selbst gelten diese Maßstäbe nicht, behauptet er: »Ich hab noch nie einen Stand in der Gesellschaft gehabt. Die Gesellschaft hat mich damals ausgegrenzt, und ich will auch mehr oder weniger mit dieser Gesellschaft nichts zu tun haben.«

Nach der Schule war Hans ein paar Monate arbeitslos. Während dieser Zeit suchte und fand er den Kontakt zur Skinszene einer benachbarten Kleinstadt. Ihn begeisterte der Zusammenhalt. Zum ersten Mal fühlte er sich akzeptiert, seine Stellung innerhalb der Gruppe wollte er mit Hilfe von Gewalttätigkeiten erhöhen. Wo immer es Schlägereien gab, war Hans zugange. Er zettelte an, hetzte auf, plante, führte durch und war nach jeder Schlacht befriedigt. Sein adrenalingeputschtes Wohlbefinden steigerte er mit Alkohol.

Schließlich begannen ihn die Tage zu nerven, an denen seine Fäuste schmerzten und der Kopf benebelt war. Er fing eine Lehre als Mechaniker an. Das Verhältnis zu seinen Kollegen und seinem Ausbilder beschrieb er als gut und friedlich. Er bemühte sich, seinen Pflichten bestens nachzukommen, erschien pünktlich und weitgehend nüchtern zur Arbeit und hatte kaum Fehltage. Dennoch fiel er durch die Prüfung und verlor dann seine Arbeit. Hans gab dem Vater innerlich Recht: Er taugte zu nichts.

Während dieser Zeit erreichten seine Gewalttätigkeiten ihren Höhepunkt. In den Gesichtern seiner Umwelt spiegelte sich sein Versagen wider. Überall meinte er Missachtung seiner Person zu erkennen: bei seinen Kumpels, bei seiner Mutter, seinen Geschwistern und bei harmlosen Passanten, die ihm dummerweise über den Weg liefen. »Aus der Miene kann ich Arroganz erkennen!«, sagte er stolz, »und das reicht, dass ich aggressiv werde.«

»Kannst du mir die Mimik beschreiben? Schwer, die Frage, ich weiß, aber was ist das, was dich aggressiv macht?«, wollte ich wissen.

»Das kann ich nicht beschreiben, es reicht schon, wenn mir jemand unsympathisch war, also wenn jemand einen äußerlichen Makel gehabt hat, dann hab ich auch zugeschlagen.«

»Was ist ein Makel?«

»Ich weiß nicht, wenn er irgendwie ne krumme Nase gehabt hat oder so was, das war einfach in der Zeit, in der ich nicht nachgedacht hab, ich bin einfach drauflosgegangen und hab zugeschlagen aufgrund dessen, weil er mir nicht gefallen hat.«

»Und dann auch richtig zugeschlagen, so mit Treten?«

»Klar.«

»Bist du dann vorher in einer aggressiven Grundstimmung gewesen?«

»Nein, ich kann auch lustig drauf sein und Blödsinn machen, dann kommt jemand vorbei und der passt mir nicht, dann bin ich auf den losgegangen, hab weiter Blödsinn gemacht und ihn trotzdem zusammengeschlagen. Und in der Zeit, wo ich den dann zusammengeschlagen habe, da war ich dann hasserfüllt und aggressiv drauf. Und danach, wenn er am Boden lag, ja, okay, dann hab ich weiter geblödelt.«

Bis zu seiner Inhaftierung blieb Hans arbeitslos. Die Tage verbrachte er weitgehend im Rausch, im Kreis seiner Kumpels, die den Alkoholkonsum zu fördern wussten. Zunächst war er beliebt, er konnte gut zuhören und Streitsituationen in der Clique erfolgreich schlichten. Wie es in vielen Skingruppen üblich ist, vertrieb man sich die Tage mit Partys, Konzerten und Besäufnissen. Wirklich politisch interessiert war Hans meines Erachtens nicht. Während unseres Gesprächs sprach er auffallend wenig über seine Gesinnung. Hans schätzte ich daher eher als einen politisch desinteressierten Mitläufer ein.

Für kurze Zeit hatte er eine Freundin. An ihr mochte er vor allem, dass sie nicht besonders emanzipiert war, denn eine

»Musterfrau« sollte in seinen Augen treu, hübsch und verlässlich sein, keinesfalls aber selbständig. Besonders wichtig für ihn war, dass sie sein Skindasein akzeptierte – und an diesem Punkt scheiterte die Beziehung nach vier Monaten. Alles in allem habe er verdammt viel Pech in der Liebe, beklagte sich Hans, die Frauen sähen in ihm ausschließlich den Kumpel und nicht den Mann.

Im Lauf der Zeit wurde Hans immer aggressiver, was er rückblickend auch auf die Wirkung des Alkohols zurückführte: »Es gab Zeiten, da bin ich dagesessen, dann hat auf einmal das Hirn ausgeschaltet. Deswegen war ich auch schon öfter mal bei jemandem, der die Hirnströme misst.« Die Aggressionen richtete er auch gegen sich, indem er seine Selbstverstümmelungen fortsetzte: »Also, wenn man genau hinschaut, das hier war'n Brennding.« Hans entblößte seinen Arm und zeigte mir fast schon stolz seinen mit Narben übersäten Arm:

»Da hab ich mit nem Glühbirneneisenteil mir die Haut verbrannt, mit so'm glühenden Draht. Den hab ich zuerst heiß gemacht.«

»Warum? Ist das eine Fortsetzung von den Rasierklingen gewesen?«

»Ja.«

»Aus einer Alkoholstimmung heraus?«

»Nein, einfach nur so zum Spaß.« *(lächelt)*

»Ich mein, das tut ja weh, oder?«

»Man kann es aushalten.«

»Du hattest da keinen Kummer oder Schmerz oder so was? Du hast also eine arge Tendenz zur Selbstverstümmelung? Hast du noch mehr solche Aktionen gemacht?«

»Da hab ich mir Hautschicht für Hautschicht mit der Rasierklinge aufgeschnitten.« *(lächelt)*

»Hast du das Bedürfnis immer noch?«

»Eigentlich nicht mehr. Also, ich hab jetzt nen anderen Ausgleich. Ich tu's jetzt in Tätowierungen umformen.«

»Das tut auch nicht so weh, oder?«

»Das kommt darauf an. Gewisse Stellen gibt es.«

»Es gibt also Stellen, wo es sehr wehtut? Und da machst du es dann selber?«

»Nee, ich mach jetzt nichts mehr selber. Ich lass das alles machen.«

»Auch wegen des Schmerzgefühls?«

»Ja.«

»Brauchst du die Schmerzen?«

»Ja, so'n bisschen masochistisch veranlagt bin ich schon.«

»Hast du sonst noch was gemacht?«

»Sonst eigentlich nichts. Ich hab mir mal selber nen Ohrring durch die Augen durchgestochen. Und was hab ich noch – ja, okay, hin und wieder kommt's halt, des hab ich auch im Gefängnis gehabt. Mit Nadel und Faden, einfach so, willkürlich in der Haut rumgenäht. Dann hab ich mir mal hier durch das Kreuz so'n Eisen durchgeführt, wo's oben rausgeschaut hat und auch so'n Draht ...«

»Kommt das aus Langeweile heraus?«

»Ja. Zum größten Teil. In der Zunge war ich auch gepierct, in den Ohren, in der Nase. Das Einzige, was ich im Gesicht selber gemacht habe, war das da oben und das in der Lippe. Das habe ich aber nur einen Tag gehabt, da hab ich dann ne Anzeige gehabt wegen Selbstverstümmelung.«

Die Gewalt verselbständigte sich. Hans befand sich ständig in einem Blutrausch, täglich versuchte er, die anderen zu Brutalitäten anzustacheln. Obwohl er eigenen Angaben zufolge zu den führenden Personen in der Gruppe gehörte, begannen die anderen Skins, gegen ihn aufzubegehren. Die von ihm angezettelten Delikte wurden sogar den hart gesottenen Skins zu viel. Kurz vor der Tat*, die Hans in den Knast bringen sollte, verstieß man ihn aus der Gruppe.

Ins Gefängnis kam Hans, weil ihn ein Kumpel nach der Tat verriet, um für sich selber eine kürzere Strafe auszuhandeln. Hans, der sich von allen verlassen fühlte, distanzierte sich aus Enttäuschung zwar von dieser Skingruppe, nicht aber von seiner Zugehörigkeit zu den Glatzen. Im Gefängnis verteidigte er eisern seine Gesinnung, weigerte sich, die Haare wachsen zu lassen, und war auf diese Weise ein willkommenes Opfer der zahlreichen Ausländer, die das Gefängnis regierten. Er machte einen Alkoholentzug und dachte viel nach. Das Gefängnis habe ihm nicht geschadet, im Gegenteil: »Ich bin nachdenklich geworden, ich weiß nun, was für ein Mensch ich bin.« Nie jedoch verschwendete er einen Gedanken an all die Opfer seiner Prügeleien. Schuldgefühle, Reue oder gar Einsicht lagen ihm fern.

Hans sah aus dem Fenster, und ich hatte den Eindruck, er führte einen leisen, sehr persönlichen Dialog, in dem er sich selber Rede und Antwort stand. Dass ich Zeuge dieses Dialogs wurde, war wohl Zufall. Er blickte mich nicht an, er dachte nach, sprach leise, dennoch bestimmt. Es waren etliche Stunden vergangen, während derer sich bei Hans ein deutlicher Wandel bemerkbar gemacht hatte. Seine aufrechte Körperhaltung war geknickt, die Stimme ruhig, fast schon depressiv. Der kolossartige Skin saß vor mir wie ein Häufchen Elend, und die seelische Last brach aus ihm heraus:

* Aus datenschutzrechtlichen Gründen werden die begangenen Taten hier nicht beschrieben. Sie könnten zur Identifikation der Personen führen.

»Ja, ich kann meine Meinung durchsetzen, wenn ich will, ich kann sehr radikal sein und radikal vorgehen, wenn ich will, bin ein ziemlich rachsüchtiger Mensch. *(Pause, Lächeln)*. Aber ich bin auch Romantiker. Wenn's drauf ankommt, kann ich auch, ja: liebevoll … *(Pause)*. Vielleicht kann ich, also ich kann, wenn man mich braucht oder wenn jemand versucht, mit mir eine Freundschaft aufzubauen, bin ich nicht abgeneigt. Es kommt auch drauf an, wer oder was das ist. Mir fehlen keine Freunde. *(Pause)* Vielleicht eine Frau. *(Pause)* Eigentlich bin ich schüchtern, das wollte ich damals mit der Schlägerei kompensieren. Schüchtern … *(Pause)* irgendwie ist das ein Charakterzug an mir, der mir selber auch gefällt, also, nicht so übertrieben schüchtern, dass ich überhaupt nichts sag, ich steh … *(Räuspern)* – *(Pause)* … Wie soll ich das jetzt sagen? Okay, äh, Freundschaft und so, sagen wir mal so: Kontakt zu anderen Leuten kann ich schon relativ schnell finden. Und, äh, so, aber wenn mehrere Leute zusammen sind, das ist unbehaglich für mich. So setzt sich das Schüchterne irgendwie durch. Ja, okay, manchmal würd ich mich vielleicht Sachen trauen, die ich mich sonst nicht trau, aber das ist zum Beispiel … *(Pause, Ausatmen)* … Was würd ich mich gerne trauen? Hm. Ja, wenn ich mir das heutzutage anschaue, wie andere Leute aufeinander zugehen, also, das ist etwas, was ich mich auch trauen möchte.«

Hans sprach nicht mehr weiter, es fiel ihm schwer, über seine Empfindungen zu sprechen. Ratlos blickte er mich an. Ich versuchte, seinen nach außen getragenen inneren Monolog zur Fortsetzung zu bewegen: »Aber du hast doch vorhin gesagt, du kommst ganz gut mit Leuten zurecht?«

»Ja, andererseits aber auch wieder nicht. Bei mir hält sich

das, ich weiß nicht, bei mir ist das irgendwie komisch. Einerseits will ich, andererseits auch wieder nicht, aber ich versuch's trotzdem irgendwie, das ist ganz komisch. Das ist auch irgendwie, ich kann es nicht beschreiben, es gibt keine Beschreibung dafür. Ich versuche irgendwie, eine Beschreibung zu finden, aber ich finde keine.«

»Die eine Seite von dir ist ja die harte. Zuschlagen, sich nichts gefallen lassen und so weiter, und auch in Situationen geraten, wo Leute vor dir Angst haben, und Schüchternheit ist ja irgendwie das Gegenteil davon, das ist ja das Weiche. Schüchtern ist ja Unsicherheit. Unsicherheit, was macht der andere, wie reagiert der andere, akzeptiert mich der andere … mag der mich, schätzt der mich? Kann es daran liegen, dass das das Weiche in dir ist, als Gegenpol zu dem Harten?«

»Ja, sagen wir mal so, klar, das ist in mir drinnen. Und das ist, ich, das ist, wie du grad eben gesagt hast, das von Schüchternheit, wie reagiert der andere auf mich oder wie schau ich in seinen Augen aus, also nicht so vom Körperlichen her, sondern vom Auftreten her, vom Reden her, von meiner Gestik her. Das ist das, was ich mich eigentlich bei jedem frage. Da red ich mit Leuten und denk mir: Was hast du jetzt eigentlich gesagt? Könnte der jetzt sauer auf dich sein, weil du Scheiße gesagt hast?«

»Du machst dir also viele Gedanken darüber, was andere Leute über dich denken können?«

»Sehr viel.«

»War das immer schon so, auch als du noch klein warst?«

»Also, ich hab mir eigentlich schon immer Gedanken gemacht. Und grad eben durch des, weil ich immer ein Einzelgänger war. Ich hab viel nachgedacht.«

»Kannst du dir vorstellen, dass du Einzelgänger gewor-

den bist, weil du das Gefühl hattest, dass dich eh keiner mag?«
»Teilweise.«
Hans richtete sich auf. Von einer Sekunde auf die andere wirkte er bedrohlich. Aus kleinen Schlitzen sah der Koloss mich an, als ob er sich seiner Offenbarungen plötzlich bewusst geworden wäre. Es war für ihn an der Zeit, zur gewohnten Macht und Aggression zurückzukehren. Ein Erwachen aus einem Traum, in dem Gefühle und Ängste offen gelegt worden waren. Seine Stimme klang hart:
»Soweit ich mich erinnern kann, ich hab schon immer Wut gehabt, schon immer Hass. Schon von Kindesbeinen an. Genauso wie den Judenhass, und wenn mich einer ziemlich stark nervt, dann seh ich den schon vor mir, wie ich auf den einschlag und wie das Blut spritzt. Das ist recht angenehm zu sehen, also, sich das vorzustellen.«
Ich wechselte das Thema. Hans jetzt mit weiteren Schwächen und Ängsten zu konfrontieren wäre sinnlos gewesen. Stattdessen fragte ich ihn nach seiner Zukunft. »Heiraten, Kinder kriegen, eine Frau finden«, lauteten seine Ziele.
»Hast du dir überlegt, dass du in Zukunft deine Gewalttaten meiden möchtest, damit du nicht noch mal im Knast landest?«
»Ja, ich hab öfters darüber nachgedacht, und ich werde auch versuchen, so gut es geht, Abstand davon zu halten.« Er räusperte sich heftig und fuhr fort: »Wenn mich halt wirklich einer auf Teufel komm raus provoziert, dann kann es sein, dass Blut fließt.«
Vor der Tür wurde es laut. Die anderen hatten ihre Interviews offensichtlich beendet. Lautes Gelächter schallte durch den Gang, und Hans wurde unruhig, befürchtete, dass die Kumpels ohne ihn fahren würden. So kamen wir

zum Ende. Hans erhob sich, drückte mir mit aller Kraft die Hand, riss die Tür auf und begrüßte seine Kumpels mit einem »So, und wo ist jetzt das Freibier?«.

Mit einem Schlag war die Welt, in der wir uns bewegt hatten, abgeschüttelt. Drei Glatzen verabschiedeten sich, polterten die Stiegen hinunter und verschwanden mit quietschenden Reifen vom Hof. Erleichtert, so schien es. Sie hatten ihr Päckchen abgeladen, zurückgelassen bei vier Forschern, die zu ahnen begannen, welch emotionale Mühe auf sie zukommen würde.

Knasteindrücke

Ich hatte das Gefühl, in Sibirien zu sein. Draußen war es bitterkalt, die Umgebung kahl und hässlich. Durchs Fenster sah ich schwarze Gestalten gegen den hohen Schnee kämpfen, die Mützen tief ins Gesicht gezogen, die Hände in die Taschen gestopft. In der Mitte des großen Platzes stand ein Baum, der sich dem eisig scharfen Wind beugte. Ausgemergelte Katzen hatten ihre Spuren im Schnee hinterlassen. Hohe Mauern aus blassrotem Ziegel stoppten den Blick. Überall standen vereinzelte Gebäude, ziemlich marode, wie mir schien. Aus vergitterten Fenstern blickten dösige Gesichter in den Hof. Vor ihnen, auf den Fensterbrettern, standen verpackte Lebensmittel, Milchtüten und Obstsäfte. Ein Mann unterhielt sich angeregt mit einem Insassen des gegenüberliegenden Gebäudes – per Zeichensprache. In einem anderen Haus fand ein reger Austausch irgendwelcher Gegenstände statt: Mehrere Kleidungsstücke waren aneinander gebunden, daran hingen kleine Päckchen, die ihre Besitzer wechselten, indem sie hin und her geschwungen wurden, bis sie vom anderen Fenster aus ergriffen werden konnten.

Ich saß im Gefängnis und wartete. Ich befand mich im Aufenthaltsraum von Block 21 und wartete auf den Justizbeamten, der mich bei meiner Testserie unterstützen sollte, indem er mir die Probanden, die Skins, von der Zelle brachte und sie später wieder zurückführte. Es war das erste Mal, dass wir unseren »Emotionstest« mit Skinheads durchführen wollten. Die Emotionen der Skins waren eine wichtige Fragestellung bei unserem Forschungsprojekt, daher hatten wir beschlossen, folgendes Messverfahren zwei Tage lang in dem Gefängnis einzusetzen: Über einen Diaprojektor wurden Bilder blitzartig, mit einer Präsentationsdauer im Millisekundenbereich, auf eine Leinwand projiziert. Die Versuchsteilnehmer hielten einen einfachen Gummiball in der Hand, über den selbst der leichteste Druck der Hand beziehungsweise der Finger gemessen wurde.

Davon ausgehend, dass stärkere Emotionen mit körperlichen Erregungen, also physischen Reaktionen einhergehen, erfassten wir so die Anspannungen im Handbereich. Mit einem willkürlichen Druck auf den Ball sollten die Probanden die Intensität ihrer Empfindungen beim Betrachten der Bilder kundtun, wobei die spätere Auswertung Stärke, Dauer und Verlauf des Drucks berücksichtigt – dabei werden auch die unwillkürlichen und unbewussten Reaktionen erfasst.

Bei den gezeigten Dias handelte es sich um Bilder, die Psychologen eigens für das Wachrufen unterschiedlichster Emotionen zusammengestellt und mit zahlreichen Untersuchungen auf ihre Wirkung getestet hatten. Zu sehen waren positiv ansprechende Bilder wie kleine Kindergesichter, schöne Landschaften, Liebespaare, nackte Schönheiten, aber auch ausgesprochen negative Dias, etwa ein blutüberlaufenes, nach einem Mafiaattentat zerstochenes Gesicht, ein aidskrankes, abgemagertes Kind sowie ein kleiner Junge, der verzweifelt weinend vor seinem Vater steht. Des Weiteren beinhaltete diese Diaserie Abbildungen von Menschen verschiedenster Kulturen, Afrikaner, australische Ureinwohner, Japaner und so weiter.

Eine ganze Stunde hatten Oliver und ich gebraucht, um unsere Apparatur aufzubauen. Technisch bin ich gänzlich unbefleckt, ich hatte Blut und Wasser geschwitzt, als ich die einzelnen Geräte miteinander verkabeln wollte. Es war das erste Mal, dass ich die Apparatur selbst, ohne die Hilfe meines Technikers aufzubauen versuchte. Oliver assistierte mir, was mehr als stressig war. Immerhin hatte er die Mehrfachsteckdose eingepackt, die ich vergessen hatte. Ich war genervt, irgendwelche Kabel wollten nicht passen, war wütend auf Olivers verzweifelte Tipps, auf mein Unvermögen.

Endlich funktionierten Computer und Diaprojektor. Oliver begab sich zu einem benachbarten Gebäude, um Interviews durchzuführen, und ich wartete auf den ersten kahlköpfigen Probanden.

Draußen im Gang wurde es laut, die Zellen wurden geöffnet, ich hörte Schlüssel klappern und die Insassen über den Gang schlurfen.

Immer wieder öffnete jemand die Tür zum Aufenthaltsraum, blickte mich erstaunt an und stellte neugierige Fragen, die ich insgeheim mit Gegenfragen beantwortete: Weshalb sitzt der wohl? Drogen? Diebstahl, Vergewaltigung, Kindesmissbrauch? Mord?

Wie ein Lauffeuer sprach sich herum, dass eine Frau im Aufenthaltsraum war. Einer nach dem anderen wollte mich in Augenschein nehmen. So standen bald mehr als zwanzig Männer um mich herum. Sie beäugten mich, warfen sich argwöhnische Blicke zu, stellten blöde Fragen, machten sich lustig über mich, kamen mir nahe – und ich fühlte mich äußerst unwohl.

Mit einem lauten »Raus hier!« kehrte der Justizbeamte zurück, bei ihm war mein erster Proband, ein fast zwei Meter

großer Koloss, dickleibig mit wulstigem Nacken. Ein eiserner Händedruck begrüßte mich: »Hallo, was soll ich jetzt hier machen?«
Ich verdunkelte den Raum, bat den Beamten hinauszugehen und erklärte dem gewichtigen Kerl den Ablauf. Ich zeigte ihm, wie der Ballon in der Hand zu bedienen sei, den ich ihm wie ein zartes Küken in die schwere Pranke legte. »Drücken Sie mal ein bisschen zu!« Der Ballon quoll durch die Finger und drohte zu platzen. Wir übten Feingefühl und Zartheit, indem ich meine Finger auf die schweren Tatzen legte und leicht zudrückte, damit er erahnen konnte, in welchen Dimensionen der Druck stattfinden sollte. Berührungen von Frauenfingern hatte er mit großer Sicherheit schon länger nicht mehr gespürt. Er zuckte zusammen, schien peinlich berührt.
Was tat ich nicht alles im Dienste der Wissenschaft …
Ähnlich war es mit den anderen neunzehn Skins, die sich nacheinander im finsteren Raum meinen Anordnungen fügten. Bis in die Abendstunden drückte einer nach dem anderen den Ball, die meisten auf eine erschreckend monotone Weise. Nur wenige waren in ihren Reaktionen so differenziert, dass sie deutlich zeigten, welches Bild sie stark und welches sie schwach ansprach.
Während meiner letzten Pause zog ich die Vorhänge vom Fenster und sah auf den Hof. Langsam neigte sich der Tag dem Ende zu. Nebel hüllte den Baum und die Gefangenen ein, die ihren letzten Hofgang vor der Nachtruhe hatten. Ich fand alles gespenstisch, war in schlechter Stimmung. Heute war ich mit so vielen Glatzen konfrontiert worden. Anders als jene Kerle, mit denen ich lange Gespräche geführt hatte, wirkten diese Skins fast ausnahmslos abstoßend auf mich – ihr Anblick erzeugte in mir eine fatale Beklem-

mung. Ich empfand sie als feindselig. Wie sehr doch der Mechanismus »Vertrautheit« wirkt, wenn man sich mit Menschen, denen gegenüber man eine ausgesprochene Antipathie hat, länger und intensiver auseinandersetzt!
Um 22 Uhr war der Beamte erschöpft, der mir die Skinheads einen nach dem anderen bringen musste. Er wollte nicht mehr, seit zwei Stunden hatte er Feierabend. In seinem kleinen Wachraum rauchte ich die lang ersehnte Zigarette, während er von seinen Schützlingen erzählte:
»Ich kenne sie alle, meine Jungs, schauen Sie mal, hier im Computer, so sehen sie aus, kann man gar nicht fassen, dass der eine oder andere was angestellt hat. Der zum Beispiel, schauen Sie sich mal das Unschuldsgesicht an.«
Mit messerscharfen Augen, so fand ich, blickte mich ein kleiner Junge an. Gerade mal sechzehn Jahre alt war der, als er den Mord beging.

Später saßen Clara, Oliver und ich in einem nahe gelegenen Gasthaus. Keiner war besonders gesprächig. Oliver hatte sich mit einem Jungen unterhalten, der seinen Vater am Dachbalken aufgeknüpft gesehen hatte. Clara hatte sich anhören müssen, wie ein Knirps von seinem Vater zur Strafe im Waschbecken fast ertränkt worden wäre. Und mir schwirrten kahlköpfige Unholde im Kopf herum, ich sah sie in grauen Jacken durch den Schnee stapfen, im schalen Licht der Laternen, umkreist von frierenden Beamten, die auf das Ende ihrer Schicht warteten.

Am nächsten Morgen schneite es immer noch. Nachdem wir uns mit dem Auto durch den Schnee gekämpft hatten, erwartete uns dasselbe Prozedere wie am Vortag: Handys ins Schließfach, Ausweis abgeben, Registrierkärtchen ein-

stecken, Taschen ins Schließfach, den Körper abtasten lassen und dann über den Hof mit dem inzwischen gänzlich eingeschneiten Baum. Das Gefängnis kam mir fast schon vertraut vor. Im Aufenthaltsraum von Block 21 erklärte mir der Beamte, er würde mich nun einsperren – zu meiner eigenen Sicherheit. Das Risiko, dass die Insassen ihren Gangaufenthalt wie gestern schon nutzten, um sich zu mir zu gesellen, wollte er nicht eingehen.
Von Aufzügen abgesehen, kenne ich das Gefühl des Eingesperrtseins nicht. Auch wenn es nur für kurze Zeit sein sollte, hasste ich diese Gitter, diese schweren Türen, das Gefühl, mich nicht frei bewegen zu können. Nicht mal zur Toilette konnte ich gehen. Ich konnte niemanden herbeirufen, niemanden sprechen, niemanden sehen. Die Gefangenen aus dem gegenüberliegenden Haus waren offensichtlich bei der Arbeit, jedenfalls war keiner an den Fenstern zu sehen. Ich versuchte nachzuempfinden, wie sich Menschen fühlen, hinter denen diese Tore für viele Jahre zufallen. Ich ahnte es, jedoch nur unscharf.
Nach zwanzig Minuten wurde die Tür wieder aufgeschlossen. Proband Nummer 21 war da. Die Vorhänge wurden zugezogen, der Ball in die Hand gelegt, die Einführungsworte gesprochen, der Computer angeschaltet und der Startknopf für die Diapräsentation gedrückt. Die Bilder waren zu sehen, die Glatze drückte den Ball – der Computer jedoch, der »tat es nicht mehr«, um Oliver zu zitieren. Was nun folgte, kostete mich viel Zeit und vor allem Nerven.
Dreißig Minuten warteten wir auf den Beamten, der uns die Tür öffnen sollte. In der ganzen Zeit sprachen wir kein Wort miteinander. Grübelnd saß ich vor dem Bildschirm, während der Skin seinen Körper korrigierte. Erst ließ er

zehn Minuten lang einen nach dem anderen seine Finger knacken, dann bohrte er ausgiebig in Nase und Ohren. Mich ekelte er an, ich war zudem äußerst gereizt und hätte ihm am liebsten Computer und Diaprojektor um die Ohren geschlagen. Endlich kam der Beamte, der seinen Schützling zurück in die Zelle brachte und mich an die Pforte führte, wo mein Handy lag. Ich wollte meinen Techniker Jörg anrufen. Das durfte ich allerdings nur außerhalb der Gefängnismauern. So durchschritt ich die vielen Tore, um bei heftigem Schneesturm und miserablem Empfang Jörg um Hilfe zu bitten. Er meinte, das Problem könne durch Faktor A verursacht sein, den es nun zu untersuchen galt. Also Handy ins Schließfach, über den Hof zurück zu Block 21, Faktor A testen, erwartungsgemäß ohne Resultat, dann wieder über den Hof zurück zum Schließfach, Handy rausholen, nach draußen gehen, vor den Toren bei noch schlechterem Empfang von Jörg den Tipp bekommen, die Wirkung von Faktor B zu untersuchen. Auf Faktor B folgten selbstverständlich C, D, E … Bei Faktor T waren meine Füße nass, und der Beamte wurde mürrisch. Bei Faktor U schaffte ich es nach langen Diskussionen mit der Gefängnisleitung, das Handy mit in den Innenhof nehmen zu dürfen, um Jörg vor Ort, sprich vor laufendem Computer, befragen zu können. Doch dort hatte das Handy keinen Empfang. Also abermals raus ins Schneetreiben. Der Beamte wartete an der Tür von Block 21 auf mich, während ich verzweifelt jeden Quadratmeter des Hofs nach Empfang abgraste und die Schneeschicht auf Kopf und Schultern wuchs und wuchs.

Nach zwei Stunden gaben Jörg und ich auf. Der Computer wollte nicht. Ich saß vor dem Gerät und überlegte, wie ich Oliver das Desaster am besten beibringen sollte, als der

Beamte zusammen mit einem jungen, extrem kurzsichtigen Kerl in den Raum kam. Das sei ein absoluter Spezialist unter den Insassen, er habe ihn extra von der Arbeit geholt, meinte der Beamte stolz. Der Spezialist war tatsächlich einer. Er schraubte mit einem vorsorglich mitgebrachten Schraubenzieher den Computer auf, blickte zwei Minuten in dessen Innenleben und erklärte mir, die mit offenem Mund dasaß, der Drucksensor sei im Eimer.

Für mich bedeutete das Freizeit. Freizeit im Knast, während meine Kollegen anstrengende Gespräche führten. Der Beamte zeigte mir stolz sein »Reich«. Ich sah die acht Quadratmeter großen Zellen, die Duschen, die Küchen. Die Wände waren kahl und leicht verdreckt. Überall roch es nach Zigarettenrauch. Ein kleiner Fernseher konnte für einunddreißig Mark pro Monat gemietet werden, zu empfangen waren sämtliche Programme. Auf dem Weg zum Sportplatz erzählte der Beamte von den vielen Katzen, deren Spuren ich im Schnee gesehen hatte. Eingeführt hatte man sie wegen des großen Mäuseproblems. Die Gefangenen fütterten sie von den Fenstern aus. So waren die Katzen freie Haustiere gefangener Menschen geworden. Während des Hofgangs oder auf den Wegen zur Arbeit streichelten manche Insassen die Tiere, andere kamen jedoch ihren sadistischen Neigungen nach und schnitten ihnen die Barthaare ab oder traten nach ihnen. Vor der roten Mauer, die den Sportplatz abschloss, blieben wir stehen. Die Gefängnisleitung hatte beschlossen, das Gebiet außerhalb der Mauern stärker abzusichern, da kürzlich eine seilbahnartige Vorrichtung entdeckt worden war, mit der Drogen von draußen nach drinnen geschafft wurden. Drogen waren das große Problem im Knast. Eingeschleppt wurden sie von Freigängern, die sie in Kondome verpackt in ihrem After in die Zellen transportierten, um einen lebhaften und lukrativen Handel zu betreiben.

Wir gingen weiter zu den Besucherräumen, vor denen an schwarzen Brettern strenge Regeln aufgelistet waren: Jeder Insasse hatte das Recht, vier Mal im Monat Besuch zu empfangen. Freunde müssen Besuchsanträge stellen, Familienmitglieder nicht. Mitbringen darf man Obst im Wert von zwanzig Mark. Raucher dürfen pro Woche eine Tafel Schokolade in Empfang nehmen, Nichtraucher zwei. Welch ausgeklügelte Gerechtigkeit!

Anschließend unterhielt ich mich mit den Beamten der verschiedenen Blöcke über die Gepflogenheiten und Sitten im Knast. Von den Gefangenen sprachen sie wie von Familienmitgliedern. »Es sind halt Menschen, egal, was sie verbrochen haben. Ohne diese Einstellung kannst du den Job hier vergessen«, meinte einer.

Ich hatte meinen Rundgang beendet. Clara und Oliver waren immer noch nicht mit ihren Gesprächen fertig, und so beschloss ich, den Knast zu verlassen, um einkaufen zu gehen. Zu Hause war der Kühlschrank sicherlich restlos geplündert. Vom Knast zu Aldi – das bedeutete ein schnelles Umschalten von »Sitzen Mörder in Einzelhaft?«-Fragen zu »Was koche ich morgen?«-Fragen. Als ich an der Kasse stand, klingelte das Handy. Renein war dran. »Mama, kommst du heute und gibst du mir einen Gutenachtkuss, wenn du da bist?«

Noch war ich weit weg von Zuhause. Eine sechshundert Kilometer lange Fahrt durch die verschneite Nacht trennte zwei Welten.

Detlef – Die Drohung

»Mama, wie gefährlich sind die Skinsheads eigentlich? Treten die nur auf Menschen oder töten die auch? Hast du Angst vor denen? Wissen die, wo wir wohnen? Kann es sein, dass die mal kommen? Was machst du dann? Haben wir eine Pistole? Schießt du dann auf die, wenn die uns bedrohen? Wie schnell ist die Polizei hier? Was machen wir dann? Tun die auch Kindern was? Wir sind doch keine Ausländerkinder! Eigentlich finde ich, dass du mit den Skinsheads aufhören sollst. Bisschen Angst hab ich schon, dass die mal kommen.«

Ankunft in einem abgeschiedenen Dorf. Das letzte Haus vor dem Ortsausgang.
Ein kleines Haus, mit kitschig gelben Tafeln verschalt. Ein Mann mit glasigen Augen und roten Wangen begrüßte uns: »Ich bin nicht euer Mann, mein Bruder lässt euch ausrichten, dass er bei seiner Arbeitsstätte noch was zu regeln hat.« Mindestens 1,8 Promille wurden uns ins Gesicht gehaucht, und das am frühen Nachmittag. Er bat uns in das enge muffige Haus. Die Mutter – klein von Gestalt – begrüßte uns fast schon feindselig, sie war mit Staubsaugen beschäftigt. Wir wurden ins Wohnzimmer gebeten, das eigens für uns beheizt worden war. Es war klamm und feucht. An den Fensterscheiben klebten Eisblumen. Sehr viel größer als zehn Quadratmeter konnte der Raum nicht sein, und jeder

Millimeter war sorgfältigst ausstaffiert. Den Mittelpunkt bildete der Fernseher. Vor ihm stand ein altes Sofa, auf dem »geschmackvolle« Tigerdecken aus Kunstfasern lagen. In der Mitte ein Tisch mit Plastikblümchen, einem Kerzenständer und einem Aschenbecher aus einem original Pferdehuf. Unter jedem dieser Gegenstände befand sich ein gehäkeltes Deckchen. An der Wand eine jener Vitrinen, in denen Familienbilder aufgereiht werden: die Hochzeitsbilder der Eltern, Fotos der Kerle, dahinter Vasen, gefüllt mit Plastikblumen, ein paar Gläser und ein Stoffteddy. Den Fußboden zierte ein schwarz, weiß und lila gemusterter Teppich. An den Wänden Bilder in Plastikrahmen, auch sie mit Plastikblumen dekoriert. »Hier hat jemand verzweifelt versucht, etwas Farbe ins Düstere zu bringen«, sagte Dennis.

Wir saßen da und warteten auf Detlef. Der Ölofen bullerte und stank.

Irgendwann wurde die Tür aufgestoßen, und zu dem Ölgestank gesellte sich eine Mischung aus Knoblauch, Zigaretten und mangelnder Zahnhygiene. Der Mann roch dermaßen aus dem Mund, dass ich mir reflexartig die Hand vor die Nase hielt. Seine schwieligen Hände waren dreckig und vom Nikotin gelblich gefärbt. Mit einem kaum verständlichen Kauderwelsch entschuldigte er sich knapp für diese Verspätung.

Dennis und ich waren in der entferntesten Ecke Deutschlands angekommen, nahe der Grenze zu Polen, dort wo sich Fuchs und Hase gute Nacht sagen, an einem Ort, der so fortschrittlich war wie sonst wohl nur die russische Tundra.

Ob wir den Ort gleich gefunden hätten, fragte uns Detlef. Der sei nämlich arg abgelegen, man sei hier völlig auf sich gestellt. Erst seit zwei Jahren fahre hier ein Bus durch.

Mit jedem seiner Worte wurde der Gestank unerträglicher, und Dennis rückte auf seinem Stuhl immer weiter weg von dem Mann, bis er unter dem Kruzifix mit den Blümchen ankam. Ich dagegen hatte mit dem Sofa keine Chance. Es wäre zu auffällig gewesen, wenn ich das große Teil nach und nach in Richtung Fenster geschoben hätte, um der Ausdünstung zu entkommen. Mir wurde übel.

Alles an Detlef war ungepflegt und dreckig. Die Glatze hatte er mit einer selbst gestrickten Mütze verdeckt. Zum Ausgleich für das fehlende Haupthaar trug er einen Kinnbart. Am linken Ohr baumelte ein Goldring, auf seine Finger war »Hass« tätowiert.

»Erzählen Sie mal, wie Ihr Leben so verlaufen ist …« Die Eingangsfrage entpuppte sich erwartungsgemäß als Fiasko.

»Tja, da bist halt ganz normal aufgewachsen, Kindergarten gegangen und in die Schule. Und nach der Schule halt Berufsausbildung. Jetzt arbeite ich halt. Stellen Sie halt mal ein paar Fragen. Ist halt blöd, so was zu erzählen.«

»Na ja, es hätt ja sein können, dass Sie vielleicht wirklich einschneidende Erlebnisse hatten.«

»Tja, was soll ich da sagen?«

Vor der Tür hörte ich ein Wischen. Die Mutter hatte das Saugen beendet und war zur Nassbehandlung übergegangen. Scheinbar war der Boden vor dem Wohnzimmer besonders verschmutzt. Bestimmt lauschte sie an der Tür, was der Sohn zu berichten hatte. Wenn die Alte wie ein Dragoner vor der Tür wachte, konnten Fragen wie: »Welches Verhältnis hatten Sie zu Ihrer Mutter während der Kindheit?«, ja nicht ehrlich beantwortet werden. Normal sei seine Erziehung gewesen. Bestraft wurde er nicht, weder vom Vater noch von der Mutter. Es gab kaum Prügel, kein Anschreien, kein Hausarrest. Obwohl, ab und zu bekam er den Hintern voll, das aber hätte ihm nicht geschadet, schließlich wusste er dann, wie er sich in Zukunft verhalten sollte. Im Großen und Ganzen war er ein braves Kind, von ein »paar harmlosen Zündeleien« abgesehen. Jeder war für jeden da. Laute Stimmen? Nein, gestritten wurde in der heilen Familie selten, außer einmal, als der Vater arbeitslos war und die Familie finanzielle Probleme hatte. Über seine Empfindungen, Ängste und Probleme sprach er mit keinem, das wollte er lieber mit sich selbst ausmachen.

Auch wenn ich mich langsam so weit an seinen Dialekt gewöhnte, dass ich mir die unverständlichen Worte zusammenreimen konnte, war das Interview alles andere als einfach. Detlef war extrem wortkarg und verschlossen. Erschwerend kam hinzu, dass mir immer schlechter wurde. Unauffällig hielt ich mir den Schal, der nach Parfüm roch, vor die Nase.

»Wie sah Ihre Wohnung früher aus? Sind Sie hier aufgewachsen? Hatten Sie ein eigenes Zimmer?«, waren die nächsten Fragen. »Ja, genügend!«, lautete die kurze Antwort. Das konnte nicht stimmen. In diesem Winzighaus lebten sie zu acht. Der Skin mit Eltern und zwei Geschwistern, Onkel, Tante und Großmutter.

Eigentlich hatte er nur von einem einzigen Manko während seiner ganzen Kindheit zu berichten: Die Eltern verboten ihm, in den Sportverein zu gehen, weil er gesundheitliche Probleme hatte. Das führte bei ihm zu einem gewissen Außenseitertum.

»Hast du darunter gelitten?«

»Nein, das nicht, es war nur blöd, weil alle Kinder da im Verein waren, nur ich nicht.«

»Hattest du dann keine Freunde?«

»Ja. Nein. Doch.«

Was nun? Hatte er Freunde oder war er Einzelgänger? Letzteres vermutete ich. Er aber bestätigte meine Annahme nicht, wollte sich partout nicht zum Außenseiter abstempeln lassen.
Es war nicht anders zu erwarten: Die Schulzeit verlief ebenfalls großartig, keine Probleme mit Schülern oder Lehrern. Der Lebensweg blieb auch später kerzengerade: Erfolg im Beruf. Er arbeitete als Automechaniker. Das Verhältnis zu den ausländischen Kollegen war bestens.
Ich beschloss, dieses Interview nicht unreflektiert in den Datenpool zu werfen, aus dem wir unsere Statistiken ziehen, denn dass hier nichts stimmte, dessen war ich mir sicher. Als Detlef einmal auf die Toilette ging, überlegten Dennis und ich, ob wir das Interview abbrechen sollten. Nun waren wir aber schon so weit gefahren, dass wir es bis zu Ende durchziehen wollten. Schließlich lässt sich auch aus Lügen Verwertbares ziehen.
Wir beschlossen, eine Pause zu machen und draußen in der Kälte eine Zigarette zu rauchen. Detlef begleitete uns, um uns seine Mäuse zu zeigen, die er für Schlangenbesitzer züchtete. In einer alten Garage stapelten sich die Käfige. Es stank wie die Pest, mein Magen drehte sich. Detlef langte in einen Käfig, fischte eine kleine Maus heraus, hielt sie mit seinen gelben Fingern im Genick und streifte ihr am After ein Stück hart gewordenen Dreck ab. »Sie haben manchmal Durchfall und dann bleibt was kleben«, erklärte er. Ich entschuldigte mich, rannte um die Ecke und übergab mich. Dann ging ich zehn Minuten lang durch den verschneiten Ort, um mein Gleichgewicht wiederzufinden.
Zurück im Wohnzimmer, ging es um die Frage, wie er in die Skinszene geraten war. Detlef schilderte, wie er sich als Sechzehnjähriger von seinem Ersparten ein Mofa gekauft

hatte, mit dem er erstmals selbständig den Ort verlassen konnte. Im acht Kilometer entfernten Nachbarort stieß er bei einem Fest auf die Szene. Die Skins sprachen ihn an, als er sich gerade auf dem Heimweg befand. Es ist, als hätten sie ein Gespür dafür, wen sie für ihre Gesinnung gewinnen können.

Als ich Detlef bat, über die Clique zu sprechen, blockierte er zunehmend. Seine Bewährungsauflagen verboten ihm jeden Kontakt mit Skins. Detlef sprach abwechselnd in der Vergangenheit und in der Gegenwart von seinen Verbindungen:

»Ja, da haben wir die Party gefeiert und … meistens treffen wir uns freitags.«

»Wieso ›treffen‹? Sie haben also noch Kontakt zu der Clique?«

»Nein, ich hab doch gesagt, ich gehe zu denen nicht mehr hin!«

»Warum sagen Sie dann ›Wir treffen uns‹ …?«

»Ich lass mich von Ihnen nicht in die Ecke drängen, bestimmt nicht, und jetzt will ich über die Jungs nicht mehr reden!«

Nächstes Kapitel: Die Tat. Detlef hat einen heimtückischen Mord auf dem Gewissen, den er zusammen mit acht anderen Skins begangen hat. Der Mord war grausam, das Gericht hatte sich vor der Verurteilung wochenlang damit befasst, die Vorgänge aufzuklären. Alle beteiligten Glatzen hatten beharrlich geschwiegen, und wenn sie doch mal ein Wort von sich gaben, waren ihre Äußerungen durchsetzt von Widersprüchen. Detlef erklärte mir feindselig, die Tat sei so lange her, er sei für viele Jahre im Knast gehockt, nun wolle er nicht mehr darüber sprechen. Das war durchaus verständlich. Andererseits hatte er sich freiwillig zu diesem

Gespräch bereit erklärt. Dass dabei auch die Tat zur Sprache kommen würde, damit hätte er rechnen müssen, fand ich. Deshalb ließ ich nicht locker. Mehr als eine Stunde lang dauerte das Kreuzverhör. Detlef schwankte zwischen Verzweiflung und Aggressivität. Ich ließ ihm keine Pause. Auf jeder seiner Antworten folgte eine neue Frage, mit der ich Widersprüche aufdeckte. Schließlich war er so weit in die Enge getrieben, dass sein Mund sprach, bevor das Hirn eingeschaltet war. Und so kam der Moment, in dem er etwas ausplauderte, was er bislang verschwiegen hatte. Wie ein Blitz durchfuhr es ihn daraufhin: »Ich sag nichts mehr, ich hab gesagt, die Tat ist tabu. Ich will nicht mehr sprechen. Es reicht mir mit diesem Kreuzverhör!«

Ich war heilfroh, dass Dennis dabei war, denn ab diesem Augenblick war ich Detlefs Feind, das spürte ich. Meine Übelkeit hatte sich trotz des leeren Magens nicht wesentlich gelegt. Ich musste auf die Toilette, es ging nicht anders. Die Tür war nicht verschließbar. So hielt ich die Klinke nach oben, während ich lange über der Schüssel würgte. Der rosarote Urinfänger vor dem Klo hat sich mir in die Erinnerung eingebrannt – und ich schwor mir damals, nie wieder eine Toilette an einem solchen Ort aufzusuchen. Komme, was wolle.

Der Rest des Interviews bestand aus erlogenen Formalitäten.

Die Eisblumen am Fenster waren verschwunden, der Ölofen hatte den Raum durchgeheizt. Draußen wurde es allmählich dunkel. An Detlef war nicht heranzukommen, und ich wollte sein Innenleben auch gar nicht mehr ergründen, er war mir unsympathisch. Seine Geschichten oder besser: seine Märchen weckten in mir keinerlei Mitgefühl. Für mich war er nur ein dumpfer, dummer Provinzler, der seine

Wichtigkeit innerhalb der Skinszene suchte. Sein ganzes Leben hatte er ausschließlich in diesem kleinen Dorf und im Knast verbracht. Die Höhepunkte seiner Laufbahn bestanden aus unreflektierten Wichtigtuereien. Und das einzige Wochenende, an dem er das verschlafene Nest verlassen hatte, um sich mit seinen Kumpels im Großstadtrevier zu versuchen, hatte Detlef zufolge mehr oder weniger »zufällig« dazu geführt, dass ein Ausländer getötet wurde. Sie hätten es nicht wirklich geplant, es sei halt so geschehen. Detlef verfolgte keine Ideologie, hatte mit Nazis nichts am Hut, möglicherweise hielt er sogar die SS für eine Skinband und einen gewissen Hitler für deren Leadsänger.

Kurz vor dem Ende des Gesprächs wurde plötzlich die Tür aufgestoßen. Was für ein Anblick! Vor uns stand Detlefs Vater im hellblauen Schlafanzug. Die Hose hatte er über den Bierbauch gezogen, das Hemd hineingestopft. Das war also der verständnisvolle, nette Vater. Bevor wir ihn begrüßen konnten, brüllte er: »Meint ihr, ihr könnt ewig mein Wohnzimmer blockieren? Feierabend, raus hier, ich will fernsehen, aber schnell, packt euer Zeug!« Hinter ihm stand die Frau. Es war 18 Uhr.

»Entschuldigen Sie, wir wollten nicht stören, wir gehen sofort, selbstverständlich!«, sagte ich und fügte innerlich »Arschloch!« hinzu. Detlef zog schuldbewusst den Kopf ein. Ich begann, Tonband und Fragebogen einzupacken, während sich die Mutter aufs Sofa schwang, sich in die Tigerdecken hüllte und der Vater auf dem elektronisch verstellbaren Fernsehstuhl Platz nahm.

Detlef begleitete uns zur Haustür. Bevor er uns hinausließ, baute er sich drohend auf und sagte mit fester Stimme: »Ich hab lange Zeit das Gefühl gehabt, dass ihr in Wirklichkeit vom Verfassungsschutz seid!«

»Wie kommen Sie denn da drauf?« Ich war erstaunt.
»Ja, ab und zu hat es Ähnlichkeiten gehabt mit polizeilichen Verhörmethoden! Der da hockte immer nebendran«, er deutete auf Dennis, »das ist genau wie sie das sonst so machen, guter Bulle, böser Bulle. Der eine ist stinkfreundlich zu dir, und der andere hat dich blöde angemacht.«
»Warum haben Sie dann an dem Interview eigentlich teilgenommen?«, fragte ich.
»Ich hatte gedacht, des sind so Studenten, die irgendwas so machen wollen, den Leuten soll man ja helfen.«
»So, und nun denken Sie, das hier wäre ein Polizeiinterview gewesen?«
»Eines sag ich Ihnen, wenn ich mal Post von jemandem bekomm, wenn die Polizei sich hier meldet, dann weiß ich, an wen ich mich wenden werde. Ich weiß, zu wem ich gehen muss, wenn die Bänder an irgendjemanden weitergegeben worden sind«, sagte er ernst.
»Sollen wir das als Drohung auffassen?«, fragte Dennis.
»So ist es«, lautete die knappe Antwort.

Hat dieses Buch Konsequenzen für jene, die darin beschrieben werden? Wird es einen einzigen Skinhead interessieren? Möglicherweise wird der eine oder andere davon erfahren. Niemand außer den Betroffenen selbst wird sie erkennen, da bin ich sicher.
Welche Konsequenzen hat das Buch für mich? Ich habe im Lauf der Gespräche von vielen Straftaten gehört, die meisten sind in den Polizeiakten festgehalten. Dennoch, die Dunkelziffer ist hoch. Manche Skins benutzten mich als Beichtvater, auch wenn ihre Geständnisse nicht über die »Kavaliersdelikte«, wie Skins sie nennen, hinausgingen: »Welche Straftaten haben Sie sonst noch so begangen?« –

»Ach, meinen Sie die Prügeleien? Da kann ich mich beim besten Willen nicht mehr an alle erinnern, schließlich sind wir jedes Wochenende losgezogen und haben einen zusammengedroschen ... Da war mal ein Punk, dem hab ich nen Baseballschläger zwischen die Beine gekloppt ... Und dann haben wir einem Türken die Nase gebrochen. Und dann ... Und dann ...«
Es war nicht meine Aufgabe zu urteilen und zu richten. Ich musste zuhören, Vertrauen gewinnen, Öffnungen bewirken. Dennoch verurteile ich innerlich, ich spüre Wut, Hass und Ohnmacht gleichermaßen. Hinzu kommt eine leichte Unsicherheit, manchmal auch Angst. Die Drohung war zu ernst, als dass ich sie vergessen könnte.

Wir waren nicht zum Reden aufgelegt, als wir ins Hotel fuhren. Irgendwann begann Dennis über Detlefs Tat zu sprechen: »So was passiert halt, wenn Möchtegernsheriffs mehr zu Gesicht bekommen als fünf Kühe, zwanzig Hühner, drei Kettenhunde und eine Hand voll Spießbürger. Zur Skinszene gehört nun mal die Ausländerhatz, und wenn solche Hinterwäldler dann mal einen Türken sehen, dann ergreifen sie ihre Chance, damit sie zu Hause was zu erzählen haben.«
Mein Magen hatte sich immer noch nicht beruhigt. Bis ins Auto verfolgte uns eine Wolke aus Knoblauch, Mundgeruch und Schweiß, die sich in unseren Kleidern festgesetzt hatte. Ich spürte ein Kribbeln im Gesicht. Was ich nicht wusste: Das waren die Vorboten einer Allergie, die mich mehrere Wochen lang ziemlich entstellen sollte. Meine Seele begann ihr Innerstes nach außen zu kehren, abzustoßen, was in sie eingedrungen war.

»Aktion Sorgenkind«

Jan erzählte von seiner Tat:
Er und Dieter saßen am Straßenrand. Sie hatten sich einen Kasten Bier gekauft und wollten den Tag ausklingen lassen. Es war später Nachmittag. Sie unterhielten sich über Frauen, waren guter Dinge und leicht angesäuselt. Ein paar Passanten musterten sie argwöhnisch. »Alkohol auf der Straße, um diese Zeit!« schienen sie zu denken. Vorbei kam auch ein junger Mann, er war behindert. »Leicht körperlich und irgendwie mit dem Kopf ... also mongoloid war er nicht, schon n normaler geistig Behinderter. Mehr so Spastiker.« Jan und Dieter kannten ihn, er wohnte in der Nachbarschaft. Sein Anblick belustigte sie: »Ja, also, wenn ich's seh, belustigt's mich. Aber ich hab auch nen Hass auf solche Leute.«
»Warum?«, wollte ich wissen.
»Weil, ich halte die von der Lebensanschauung her nicht für lebenswert.«
»Die sind also nicht lebenswert für dich?«
»Meiner Meinung nach nicht. Es gibt da Differenzen, *(Zögern)* also ich halt's für notwendig, wenn man noch vor der Geburt die Behinderung erkennt, das Kind dann abzutreiben. Also, ich würd das auf alle Fälle so machen. Wenn jetzt ... *(Zögern)* ... eine Frau mit vierzig einen Autounfall hat, schwer behindert und auf Hilfe von anderen angewiesen ist, dann hat die das Recht, in meinen Augen, vom Staat

versorgt zu werden, weil sie ihr Leben lang was für den Staat gemacht hat. Na ja, das einfach im Keim zu ersticken, man macht es sich da um einiges leichter. So was von vornherein zu vermeiden, solche Krankheiten. Oder zum Beispiel Leute mit Erbkrankheiten sterilisieren lassen oder so. Also, des halt ich für meiner Meinung nach richtig. Nicht, dass ich jetzt auf die Straße gehen würde und sagen würde, jetzt legen wir mal nen Behinderten um. Aber einfach von vornherein die Möglichkeit, dass so was auf die Welt kommt, so gut wie möglich auszuschließen. Bleibt nichts anderes übrig. Also, ich weiß nicht, manche legen so was als ein Zeichen von Stärke aus, manche wieder als ein Zeichen wiederum von Schwäche.«

Jan und Dieter pöbelten den Behinderten an, wollten ihm Angst einjagen. Die Furcht im Nacken humpelte er mit schnellen Schritten von dannen.

Diese Begegnung brachte die beiden auf die Idee, wie Jans kaputter Videorecorder durch einen neuen ersetzt werden könnte: in die Behindertenschule einbrechen und sich dort bedienen.

Sie wussten, dass die Schule nicht mit einem Alarmsystem ausgestattet war, sie konnten also ungestört Schränke und Kisten durchsuchen. Ausgerüstet mit einem Kasten Bier, machten sie sich auf den Weg, traten ein Fenster ein und durchstöberten die Räume. Nachdem sie nicht fündig geworden waren, nahmen sie mitten in einem Klassenzimmer Platz, öffneten zwei Flaschen Bier, tranken sie leer und zerschmetterten sie an der Tafel. Das war der Auftakt. Stühle wurden demoliert, Tische flogen gegen die Wände, Lernmaterial ging zu Bruch, Vorhänge wurden von den Stangen gerissen. Dann stärkte man sich wieder mit einem tiefen Schluck aus dem inzwischen halb geleerten Kasten. Berauscht vom Alkohol und von ihrer Macht, setzten sie ihr zerstörerisches Werk schweißgebadet fort:

»Ja, und dann haben wir halt angefangen, das Zeug kaputtzumachen. Das war ne richtige Orgie da drinnen, da ging's ab, Wahnsinn! Da ist die Anklageschrift ewig lang. Alles ging da zu Bruch, von vorn bis hinten.«

»Warst du da in so einem Rauschzustand?«

»Ja, richtig. Das hat vielleicht drei Stunden gedauert, und da haben wir einen Riesenschaden angerichtet.«

»Hatte es damit zu tun, dass du vorher einen Behinderten gesehen hast?«

»Ja, da sind wir dann halt auf die Idee gekommen.«

Schließlich war nichts mehr an seinem Platz, kein Gegenstand mehr brauchbar. Sie verwüsteten alles, was sie in die Hände bekamen. Nach ein paar Stunden standen sie inmitten eines Scheiterhaufens, zutiefst befriedigt. Das Adrenalin hatte seine Schuldigkeit getan. Sie torkelten ins Freie, fuhren heim und legten sich angenehm entkräftet schlafen.

Von dem Gegenwert des angerichteten Schadens könnte eine dreiköpfige Familie zwei Jahre lang bestens leben, man könnte sich ein kleines Fertighaus kaufen oder zwanzig behinderten Menschen eine Weltreise schenken.

Weder Jan noch Dieter haben ihre Tat bereut.

Erich – Stumme Zeugen

Dennis und ich waren wieder einmal unterwegs zu einem abgeschiedenen Winkel. Dennis fuhr, während ich einer meiner Lieblingsbeschäftigungen nachging und die Vorgärten nach Hinweisen auf die Charaktermerkmale der Hausbewohner erforschte: Bei den einen stehen die Schuhe schön geordnet und blank gewienert vor der Tür, bei den anderen liegen sie verstreut vom Treppenaufgang bis zur Haustür. Manche haben Rosen gepflanzt, die sich dann wild wuchernd ihren Weg bahnen dürfen. Das sind meist die Gärten mit den Durcheinanderschuhen. Vorgärten, in denen ein künstlicher Springbrunnen steht, haben oft nur wenig Rasen, weil alles gepflastert ist – kehrtechnisch ein Muss –, sowie ein paar Tulpen, zwischen denen blasse Keramikgänse lauern. Eine Satellitenschüssel haben die einen wie die anderen. Jeder holt sich so viel buntes Leben ins Haus wie nur irgend möglich.

Im Verhältnis zu der Größe des Ortes suchten wir inzwischen schon viel zu lange nach dem Tulpenweg. Dennis meinte, wir sollten lieber nach dem Weg fragen, statt dreißig Minuten lang im Kreis zu fahren. Nicht zum ersten Mal machte er den Spielverderber. In unbekannten Ortschaften eine bestimmte Straße zu suchen, fachte meinen Ehrgeiz an – möglicherweise war das ein Relikt aus meiner Räuber- und Gendarmzeit, in der ich ständig auf der Suche nach etwas war. Mit derselben Leidenschaft, mit der ich damals meine Spielkameraden aufspürte, suchte ich heute nach Straßen und mit den Straßen zugleich nach Erinnerungen an Kindheiten, nach Charaktereigenschaften, nach Motiven für Morde, nach Wegen, an verschlossene Menschen heranzukommen.

Nachdem wir den Blütenweg zum dritten Mal passiert hatten, bemerkte Dennis reichlich unwirsch, Fragen könnte ab und zu doch mal ganz erfolgreich und Zeit sparend sein. Im selben Moment tauchte der Tulpenweg vor uns auf, Äste hatten das Straßenschild verdeckt.

Es war immer wieder spannend, das Umfeld jener Menschen zu sehen, die ich sozusagen »aushäusig« kennengelernt hatte. Erich kannte ich nur aus Vorberichten, er war Skin, also suchte ich nach einem Haus, in dem möglicherweise ein Skin wohnen könnte. Das Straßenspiel wandelte sich zum Hausnummernspiel, das in gepflegten Wohngegenden allerdings nicht besonders schwer zu lösen ist. Ich hatte eine vage Vorstellung davon, wie ein Skinhaus aussehen könnte, und hielt nach Anzeichen von Verwahrlosung und Armut Ausschau. Was die Phantasie mir nahe legte, ist aus wissenschaftlicher Sicht übrigens nicht haltbar: Skins kommen keineswegs immer aus ärmlichen Verhältnissen. Dieses Mal sollte meine Phantasie jedoch Recht bekommen. Inmitten all der gepflegten Häuser stand eines, dessen Dach von einer Satellitenschüssel beinahe erdrückt wurde. Die blaue Farbe war abgeblättert, der Vorgarten verwildert. Zwar fehlte ausgerechnet hier die Hausnummer, aber Dennis kombinierte messerscharf, dass zwischen Nummer 18 und 14 die 16 sein müsste. Ich war froh, ihn bei mir zu haben.

Der gepflasterte Weg zum Haus hatte schon bessere Tage gesehen. Das Gras drängte sich zwischen die Ritzen, teilweise waren die vermoosten Platten gesprengt. Die Lampe über der Eingangstür war zerbrochen, der Fußabstreifer zerfiel vor Altersschwäche. Die Klingel war braun vor Schmutz. Ich bin nicht übermäßig heikel, aber beim Anblick derartiger Verwahrlosung stellten sich mir die Haare auf. Dennis ist als Junggeselle Kummer gewöhnt, also musste er läuten. Das war ein ungeschriebenes Gesetz zwischen uns: Unangenehmes machte Dennis! Sich bei McDonald's anstellen, in den Hotels das lautere Zimmer nehmen, im Zug immer gegen die Fahrtrichtung sitzen, nachts Auto fahren, sich Zigaretten wegschnorren lassen und die kapriziöse Mitarbeiterin bei guter Laune halten, wenn sie den Weg mal wieder nicht fand.

Dennis läutete und läutete, aber die Tür blieb zu. Es war 10 Uhr 30, für einen Skin, der die Nacht zuvor gefeiert hatte, möglicherweise zu früh. Vielleicht hatte Erich unsere Verabredung aber auch vergessen, vielleicht hatte er die Lust an einem Interview verloren, wer weiß. Dennis drückte nochmals auf den ekligen Klingelknopf, ich presste meinen Finger auf den seinen, damit er auch wirklich lange genug klingelte. Diesen Skin würde ich schon wach bekommen!

In der Tat, nach zehn Minuten öffnete sich die Tür. Erich, der wohl frisch dem Bett entstiegen war, grinste und bat uns hinauf in den ersten Stock. Es roch merkwürdig in dem Haus. Zigarettenrauch hatte sich in den Ritzen der zerborstenen Wände festgesetzt, die Tapeten waren vergilbt, der braune Teppich war voller Flecken.

Im Gang hing eine Deutschlandfahne, vor der Tür sorgfältig aufgereiht drei Paar Springerstiefel, unterschiedlich geschnürt: ein Paar mit weißen Bändern, die extreme und gewaltbereite Gesinnung verrieten, die anderen beiden mit schwarzen. Ein Paar glänzte, es war anscheinend relativ neu.

Vorne um die Kappe ein Stahlring, der wird bei Schlägereien gerne eingesetzt und gilt in den Augen des Gesetzes als Waffe. Die anderen Schuhe waren wohl kurz davor, ausgemustert zu werden, so ramponiert sahen sie aus, und in Gedanken fragte ich mich, in wie viele Rippen, auf wie viele Köpfe diese Stiefel wohl schon eingetreten haben mochten. Wie oft wurde Blut von ihnen abgewischt, wie oft waren sie selbst Opfer von Tritten anderer, wie oft hatten sie flüchten müssen, wie waren sie angegriffen worden? Was hier auf dem Papier mehrere Zeilen beansprucht, jagte mir damals in Sekundenbruchteilen durch den Kopf. Ich kam nicht jeden Tag in die heimliche Idylle eines Skins, also galt es, so viel wie möglich zu sehen und zu registrieren.

In Erichs Zimmer verschlug es mir den Atem. Die Luft war zum Schneiden, ein Kohleofen rumorte in der Ecke, und dessen Ausdünstung vermischte sich mit dem Rauch von ungefähr zwanzig Zigaretten. Erich musste schon wach gewesen sein, als wir geläutet hatten, möglicherweise hatte er Musik gehört, die aggressive Oi-Musik: »Hau dem Bimbo eins auf die Mütze, schlitz dem Türk den Bauch auf …«

In der Mitte des Raumes stand ein runder Tisch mit vier vollen Aschenbechern, einer Fernbedienung, zwei CDs, acht Bierflaschen (leer), einer Whiskyflasche (ungeöffnet), zwei Ginflaschen (halb leer), vier verdreckten Gläsern (in einem schwamm eine Fliege), Papierkram, einer Fernsehzeitung, Stiften, Briefen, leeren und vollen Zigarettenschachteln, Patronen und einer Pistole. Pistolen lagen auch hinter mir in einem schwarzen Holzregal, daneben Messer unterschiedlichster Art, diverse Embleme, eine alte Schreibmaschine und drei Totenköpfe. Um einen davon war ein Schal in den Farben eines Fußballvereins gewickelt.

Über all dem thronte eine ausgestopfte Krähe, die der stolze Erich selbst erlegt hatte.
Wir nahmen Platz. Vorsichtshalber wollte ich zunächst klären, ob die Waffe geladen sei. Klar sei die scharf, was ich denn denken würde. Das Interview begann mit großem Unbehagen meinerseits, einem süffisanten Grinsen von Erich und mit einem in die Ecke gequetschten Dennis, der wohl signalisieren wollte: Ich bin nicht da.
»Wollen Sie die mal in die Hand nehmen?«, fragte Erich. Ich wollte, hatte gleichzeitig aber Angst, die Waffe zu berühren. Zu oft hatte ich in der Zeitung gelesen, dass so ein Ding unerwartet und ohne jede Vorwarnung losgeht und eine oder mehrere Personen ins Jenseits befördert. Erich entlud sie, zeigte mir die Patronen, nannte irgendeine Bezeichnung wie »das ist eine GHT Serie 182« oder so und erklärte mir lang und breit, was für Löcher diese kleinen Metallteile in menschliche Körper schlagen können. Ganz ehrfurchtsvoll war er dabei.
Er drückte mir die Pistole in die Hand, blickte mich herausfordernd an und sagte: »Na, dann fang mal mit deiner Fragerei an.«
Später stellte sich heraus, dass auch er den Verfassungsschutz hinter unserem Besuch vermutet hatte. Ich verstand das nicht ganz. Warum hatte er dann nicht die Waffen und die verbotenen Embleme versteckt?
Dennis hatte sich inzwischen zwei schmuddelige Kissen auf den Schoß gelegt, als wollte er sich am liebsten wie ein Maulwurf vergraben. Als Bodygard eignete er sich wirklich nicht. Seine Augen wollten signalisieren: Komm, leg das Ding weg und lass uns gehen.
Es war das erste Mal in meinem Leben, dass ich eine Waffe in der Hand hielt, mir gruselte. »Ich leg sie dann mal ins

Regal zu den anderen Waffen, okay?«, sagte ich und verstaute sie weit weg vom Tisch, auf dem ich dann die Utensilien für das Interview auspackte: Fragebogen, Stifte, Tonband und Zigaretten.
Erich schilderte sein Leben in sage und schreibe ganzen drei Sätzen:
»Das ist schwer. *(Lächelt)* Ja, also so, für mich, war es halt mehr oder weniger nur durchschnittlich. Viel mehr fällt mir dazu eigentlich nicht ein.«
Danach folgte eine lange Pause.
»Kannst du das etwas näher beschreiben?«
»Ja. *(Zögern)* Ja, die guten Punkte waren halt Freunde. Na ja, mehr oder weniger die etwas schlechteren auch. Mutter, meine ältere Schwester.«
»Waren die schlechteren?«
»Ja.«
Mehr wollte oder konnte er nicht berichten.
Sein »durchschnittliches« Leben begann vor vierundzwanzig Jahren in der kleinen Stadt W.
»Wie bist du zu Hause aufgewachsen?«
Erich antwortete knapp: »Schule, dann bin ich heimgekommen, Hausaufgaben gemacht, was gegessen und weggegangen zu meinen Freunden.«
»Und als du kleiner warst? Hast du eine Erinnerung an deine Kindheit?«
»Ja. Im Kindergarten bin ich dann auch nur zu Freunden gegangen. Mehr halt nicht.«
Die Lebensverhältnisse in seiner Kindheit beschrieb er als sehr eng, und ich konnte das nur bestätigen, denn er war hier in diesem Haus aufgewachsen. Der kleine Raum, in dem das Interview stattfand, schätzungsweise gerade mal zwölf Quadratmeter groß, war damals Wohn- und Schlaf-

zimmer für Schwester und Mutter zugleich. Erich teilte sich ein winziges Zimmer mit seinem Bruder. Der Vater schlief in einem kleinen Raum auf dem Speicher.

Die Mutter arbeitete als Näherin, der Vater war in einer Reinigungsfirma beschäftigt. Als Erich klein war, sah er seinen Vater relativ selten. Meistens war die Mutter zu Hause. So weit, so gewöhnlich. Doch bald schon begann Erich, der Vertrauen zu Dennis zu fassen schien, von der Mär der »durchschnittlichen« Kindheit abzukommen. Er erzählte von Prügelszenen. Geschlagen wurde er mit einem Glockenspiel, Kochlöffeln und Gürteln – meistens auf den Kopf.

»Wie war die Beziehung zu deiner Mutter in der Kindheit?«

»Für mich war das reiner Hass.«

»Kannst du dich daran erinnern, wann das losging?«

»Mit vier, fünf Jahren ging das schon los.«

»Durch die Schlägereien?«

»Ja, auch andere Sachen. Genaueres weiß ich jetzt leider nicht mehr.«

»Wie waren die Situationen, in denen du geschlagen wurdest?«

»Ich habe sie immer mehr gehasst.«

»Hast du primär Angst gehabt oder Hass?«

»Hass.«

Ein Glockenspiel – wie kommt man auf die Idee, immer wieder ein Musikinstrument als Waffe zu verwenden? Hatte sich die Mutter überlegt, dass die spitzen Kanten ihm besonders effektive Schmerzen bereiten könnten? Hing Erich vielleicht sehr an dem Instrument und wollte die Mutter es zerstören, um den Sohn nicht nur körperlich zu maßregeln? Oder hatte sich Erich rein zufällig immer in der Nähe

des Glockenspiels aufgehalten? – Was für absurde Gedanken beschäftigten mich …
Geschlagen wurde zwei bis drei Mal in der Woche. Immer wenn er von der Schule heimkam, vor der Tür stand und mit seinen tintenverschmierten Fingern jene Klingel drückte, die mich mit so viel Ekel erfüllt hatte, saß ihm die Angst im Nacken. Schließlich konnte er nicht wissen, wie die Mutter heute gelaunt war. Meistens versuchte er den Konflikten zu entkommen: »Ich hab kurz mit ihr gesprochen – Hunger, was gibt's zu essen – und dann bin ich auch schon weggegangen.«
Von Anfang an war Erich auf sich allein gestellt. Der Vater war zu schwach und zu depressiv, als dass er an der Situation etwas hätte ändern können. So hatte Erich niemanden, der sich um ihn kümmerte. Keinen interessierte, was in der Schule passierte, was er in seiner Freizeit machte. Keiner half ihm bei den Hausaufgaben. Die Beziehung zu seiner Mutter wurde im Lauf der Zeit immer schlechter. Je mehr er sich von ihr entfernte, umso größer wurde sein verstockter Hass auf sie.

Erich hatte Lust auf eine Tasse Kaffee. Er stand auf und weckte seine Freundin im Nebenzimmer. Dennis und ich blickten uns an. Alles, wovon wir eben erfahren hatten, hatte hier in diesen düsteren, engen Räumen stattgefunden. Ich betrachtete die vergilbten Wände, an denen sich das Nikotin von Abertausenden Zigaretten festgesetzt hatte. Hier also war tagsüber das Wohnzimmer und nachts das elterliche Schlafzimmer gewesen. In diesen Räumen ist Erich aufgewachsen. Seit vierundzwanzig Jahren wohnte er hier.
Gab es eine Zeit, in der für so eine Familie die Welt noch in Ordnung war? In meiner Phantasie waren die Wände

früher einmal weiß. Erichs Eltern waren ein junges Paar, frisch verheiratet und voller Glück. Viel Geld hatten sie nicht, und so nahmen sie das Angebot wahr, ins obere Stockwerk des elterlichen Hauses der Braut zu ziehen. Der Vater lebte von nun an Tür an Tür mit seiner Schwiegermutter. Möglicherweise hatten sie die Wohnung renovieren müssen, bevor sie einzogen. Sie strichen die Wände, legten einen braunen Teppichboden. Vielleicht waren Blumen an den Fenstern, der Garten war sicherlich gepflegt. Gemeinsam renovierte man das Bad. Arm in Arm zogen sie durch ein Möbelcenter, kauften einen Kronleuchter, ein braunes Sofa und einen Glastisch, bereiteten sich eine gemütliche Zukunft. Draußen pflanzten sie Büsche und Blumen. Die Ehe verlief harmonisch. Beide gingen morgens zur Arbeit und trafen sich abends zum Essen. Die Räume beflügelten meine Phantasie. Die Authentizität des Umfelds erfüllte die Worte des Interviews mit Leben. Das Mobiliar war unverändert, der alte, matte Glastisch, die durchgesessenen braunen Polster, der Kronleuchter an der Decke, der bullernde Kohleofen.

Erich kehrte zurück und sank ins Polster. Er habe Kaffee geordert, die Freundin käme gleich und wolle beim Interview unbedingt dabei sein. Er habe keinerlei Geheimnisse vor ihr und fühle sich in ihrer Gegenwart wohler, meinte er.

Ich setzte das Interview fort, jedes Wort beflügelte meine Vorstellungen, die sich an dem Gedanken entsponnen hatten, Erich hätte seiner Freundin am Bett ein verliebtes »Guten Morgen« gewünscht.

Erichs Mutter wurde schwanger und gebar ein geistig und körperlich behindertes Mädchen. Das junge Glück war von nun an deutlich getrübt. Das Kind war schwierig, die Oma half bei der Erziehung und mischte sich immer mehr in das Familienleben der Tochter ein. Den Vater störte, dass ständig die Schwiegermutter in seinem Wohnzimmer saß. Ich stellte mir vor, wie er nach der Arbeit immer missmutiger nach Hause kam, wo eine behinderte Tochter, eine frustrierte Ehefrau und eine nörgelnde Schwiegermutter auf ihn warteten. Er begann zu trinken, und morgens behalf er sich mit Tabletten, um tagsüber den Rauschzustand einzudämmen. Dann war die Frau wieder schwanger. Erich kam auf die Welt. Die Familie war nun endgültig überfordert. Die Blumen am Fenster begannen zu verdorren, der Garten wurde nicht mehr gepflegt. Keine achtzehn Monate nach Erichs Geburt erwartete die ohnehin entnervte Mutter ihr drittes Kind, das Nesthäkchen, den späteren Liebling der Familie.

Erich hatte eine ungünstige Ausgangsposition. Von der elterlichen Liebe bekam er nicht viel mit, die war verpufft und aufgebraucht. Der kleine Rest an Zuneigung, den die Eltern aufzubringen noch fähig waren, kam der Tochter und dem kleinen Lieblingskind zugute.

Mit vier Jahren kam Erich in einen Kindergarten, wo er große Probleme mit der Erzieherin, einer Nonne, hatte:

»Gegen mich hat die irgendwas gehabt.«

»Wie sah das aus?«

»Ja, Ohren ziehen und solche Sachen. Stell dich in die Ecke, und da bleibst jetzt stehen!«

»Warst du in der Hinsicht eine Ausnahme?«

»Ja, weil bei mir ist das ziemlich oft passiert.«

»Warum?«

»Manchmal war's verdient, aber zum Großteil weniger.«

»Was hast du denn da immer angestellt?«

»Ja, mit anderen Kindern geprügelt oder so.«
»Würdest du dich selbst als aggressiv bezeichnen, als du klein warst?«
»Weniger, nur wenn ich etwas wollte. Dann wollt ich es und hab's mir geholt.«
»Wie hast du die Strafe dann empfunden?«
»Ja, zum Teil als ungerecht, zum Teil aber auch gerecht. Es kam aber immer erst hinterher, wenn ich mir des überlegt habe.«
Vater und Schwiegermutter sprachen mittlerweile kein Wort mehr miteinander. Die drei Frauen waren stark, übermächtig, der Vater und sein Zweitgeborener die Verachteten und Gegängelten. Sie hielten zusammen. Manchmal wehrte sich der Vater gegen die psychische Übermacht und schlug zu.
»Der war nervlich komplett runter.«
»Hat es Streitsituationen zwischen den Eltern gegeben?«
»Ja.«
»Häufig?«
»Ja, mehr oder weniger. Also in der Früh, als ich so zwischen drei und fünf Jahre alt war.«
»Wie sah der Streit aus?«
»Tja, wie sah er aus? *(Lächeln)* Ja, halt heftiges Durcheinander, teilweise auch Handgreiflichkeiten.«
»Warst du dabei?«
»Ja.«
»Das hat sich demnach vor euch Kindern abgespielt?«
»Ja, meine Mutter hat mich dann auch öfters so genommen und vorne vor meinen Vater hingehalten.«
»Dass dein Vater ihr nichts tun konnte?«
»Ja.«
»Und? Hat das deinen Vater abgehalten?«

»Ja.«
»Was hast du in dem Moment empfunden?«
»Das weiß ich nicht mehr.«
»Hast du Angst gehabt oder warst du wütend, warst du verzweifelt?«
»Das weiß ich wirklich nicht mehr.«
»Hast du gefühlsmäßig für irgendjemand Partei ergriffen?«
»Ja, für meinen Vater.«
»Und die Handgreiflichkeiten, von wem gingen die meistens aus?«
»Eher von meinem Vater.«
»Weißt du die Gründe?«
»Ja, das war der Grund mit meiner Oma, dass die auf ihn losgegangen ist, und da ging das Ganze weiter, meine Mutter kam dann hoch, und dann ging's los.«
»War das mehrmals in der Woche?«
»Teilweise ja, manchmal auch weniger.«
»Haben die Streitigkeiten lange gedauert?«
»So ein, zwei Stunden konnt's schon gehen.«
»Hat deine Mutter dann oft geschrien oder geweint oder so?«
»Geweint.«
»Hat sie mit dir darüber gesprochen oder hat sie dich weggeschickt?«
»Mit mir drüber gesprochen, aber auch weggeschickt. Von meiner Mutter, des hat mich gar nicht interessiert. Ich bin dann immer zu meinem Vater gegangen.«
»Wie stark waren die Handgreiflichkeiten?«
»Ohrfeigen.«
»Gab's auch schwerere Verletzungen?«
»Einmal, ja.«
»Was war da?«

»Das war eine Platzwunde am Auge.«
»Ist deine Mutter zur Polizei gegangen?«
»Nein.«
»Hat sie also nichts dagegen unternommen?«
»Nein.«
»Weißt du, warum nicht?«
»Mein Vater ist in psychische Behandlung gegangen.«
»Freiwillig?«
»Ja.«
»Weil er sich nicht unter Kontrolle hatte oder warum?«
»Grad weil er selber mitgekriegt hat, dass er tablettenabhängig ist.«
»Haben deine Nachbarn das mitbekommen?«
»Ja, teilweise ja.«
»Haben die etwas unternommen?«
»Nein.«
Da hatten wir es wieder, dieses Phänomen des Wegschauens. Wie oft hören Nachbarn das Schreien, und wie oft verschließen sie die Ohren? Was muss passieren, damit man sich innerlich das Recht herausnimmt, in das Leben anderer einzugreifen? Und dann? Wie geht es weiter? Holt man die Polizei, ist der Nachbarsfrieden dahin. Ein für alle Mal. Der Tulpenweg war eine ordentliche Straße, gehegt und gepflegt. Man kannte sich, traf sich nicht selten abends beim Grillen oder ratschte am Zaun bei der Gartenarbeit. Das Ehepaar im blauen Haus war stets so nett, die alte Frau anerkannt. Die ging öfters mit dem behinderten Kind spazieren. Außerdem gab es überall mal Streit im Tulpenweg, das war normal. Brüllen und Türenschmeißen waren noch keine Alarmzeichen, sondern Ausdruck intensiver Auseinandersetzung. Dennoch standen die Nachbarn am Fenster, wenn Schreie nebenan zu hören waren, emsig lauschend,

das Radio hatten sie abgestellt. Der Vater holte das Fernglas. Hinter den weißen Gardinen ließ sich gut beobachten. Der Bub ging in die gleiche Klasse wie Erich. Sie haben oft miteinander im Sandkasten gespielt, mit Fußbällen die Straße unsicher gemacht. »Irgendwas stimmt mit dem Erich nicht«, sagte der Bub zum Vater, »der ist in der Schule so wild.« – »Kümmere dich um deine eigenen Angelegenheiten«, war die forsche Antwort des Vaters und: »Ab ins Zimmer!« Die Mutter kochte Kaffee, tadelte den Vater hinterm Glas. So was mache man nicht, vielmehr solle man was unternehmen, schließlich käme der Krach immer häufiger vor, und außerdem hatte die Nachbarin ein blaues Auge. Das hätte sie beim Bäcker genau gesehen. »Nein, solange die Nachtruhe nach 22 Uhr nicht gestört wird, geht uns das nichts an, außerdem gießen die in den Ferien unseren Garten«, erwiderte der Vater.

Das ist doch Klischee pur, sage ich ärgerlich zu mir selbst, viel zu plump, als dass du das hier so stehen lassen kannst. Statt weiter am Buch zu arbeiten, grüble ich der Frage nach, wie solche Szenen ablaufen. Ich habe den Tulpenweg noch sehr genau vor Augen. Als wir damals dort waren, entsetzte mich das Spießbürgertum, das nicht nur im Osten so viele Dorfbilder prägt. Aber schweigen nur Spießer? Der Mensch ist feige, wenn es darum geht, seine Scheinwelt in Frage zu stellen. Vermeide Ärger und Veränderungen, zieh den Vorhang zu und überlass die anderen ihrem Schicksal, schließlich hat jeder sein Päckchen verdient, das er mit sich trägt. Ich glaube, so denken viele.
Nicht meine Nachbarin. Sie ist das genaue Gegenteil davon, und das hat ihr meine unerbittliche Abneigung eingebracht. Das kam so: Renein ist jähzornig. Schon als kleines

Kind warf er sich auf den Boden und brüllte in Arztpraxen, Supermärkten und S-Bahnen wutentbrannt, wenn er nicht bekam, was er sich in den Kopf gesetzt hatte. In der S-Bahn wollte er sofort eine Milch haben, aber leider hatte er die Flasche bereits leer getrunken. In der Arztpraxis wollte er nicht länger als fünf Minuten warten, im Supermarkt füllte er selbständig den Einkaufskorb mit zwanzig Päckchen Süßigkeiten, zehn großen Eistüten, Chips ... Wehe, ich wagte es, die Einkaufsliste zu kürzen.
Solche Wutanfälle bekam er früher regelmäßig, mindestens einmal in der Woche. Später sank die Häufigkeit der cholerischen Attacken, der damit verbundene Geräuschpegel jedoch stieg an. Wir waren gerade neu umgezogen, als Renein Geige übte und die Töne nicht so traf, wie er wollte. Ich ahnte die Konsequenzen und versuchte bereits beim ersten Aufstampfen seines Fußes die bedrohliche Lage zu entschärfen, indem ich seine Musik über alles lobte und bewunderte. Obwohl ich wusste, wie sehr Kinder Unaufrichtigkeit hassen, hatte ich die momentan wohl schlechteste Taktik. Türen flogen, Kissen flogen, Stifte flogen – die Geige wurde sorgsam in den Kasten gelegt –, Schuhe flogen und dann, zu guter Letzt, flog Renein zu Boden. Das war stets der Moment meiner endgültigen Ohnmacht. Zärtlich in den Arm nehmen, ein Eis vor die Nase halten, mitschreien, drohen, überreden, ich habe alles versucht – und nach sechs Jahren wusste ich, ich musste mich nicht um Renein sorgen, sondern um mich, um meine Nerven.
Ich verließ dann stets den Raum und überließ Renein seiner Wut, die musste raus, die wollte toben. Gewöhnlich ging ich dann eine Runde spazieren, einmal ums Haus, ohne mich ganz aus dem akustischen Einzugsbereich von Renein zu entfernen. Es war fürchterlich. Ich wusste, sein

Gesicht war puterrot, die Tränen liefen ihm über die Wangen. Er war wirklich verzweifelt – wie ich. Es tat mir immer in der Seele weh, wenn ich Renein ratlos seiner Wut überlassen musste.
Damals befand ich mich genau in dieser Stimmung. Zweimal war ich schon um das Haus gegangen, hatte jede Schwankung in Reneins Stimme auf ein mögliches Ende des Anfalls hin untersucht, und hatte gerade beschlossen, wieder nach oben zu gehen, um seine Tränen zu trocknen, da kam die Bewohnerin eines nahe gelegenen Hauses auf mich zu. Ich kannte sie nur vom Sehen, eine Münchener Schickeriaexponentin, die Männer wie Gummibärchen verspeist. Im engen Rock trippelte sie daher, aufgedonnert, geschminkt und umhüllt von »Poison« – ein Parfüm, das perfekt zu ihr passte. Sie baute sich vor mir, der nervlich und äußerlich leicht angeknacksten Hausfrau, auf, spitzte den Mund und fragte, was denn der Lärm zu bedeuten habe.
»Ach, nichts Besonderes, Renein hat nur einen Wutanfall, der legt sich gleich wieder.«
»Ach wirklich? Ein Wutanfall? So, so, das klingt mir aber ganz anders, so, als hätte der was abgekriegt.«
»Was abgekriegt?«
»Na ja, Sie wissen schon, was ich meine.«
Ja, ich wusste, was sie meinte, war sprachlos und empört. Abgestempelt zu einer asozialen Mutter, stand ich mit offenem Mund und alten Jogginghosen vor der Vorstadttussi, unfähig zu reagieren. Die machte energisch auf ihren hohen Hacken kehrt und stolzierte von dannen, den Hintern hin und her schwingend. »Unterstellen Sie mir bloß nicht noch einmal, dass ich meine Kinder schlage!«, schrie ich ihr hinterher. Oben, aus dem Kinderzimmerfenster, lugte ein

erstauntes Köpfchen hervor. So kannte Renein mich nicht, brüllend, tobend, mitten auf der Straße, am helllichten Tag. Ich glaube, er fand es toll, dass seine Mutter noch mehr wüten konnte als er.

Bewies die besorgte Nachbarin Zivilcourage oder war ihr Verhalten eine Frechheit? War es richtig oder falsch? – Ich vermag es nicht zu sagen, zu sehr war ich selbst davon betroffen.

Erich entfernte sich auch äußerlich immer mehr von seiner Familie. Er war kaum mehr zu Hause, sondern lebte bei einem Freund und dessen Eltern. Erichs Mutter litt darunter und suchte eine Jugendberatungsstelle auf, die eine einjährige Therapie für Erich empfahl. Einmal in der Woche sollte er die Chance haben, über seine Probleme reden zu dürfen. Das tat ihm gut, seine Nervosität, durch die er vor allem in der Schule aufgefallen war, nahm deutlich ab. Endlich konnte er auch erzählen, wie sehr er von der Mutter geschlagen wurde. Doch das nutzte wenig. Die Mutter, vom Jugendamt zur Rede gestellt, stritt alles ab, nahm sich die Anschuldigungen jedoch zu Herzen und hielt sich halbwegs unter Kontrolle.

Nach einem Jahr wurde die Therapie auf Erichs Wunsch hin beendet, weil er sie für sinnlos hielt. Da er nicht sein ganzes Leben lang Unterstützung von Therapeuten erwarten konnte, musste er sich irgendwann der Realität stellen. Und die sah so aus, dass er allein war, keinen hatte, der ihm zuhörte und Glauben schenkte. Der Vater sei immer bei der Arbeit gewesen, er hätte ihm nicht helfen können. Das Bedürfnis, mit jemandem zu reden, verdrängte er mit der Zeit, fraß Angst, Wut und Hass in sich hinein und wartete auf den Tag X, an dem es galt, Rache zu üben. Da war er elf Jahre alt.

»Bist du im Lauf der Zeit, in der du geschlagen worden bist, irgendwie abgestumpft, hat es dir mit der Zeit weniger ausgemacht?«
»Für mich war's halt dann so, na ja, den Schlag hab ich eingesteckt, aber, na ja, nicht richtig wahrgenommen. Ich hatte einfach abgeschaltet nach einer Weile.«
»War das anfangs, als du geschlagen worden bist, anders?«
»Ja.«
»Bist du dann richtig abgestumpft?«
»Ja, das war so mit acht, neun Jahren, da sind die Schläge an mir einfach so vorbeigegangen.«
»Hast du dann noch Schmerzen gespürt?«
»Nein. Außer wenn es wirklich eine Wunde war oder so, dann hab ich was gespürt. Andernfalls gar nichts.«
Das blaue Haus im Tulpenweg verkam immer mehr. Seine Bewohner wurden gemieden. Am Gartenzaun traf man sich längst nicht mehr. Der Grill verrottete im Gebüsch. Die Oma sah man selten. Der Mann war kaum da, man munkelte, er sei immer wieder in einer Klinik für Psychopathen. Die Schwester wurde in ein Heim gesteckt, ebenso das einst so geliebte Nesthäkchen. Eine Familie war dem Untergang geweiht, Schreie interessierten keinen mehr. Die Nachbarn standen nicht mehr hinter den Gardinen, niemand registrierte beim Einkaufen noch die blauen Flecken, und die Mitschüler hatten inzwischen kapiert, dass Erich nicht zu helfen war. Fürchten musste man sich vor dem Schlägertypen, der nach außen trug, was er im blauen Haus erfahren hatte.
Einmal wurde er für vierzehn Tage aus der Schule ausgeschlossen.
»Ja, ich habe einen krankenhausreif geschlagen.«
»Warum?«

»Den genauen Grund weiß ich nicht mehr.«
»Das weißt du nicht? Aber du weißt, dass du ihn krankenhausreif geschlagen hast?«
»Nein, ich weiß nicht mehr, warum. Das war irgendeine Kleinigkeit, halt so ne Hänselei, und das war halt des, der wollt mich hänseln, und … *(Pause)* … und dann hat's ihn erwischt.«
»Wie hast du da …?«
»Ja, erst mal mündlich zurück, und dann, wo das halt nicht ging und der des nicht kapiert hat, hab ich zugeschlagen.«
»Mit Fäusten?«
»Ja. Mit Fäusten, wie gelernt.«
»Ach ja, da warst du schon im Kampfsport. Wie kam das, dass der krankenhausreif war?«
»Der lag dann am Boden.«
»Hast du ihn weiter getreten?«
»Ja.«
»Was hattest du da für ein Gefühl?«
»Das tat eigentlich ganz gut. Deswegen war's überhaupt krankenhausreif, weil, weil ich hatte Stahlkappenstiefel an, und da kann man gut hinterher treten.«
»Ins Gesicht?«
»Rippenmäßig.«
»Wusstest du noch, wo du hintrittst?«
»Ja.«
»Bewusst in die Rippen?«
»Ja.«
»Kanntest du den vorher schon länger?«
»Nee, also des war einer, der war zwei Klassen über uns, und halt grad n Ausländer. Ich halt mit kurz geschorenen Haaren, Stiefel, weiße Schuhbänder, und so bin ich in die Schule gegangen, und da hat der ›Scheiß Nazi‹ gesagt …«

»Als der im Krankenhaus gelegen ist, hattest du da Mitleid mit ihm gehabt?«

»Nee, Genugtuung.«

Die Tür ging auf. Erichs Freundin brachte den Kaffee. Sie goss uns allen ein, verteilte die Löffel, bot Zucker und Milch an und setzte sich neben ihren Freund. »Alles okay?«, fragte sie ihn und streichelte ihm über das Knie. Zärtlichkeiten hatte Erich in diesen vergilbten Räumen früher nur wenige erlebt. Jetzt endlich erfuhr er sie. Vielleicht hatten auch Erichs Eltern einst so auf diesem Sofa gesessen, hatten sich dort geliebt, von einer schönen Familie geträumt, vom Glück. So wie Erich es nun tat. In den Räumen, wo er gequält worden war, empfand er jetzt Liebes- und Glücksgefühle. Ich kann mir das nicht vorstellen, beim besten Willen nicht. Für mich war das Zimmer zur Folterkammer geworden. Ich fühlte mich unwohl, hatte das Gefühl, nicht atmen zu können, und stellte mit Entsetzen fest, dass wir noch nicht einmal die Hälfte der anstehenden Fragen geklärt hatten. Was würde noch kommen?

Im Alter von neun Jahren hatte Erich das erste Mal Kontakt mit dem Jugendamt, als er Zigaretten stahl. Das Amt schrieb die Eltern an, und es wurde besprochen, Erich solle mehr Taschengeld bekommen. Prügel waren die mütterliche Reaktion, der Vater suchte im Gespräch nach den Gründen.

Da war es schon zu spät. Die Bahn, auf der Erich dahinschlitterte, war schief.

Die Haare fielen dem Messer zum Opfer, da war er zehn. Seine Faszination für Glatzen entstand eher zufällig, als er einen Freund seines Cousins auf einem Fest kennen lernte. Im Lauf des Abends kamen sie auf Musik zu sprechen, und Erich erfuhr zum ersten Mal von jenen Liedern, die so aufpeitschend wirken sollen.

»Das kam so: Der hat mir gesagt, dass er mir ein paar Kassetten überspielt.«

»Musik hat also eine große Rolle gespielt?«

»Ja.«

»Die Texte oder die Musik selber?«

»Die Musik selber erst mal, und dann, na ja, hab ich mich erst mal informiert und so, wie des ist, bei Skins, und Gedankengut und so weiter, und das hat eigentlich, ja, hat mich angesprochen.«

»Was hat dich da speziell angesprochen?«

»Ja, grad, dass man für sein Land da ist und für sein Land denkt.«

»Also, da war primär das Land wichtig, oder gab's da auch Aspekte der Kameradschaft und so weiter?«

»Ja, Kameradschaften und so auch.«

»Wie hast du dann zu den Skins Kontakt aufgenommen?«

»Ich war erst mal ganz alleine.«

»Bist du hier als Skin rumgelaufen?«

»Ja, ich hab meine langen Haare runterrasieren lassen von ihnen. Ja, dann hab ich mir Stiefel gekauft, Bomberjacke, Aufnäher gleich dazu.«

»So ganz alleine?«

»Ja, ganz alleine.«

»Wie haben deine Eltern reagiert?«

»Meine Mutter, die ist fast ausgerastet, und mein Vater, der hat's eigentlich ziemlich ruhig genommen. Der hat gesagt: ›Wenn du meinst, bitte, ist deine Sache.‹«

»Da warst du schon zehn. Das war, wo deine Mutter dich so geschlagen hat?«

»Das war grad des, da bin ich dazugekommen, und dann hab ich zurückgeschlagen.«

»Das war in Verbindung mit der Skinszene?«

»Ja, das kam alles zusammen.«

»Hat die Skinzugehörigkeit dein Selbstwertgefühl gesteigert?«

»Ja, und das war auch des: Ich war allein und keine Gruppe, dass man irgendwie sagen konnte, ich hab mich nur der Gruppe angeschlossen, sondern ich war ganz allein.«

»Bist du als Einzelgänger losgezogen, also ohne Gruppe?«

»Ja, ganz alleine. Ich war halt Skin für mich alleine.«

»Wie war das Gefühl für dich?«

»Ja, das war irgendwie gut. So nicht einfach irgendwo anhängen, sondern selber was zu machen.«

»Und wie lange dauerte die Phase, bis sich da Leute drangehängt haben?«

»Das ging ein halbes Jahr.«

»Du hast gesagt, dass du öfters mal Schwierigkeiten gehabt hast, weil du so ausgeschaut hast. War das auch die Phase, in der du alleine warst?«

»Ja, da war das verstärkt sogar. Weil, dann ham halt grad die Ausländer gewusst, ich bin allein und mir hilft halt niemand, und dann, wenn ich dann nach L. gegangen bin, ging's gleich los, zum Beispiel also zwischen zwanzig und dreißig Türken oder Albaner sind vor mir gestanden: ›Scheiß Nazi, mach den Aufkleber runter, sonst kriegst eins auf die Schnauze …‹«

»Was hast du dann gemacht?«

»Nix.«

»Hast du dann Schläge bekommen?«

»Nein, bin einfach weitergelaufen. Na ja, ab und zu hab ich auch ein paar auf die Schnauze gekriegt. Mein Gott …«

»Hat dich das in deiner Meinung gefestigt?«

»Ja, das hat mich irgendwie gestärkt.«

»Hast du diese Auseinandersetzung gesucht?«

»Nee, die Auseinandersetzung nicht, aber ich hab halt was gesucht, wofür es sich lohnt, erstens zu kämpfen und zweitens, wofür man kämpfen kann.«
»Du wolltest kämpfen?«
»Ja. Allerdings nicht körperlich, sondern eher so von innen raus.«
»Warum?«
(lange Pause)
»Keine Ahnung. Ich weiß halt, dass ich kämpfen wollte – aber warum?«
»War da so eine aggressive Grundstimmung dahinter?«
»Nee, aggressiv eigentlich überhaupt nicht.«
»Wolltest du deinem Leben einen Sinn geben?«
»Ja, das eher.«
»Fandest du es vorher sinnlos?«
»Ja, den großen Sinn hab ich eigentlich im Leben sonst nie gesehen.«
Erich hatte eine neue Identität gefunden, in der er Machtgefühle beweisen wollte. Zum ersten Opfer seiner neuen Stärke wurde ein ehemaliger Täter – die Mutter:
»Ja, das war grad so zwischen zehn und elf, das war grad die Sache mit dem Glockenspiel, und ich hab mir halt an den Kopf gefasst und hab Blut in meiner Hand gesehen, und da bin ich durchgedreht und hab zugeschlagen.«
»Wie ist das ausgegangen?«
»Na ja, gebrochene Rippe für sie und am Unterleib war auch noch irgendwas.«
»Hat sich dann was geändert, nachdem du zugeschlagen hast?«
»Ja, sie ist vorsichtiger gegenüber mir geworden und wollt sich dann wegen mir von meinem Vater scheiden lassen.«
»Hat dein Vater das mitbekommen?«

»Ja, meine Mutter ist dann zu meinem Vater, weil es war Wochenende, und hat ihm des gesagt, und da er gewusst hat, sie schlägt mich öfters, ist er erst mal hoch und hat mich gefragt, was is, und da hab' ich ihm des erst mal gezeigt mit dem Kopf, und dann ham wir erst mal zum Arzt müssen, also nähen lassen, und dann ist er zu ihr gegangen und hat gesagt, so, dass er es richtig gefunden hat, dass sie's zu Recht gekriegt hat.«

Dennis rauchte inzwischen seine wohl zehnte Zigarette, der Aschenbecher vor Erich und seiner Freundin war überfüllt. Mein Magen war noch nüchtern gewesen, als ich den starken Kaffee getrunken hatte, jetzt kämpfte er gegen die Säure. Auch ich rauchte, passiv, atmete die nikotingeschwängerte Luft. Der bullernde Ofen füllte den engen Raum mit beklemmender Hitze. Ich musste eine kurze Pause einlegen. Obwohl ich mir geschworen hatte, während der Interviews nichts mehr zu trinken, um in den Skinbehausungen nicht auf die Toilette gehen zu müssen, hatte ich jetzt doch fahrlässigerweise gegen diesen Grundsatz verstoßen. Nun wollte der Kaffee mich wieder verlassen und zwang mich in einen schlauchartigen, hellblau angestrichenen Abort, dessen Kacheln unter einem grauen Schleier mattgelb schimmerten. Mattgelb war auch der Brillenrand, uringefärbt und stinkend. An den Kacheln pappten Abziehbilder von Comicfiguren. Sie waren wohl schon vor fünfzehn Jahren von dreckigen Kinderhänden an die Wand geklebt worden. Sicherlich stammten sie von Erich, der sie sammelte in jenem Alter, in dem Abziehbilder wie Trophäen in der Schule gehandelt werden. Damals hatten kleine bunte Zeichnungen seine Sammelleidenschaft bestimmt. Heute waren es eine ausgestopfte

Krähe, ein Totenkopf, Deutschlandembleme, Waffen und *Deutschlands Stimme*, die er über die NPD bezog.
Ich blieb bei der Klotür stehen, festen Willens, eher die Blase platzen zu lassen, als nur einen einzigen Schritt weiterzugehen. Dennoch verharrte ich lange an diesem Fleck und sammelte die wirren Gedanken, die wie wütende Wespen in meinem Kopf kreisten. Das Haus war voller stummer Zeugen, die eine Geschichte erzählten: Die mögliche Geschichte der Eltern – hatten sie das Bad so blau gemalt? Hatte die Mutter damals regelmäßig die Toilette geputzt? Die fiktive Geschichte der Nachbarn, vor deren Augen sich der Verfall des Hauses und seiner Bewohner abgespielt haben musste. Und Erichs Geschichte, der das Opfer dieser Umstände war, ein Opfer, das zum Täter wurde.
Nach geraumer Zeit kehrte ich zurück, zündete meine erste Zigarette an, sog den schwarzen Teer in die Lungen und Erichs düstere Geschichte in mein Herz.

Nach dem Hauptschulabschluss begann Erich eine Malerlehre, die ihm jedoch keinen Spaß machte. In seinem Traumberuf als Konditor hatte er jedoch keinen Ausbildungsplatz gefunden. Nach einem Jahr brach er die Lehre ab, um eine zweite als Elektromechaniker zu beginnen, die er ebenfalls nach wenigen Monaten wieder beendete. Dann war er ein Jahr lang arbeitslos und überwiegend von Alkohol benebelt. Damit hatte er Erfahrung: Bereits im Alter von zehn Jahren hatte er zur Flasche zu greifen begonnen.
Zielstrebiger als seine berufliche Laufbahn verfolgte Erich seine kriminelle. Immer mehr Glatzen hatten sich mittlerweile um den einstigen Einzelkämpfer versammelt.
»Hab hier eigentlich mal ne kleine Gruppe aufgezogen, so mit drei, vier Leuten, ja, und dann …«

»Hast du selbst Leute angesprochen?«
»Nein, die haben mich angesprochen. Und so, ja wie des ist, und dann hab ich des denen erklärt, dann haben, ja, nicht mal Freunde, sondern halt Leute, wo ich so in der Wirtschaft getroffen hab oder so ...«
»Also, da waren andere Leute, die mit dir zusammen waren, und wie ging das dann weiter? Hast du Kontakt zu anderen Gruppen aufgenommen, oder ...?«
»Ja, das ging so: In S. hab ich einen Freund gehabt, und da hab ich da mitgekriegt, wo sich die Skins alle treffen, in S. unten, und da bin ich da mal reingegangen, ja, und da war ich eigentlich schon in der Gruppe von S. drin.«
»Wie viele Mitglieder waren da?«
»Ja, so zwischen achtzig und hundertfünfzig Leuten.«
»Wie alt waren die Leute so?«
»Zwischen fünfzehn und dreißig.«
»Wie hoch war der Mädchenanteil?«
»Zwanzig Prozent vielleicht.«
»Was ist da so abgelaufen, wenn ihr euch getroffen habt? Wie oft habt ihr euch getroffen?«
»Einmal die Woche auf jeden Fall.«
»Wo?«
»In einer Wirtschaft, also das war ne spezielle Wirtschaft, da haben bloß wir uns getroffen, und da war des.«
»Was habt ihr in der Wirtschaft so gemacht?«
»In der Wirtschaft, da hat man halt, na ja, so besprochen, was man am Wochenende macht, Bier getrunken und so, halt Spaß gehabt, Musik gehört ...«
»Der Besitzer der Wirtschaft, ist der selber in der Szene?«
»Das weiß ich nicht, ob der in der Szene drin war. Gesehen hat man es nicht, dass er in der Szene drin wär.«
»Kam öfters die Polizei?«

»Nö, eigentlich nicht.«
»War die Polizei relativ ruhig?«
»Die Polizei eigentlich weniger. Der Verfassungsschutz war halt da, grad zum Überprüfen.«
»Ob Waffen und so was da sind?«
»Ja.«
»Seid ihr auch einfach mal so losgezogen, durch die Straßen?«
»Ja, konnte auch sein. Da haben wir was getrunken gehabt, und da war uns langweilig, und, na ja, dann sind wir halt einfach mal so durch die Straßen …«
»Was ist dann passiert?«
»Na ja, eigentlich nicht viel. Halt so, sind wir an ner Tankstelle vorbei und zwei, drei Kästen Bier geholt, und dann sind wir meistens irgendwo hingefahren, an nen See oder so, also im Sommer haben wir da gefestet.«
»Waren da oft aggressive Szenen dabei, Anpöbelei und so weiter?«
»Gepöbelt haben wir eigentlich fast nicht.«
»Fast nicht?«
»Nein.«
»Gab's in dem Zusammenhang auch Schlägereien?«
»Ja, grad an so nem See, wenn wir an einem ganzen Wochenende so gefestet haben, kam das schon mal vor.«
»Untereinander oder gegen andere?«
»Gegen jemand anders.«
»Wurdet ihr da provoziert oder habt ihr provoziert?«
»Ja, wir haben halt die Musik laufen gehabt und die ihre, das waren halt grad Punks, und dann, ja, entweder sind wir rüber oder die sind rübergekommen.«
»Und dann gab's Schlägereien?«
»Ja.«

Auf diese Weise hatte Erich seine Ersatzfamilie gefunden. Der Tulpenweg war in hellem Aufruhr. Durch die Idylle ratterten am Wochenende Motorräder. Nicht selten versammelten sich über dreißig Glatzen im Garten des blauen Hauses, wo sie Feste feierten. Die Nachbarn standen wieder hinter den Gardinen: Vater hatte den Feldstecher wieder hervorgeholt und Mutter assistierte beim Beobachten. Nichts entging ihnen, sie sahen, was getrunken wurde, beobachteten, wie die Oma verzweifelt um Ruhe bat.

Neues Leben hatte im blauen Haus Einzug gehalten, ein Leben, zu dem es gehörte, dass auffallend häufig Amtsträger an der Klingel läuteten und vor den betroffenen Eltern die neuesten Vorfälle ausbreiteten:

Die Jugendgerichtshilfe stand vor der Tür, weil Erich ohne Fahrerlaubnis unterwegs gewesen war. Wenige Monate später durchschritt die Polizei den niedergetrampelten Vorgarten: Erich musste sich wegen fahrlässiger Körperverletzung vor Gericht verantworten. Mit sechzehn Jahren leistete er unfreiwillig Sühne, indem er hundertvierzig Stunden in einem Altersheim verbrachte, alte Menschen wusch, die Töpfe und Katheter leerte und wunde Hintern und Rücken einrieb. Sogar Leute vom Verfassungsschutz standen vor der Tür. Hin und wieder kam aber auch der Notarzt, wenn die Ehe mit Fäusten zurechtgerückt worden war.

Eines Tages klopfte mal wieder die Polizei, und Erich erfuhr, dass seine Mutter bei einem Unfall ums Leben gekommen war. Da war er sechzehn. Der Tod seiner Mutter rief keine Regung bei ihm hervor. Er war abgestumpft. Erinnerungen an Glockenspiele überlagerten die Trauer. Erich war unerbittlich geworden, hart nicht nur gegen andere, sondern auch gegen sich selbst. Vor seinen Augen hatte bereits ein anderer Tod stattgefunden, der Tod des Freundes, aber auch sein eigener. Hauchdünn war er dem Jüngsten Gericht entronnen, so glaubte er damals.

»Am Tod der Mutter gelitten hab ich nicht. Ich bin abgebrüht.«

»Wodurch?«

»Tja, durch des, ich bin schon, also kurz vorm Tod gestanden …«

»Wann?«

»Da wollt mich jemand erschießen mit ner Gaswaffe, und … *(lange Pause)* … ich hab's auch überlebt.«

»Wie alt warst du da?«

»Da war ich fünfzehn, so was.«

»Hat dich jemand mit der Gaswaffe bedroht?«

»Ja, sagen wir mal so, der kam von hinten, ja, und dann weiß ich bloß noch, dass es WUMM an meinem Kopf gemacht hat, mehr weiß ich nicht.«

»Warum hat er die Waffe an dich gehalten?«

»Keine Ahnung.«

»Warst du alleine?«

»Ja.«

»Du gingst also alleine auf der Straße, und irgendwann kam er und hat dir die Waffe an die Stirn gehalten?«

»Ja. Aber ich habe auch genug Feinde, also, irgendeiner muss es gewesen sein.«

»Bist du bewusstlos geworden?«

»Ja … *(lautes Ausatmen)* … ich weiß bloß noch, dass ich auf den Knien unten mit den Händen an den Schläfen aufgewacht bin, also wieder zu mir gekommen bin.«

Todesängste seien die schlimmsten Empfindungen, die ein Mensch verspüren kann, sagte Erich, sie seien mit nichts anderem vergleichbar. In dieser Situation habe man ihm Angst, Mitleid und Trauer ein für alle Mal genommen.

Selbst damals, als sie seinen besten Freund zu Tode quälten, rührte sich nichts mehr in ihm.

»Warst du dabei, als er totgeschlagen worden ist?«

»Ich bin daneben gestanden.«

»War das im Rahmen einer Skinaktion?«

»Ja, das war … Ja, mein bester Kamerad, den ich gehabt hab, eigentlich *(Räuspern)* … Da bin ich festgehalten worden und den haben sie vor mir totgetreten.«

»Kannst du darüber sprechen?«

»Ja, schon.«

»Wie alt warst du da?«

»Da war ich sechzehn.«

»Warst du mit der Skingruppe unterwegs?«

»Nein, wir waren bloß zu zweit unterwegs.«

»Was ist da passiert?«

»Ja, wir sind halt so wie immer durch die Hintergassen gelaufen, dass wir nicht ner Riesenhorde Ausländern begegnen, ja, und da müssen die irgendwo gewartet haben, na ja, so arg viel mehr weiß ich auch nicht mehr.«

»Kanntest du die?«

»Nein.«

»Waren das Ausländer?«

»Weiß ich auch nicht.«

»Du weißt also nichts?«

»Nee, die haben Masken aufgehabt, und mehr weiß ich nicht. Aber ich kann mir vorstellen, dass die uns gekannt haben und dass es Ausländer waren.«

»Wie viele waren die?«

»Das waren fünf Leute.«

»Und die haben euch dann angeredet, oder sind die gleich auf euch losgegangen?«

»Nee, nee, die sind sofort auf uns losgegangen.«

»Mit Schlagstöcken oder was?«
»Ja, mit Baseballschlägern.«
»Und warum hat es deinen Freund erwischt?«
»Wahrscheinlich, weil er der Ältere war und um einiges größer und breiter als ich. Weiß nicht, keine Ahnung, warum.«
»Kam es zum Handgemenge, habt ihr euch gewehrt?«
»Ja, wir haben uns gewehrt. Drei haben mich festgehalten und der Rest ist auf ihn los.«
»Wurdest du verletzt oder nur festgehalten?«
»Ja, ich wurde auch verletzt, ich habe auch ein paar gebrochene Rippen gehabt.«
»Also, du standst da und wurdest festgehalten?«
»Ja.«
»Hat sich dein Freund so gewehrt, dass es eskaliert ist?«
»Ja, der hat sich mehr gewehrt, und, na ja, zu mir haben sie dann zum Schluss eigentlich nur gesagt, ja, das soll uns ne Lehre sein. Das soll ich den Kameraden auch noch sagen.«
»Wie lange hat das Ganze ungefähr gedauert?«
»Halbe oder dreiviertel Stunde.«
»Kam kein Mensch dazu, war das in der Nacht?«
»Das war nachts.«
»Kein Mensch hat was gehört?«
»Das war in so nem Industriegebiet.«
»Hast du geahnt, dass dein Freund totgeschlagen wird? Hast du gewusst, dass er jetzt stirbt?«
»Nein, das hab ich zuerst gar nicht gewusst. Ich hab dann, na ja, erst mal einen Krankenwagen gerufen, und, na ja, dann hat's geheißen, tot, innere Blutung.«
»Wie war da die Situation? Hast du da auch abgeschaltet, oder war das wie ein Trancezustand?«

»Ja, also ich selber hab abgeschaltet. Ja, das war für mich einfach so, als ob ich weg wär.«
»Wie alt war dein Freund?«
»Der war siebzehn.«
»Als dein Freund erschlagen worden ist, hast du da später Trauer empfunden und mal geweint?«
»Nein. Des hat den Grund, weil bei uns sind die Gedanken so: Jeder, der im Kampf stirbt, der kommt nach Walhall, da hat er's in jedem Fall besser, und da treffen wir uns auch irgendwann wieder.«
Es wurde still in dem engen Zimmer. Erich wirkte zum ersten Mal bedrückt. Seine Freundin goss Kaffee nach und drückte seine Hand. Ich konnte mit dem Interview nicht fortfahren. Dennis war irgendwann ein »Oh Gott« entschlüpft. Immer wenn ich mich unwohl fühle, suche ich Sicherheit hinter meiner Hand. Sachlich ausgedrückt: Automanipulationen im Gesicht sollen mich beruhigen, ganz unbewusst fahre ich mir mit den Fingern über Stirn und Wangen, verberge schützend mein Gesicht, indem ich es hinter der Hand verstecke. Ich stütze mich auf, lasse keine Blöße durchsickern. So war es auch jetzt. Ich strich über die Haut und fühlte, dass die Allergie nun endgültig ausgebrochen war. Überall Hautunregelmäßigkeiten und scheußliche Ausstülpungen. Nie zuvor hatte ich unter Hautproblemen und Allergien gelitten. Maßlos erschrocken, sprang ich auf, entschuldigte mich, stürmte auf die Toilette und betrachtete im Spiegel das Spiegelbild meiner Seele, das die Haut ist.
Dennis wartete vor der Klotür auf mich. »Ist heftig«, meinte er kurz. Und dann: »Wie siehst du denn aus?« – »Ist vielleicht zu heftig für mich«, erwiderte ich ebenso knapp und überließ ihm den stillen, stinkenden, blau-gelb gefärbten Ort.

Erich hatte grausame Taten begangen, die ihn für viele Jahre in den Knast bringen sollten. Sie hier zu erzählen ist nicht möglich, sie würden ihn eindeutig identifizieren.
Als er nach dem Gefängnisaufenthalt ins blaue Haus zurückkehrte, war der Vater fort. Nie hatte er ihn im Gefängnis besucht. Die Großmutter war gestorben. Über den Verbleib der Geschwister wusste Erich nichts zu sagen, es interessierte ihn auch nicht weiter. Sein Umfeld war in alle Winde verflogen, die Familie zertrümmert, sein Leben verpfuscht, das Hirn braun gefärbt. Daran konnte auch der Knast nichts ändern. Nun war er zurückgekehrt. Das Opfer suchte die Folterkammer wieder auf – möglicherweise, um zu verarbeiten, was geschehen war, und neu anzufangen inmitten der stummen Zeugen, der vergilbten Tapeten, des Kronleuchters, des braunen Sofas und der bunten Abziehbilder. Die Büsche im Garten hatten sich breit gemacht, darunter verborgen lagen verrostete Teile des Grills, auf dem ein junges Ehepaar sonntags einst Würstchen gebraten hatte. Das war lange her.

Robert – Das Ende der Unschuldsjahre

Mit neun Jahren, da stecken Jungs in einem schmächtigen kleinen Körper, die Füße haben allenfalls Größe 36. Entweder stopfte sich Robert dicke Socken in die Schuhe oder seine Erinnerung hatte die Jahre verwischt, oder aber es gibt tatsächlich Springerstiefel Größe 36.

Unterwegs nach Nürnberg zu einem Gefängnisbesuch geriet ich in ein einschlägiges Geschäft. Eine blasse Verkäuferin, Mitte fünfzig, in einem biederen Hausfrauenkleid, die Haare ungepflegt, begrüßte mich gleichgültig. Wird wohl eine Mutter sein, die auf diese Weise ihren Sohn ab und an mal zu Gesicht bekommt, wenn er einen Totenkopfring braucht, stellte ich mir vor. Ich sah Utensilien, die dem Satanismus dienen sollten, Schlagringe, T-Shirts, bedruckt mit zackigen Emblemen und Köpfen namhafter Skinbands, Deutschlandfahnen, Bomberjacken und eine Reihe unterschiedlicher Springerstiefel. Wer hat sich wohl diese Designs ausgedacht, wer hat beschlossen, eine Schnalle am Stiefel quer verlaufen zu lassen oder eine bestimmte Naht an der Seite hervorzuheben, wer hat die blitzenden Beschläge verziert? Die Schuhe wogen schwer, die Sohlen waren hart und unbiegsam, und ich fragte mich, wie viele Rippen und Gesichter der Schuh, den ich hier hielt, später wohl einmal treffen würde.

War Robert tatsächlich im zarten Alter von neun Jahren in

einen solchen Laden gegangen und hatte sich Stiefel Größe 36 gekauft, Kinderspringerstiefel?

Robert hatte eine heile Kindheit, soweit er sich erinnern konnte. Als er jedoch acht Jahre alt war, begann der Haussegen schief zu hängen. Der Vater erkrankte an der Niere und veränderte sein Wesen.
Wenn Robert aus der Schule kam, warf er seine Tasche in die Ecke und verschwand wieder. Die Mutter war ohnehin nicht zu Hause. Wenn er sie sehen wollte, musste er die Kneipen abklappern, vorzugsweise jene, in denen sich Spielautomaten befanden, denn seine Mutter litt unter einer Doppelsucht: Spiel und Alkohol. Dadurch verarmte die Familie allmählich. Nur zweimal besuchte er die Mutter im dämmrigen, stinkenden Milieu und merkte schnell, dass er durch den Alkoholnebel nicht zu ihr dringen konnte. Der Vater ruhte, wenn er überhaupt zu Hause war, auf der Couch und wartete auf die Rückkehr seiner Frau.
In der Nähe von Roberts Wohnung lag der Stadtpark, ein bekannter Treffpunkt für Verliebte, Fußballspieler, Sonnenbadende und Skins. Der Park wurde für Robert zum erweiterten Wohnraum. Meistens saß er auf einer Bank, von der aus er einen guten Überblick über das Treiben in seinem »Großgarten« hatte. Fast täglich trafen sich dort die Skins, immer an derselben Stelle, unweit von Roberts Bank. Vom Sehen kannte er sie alle, wusste, wer der Rädelsführer war, wer für den Alkohol sorgte, wer am meisten lachte und Gaudi machte und wer am erfolgreichsten Leute anpöbeln konnte. Die meisten Passanten machten einen großen Bogen um die Horde, so dass diese ihr Areal aus pöbeltechnischen Gründen immer mehr ausdehnen musste. So rückten sie immer näher zu Robert, den bereits die

Glatzen in helle Aufregung versetzten. Das Gebaren dieser Kerle imponierte dem Kleinen, er beobachtete, wie Passanten ihre Schritte jäh beschleunigten, wenn ihnen ein paar Glatzen blöde Sprüche hinterherjagten. Diese Jungs verkörperten für Robert Macht pur.

Beim nächsten Friseurbesuch überredete er seine zu dem Zeitpunkt bereits willensschwache Mutter zu einem Extremkurzhaarschnitt. Er wollte signalisieren: Ich bin einer von euch!

Eines Tages war es endlich so weit. Robert saß auf seiner Bank. Es regnete und er fror. »He, Kleiner, willst du einen Schluck Bier?« Vor ihm stand der Anführer, der Chef, der Bestimmer seines weiteren Schicksals.

Mit Alkohol hatte Robert bislang noch keine Bekanntschaft gemacht. Außerdem flößte ihm die unerwartete Einladung eine diffuse Angst ein, schließlich wusste er nicht, ob er nun selbst zum Opfer der Pöbeleien werden sollte. Gehorsam nahm er seinen ersten Schluck Alkohol zu sich. Nun sei er an der Reihe, meinte der Skin: »Jetzt bist du dran, das ist unser Gesetz. Wer nimmt, der muss auch geben, also zieh Leine und organisier uns nen Kasten Bier, dein Alter hat doch sicher so was rumstehen.« Robert zog los. Im Keller fand er zehn Flaschen Bier, packte sie in eine Tüte und kehrte artig zurück in den Park. Pech für ihn, dass er das »falsche« Bier gebracht hatte. Die Kahlköpfigen befanden es für billigen Schrott.

Robert war an Strafen gewöhnt, an Strafen, die mit Schmerzen verbunden waren. Die nun folgende Sühneleistung beendete jedoch ein für alle Mal ein Kapitel der Unschuld, seine Kindheit ging zu Ende. Ein Bier nach dem anderen musste er trinken. Er begann zu wanken, ihm wurde schlecht, und die Glatzen johlten. Vor seinen Augen ver-

schwammen die Bomberjacken zu einer schwarzen Lawine, die ihn zu erdrücken drohte. Sturzbetrunken torkelte er irgendwann nach Hause.
Der Vater auf der Couch war froh, dass jemand die Tür öffnete. Die Frau war es noch nicht, dafür eine riesige Alkoholfahne, in die ein kleines Elendsbündel gehüllt war. Froh war er über den Anlass, denn dreimal in der Woche entledigte er sich seiner Wut, die die Krankheit in ihm schürte. Und nun hielt er ein willenloses Knäuel zwischen den Fäusten, das unfähig war zu reagieren, unfähig zu schreien.
Irgendwann kehrte Ruhe ein. Befriedigung machte sich im Wohnzimmer breit, als zu später Stunde zum zweiten Mal eine Alkoholfahne durch die Wohnung zog. Die Frau konnte den Frieden nicht fassen. Erst als sie das Kind mit zerrissenem Hemd im Bett liegen sah, war ihr klar, warum sie heute ungeschoren davonkam.
Wie von heimlichen Kräften wurde Robert am nächsten Tag in den Park gezogen, und das besiegelte sein Schicksal, von nun an gehörte er zu ihnen, als ihr jüngstes Mitglied:
»Das Bei-denen-Sitzen, das Drumherum, das hat mir gefallen. Die haben mich gleich hergerufen und gefragt, wie es mir geht. Da war ich irgendjemand bei denen.«
Er lernte Zelte aufzubauen, absolvierte Wehrsportübungen, er machte Ausflüge zu überregionalen Skintreffen und zu Fußballspielen. Öfters trafen sie sich auch im Keller eines Kumpels und hörten lautstark Oi-Musik.
Robert hatte nun eine Ersatzfamilie, er fühlte sich verstanden und akzeptiert.
Was zu Hause war, interessierte ihn nicht mehr. Vergessen waren jene Jahre, in denen er unter der schleichenden Veränderung der Eltern gelitten hatte. Früher, in den ersten

beiden Schuljahren, war seine Mutter noch sehr liebevoll gewesen. Sie holte ihn jeden Mittag von der Schule ab, kochte ihm ein gutes Essen, war zu Hause, und der Vater war noch gesund. Irgendwann, ab der dritten Klasse etwa, war Robert meistens alleine, Mutter und Vater waren weg. Er litt unter dieser Einsamkeit, trauerte den Zeiten nach, in denen die Welt noch in Ordnung war. »Es lag an der Krankheit des Vaters, die Niere war halt kaputt«, versuchte Robert die Prügeleien zu entschuldigen.

Einmal versuchte er zu verhindern, dass seine Mutter geschlagen wurde, doch die Aggression und die Verzweiflung wandten sich nur gegen ihn. Er verkroch sich, gab auf, erduldete die häuslichen Brutalitäten und begrub die Familie in einem inneren Grab.

Roberts Verhalten veränderte sich durch seine Zugehörigkeit zu den Skins. Er wurde selbstbewusster, stärker und vor allem aggressiver. Vorbei waren die Zeiten, in denen er andere Menschen mied, vorbei die Tage, an denen er sich aus Unbehagen im Zimmer einschloss, wenn die Eltern Besuch hatten, vorbei die quälenden Einsamkeitsgefühle. Endlich stellte Robert was dar. Mit zehn Jahren hatte er es geschafft.

In der Schule begann er sich rumzuprügeln – er, der bislang ruhig als Statist aufgetreten war.

Er war in eine politisch sehr aktive Skingruppe geraten, so klebte er Plakate und verteilte Aufkleber. Von Gewalttaten wurde er zunächst abgehalten. Die Kumpels schützten ihren Youngster. Mit zwölf Jahren tauchte er anlässlich einer Schlägerei zum ersten Mal in den Polizeiakten auf. Auf Anordnung des Chefs hatte er sich in der hintersten Reihe aufhalten und zusehen sollen – schließlich befand er sich noch in »Ausbildung«. Als die Polizei kam, war er zu langsam. Es war ein »Scheißgefühl«, als er auf die Wache geschleppt wurde. Umso erhabener fühlte sich der Zwerg, als ihn die »Bullen« beim besten Willen nicht zum Verrat seiner neuen Familie bewegen konnten.

Der Vater holte ihn von der Wache ab, für ihn war es ein abwechslungsreicher Tag: von der Dialyse zur Wachstation, dann ab ins Kinderzimmer und schließlich entkräftet auf die Couch.

Die Jahre vergingen. Robert beendete die Schule und begann eine Ausbildung als Elektromechaniker. In der Gruppe war er mittlerweile aufgrund seiner »körperlichen und geistigen Überlegenheit« in die Führungsriege aufgestiegen. Die folgenden vier Jahre waren gekennzeichnet von Partys, Fußballspielen, Provokationen – alles wie gehabt. Nach dem Film *Clockwork Orange* entdeckte er Beethoven, die Musik peitsche auf, meinte er.

Als besonders angenehm beschrieb Robert die abendlichen Treffen, bei denen Videofilme gezeigt wurden, Splattervideos:

»Was gibt dir das?«

»Dasselbe wie beim Horrorfilm. Bloß, beim Horrorfilm guckt man sich das einfach an und sagt: Na, ist ja gut, am nächsten Tag drehen die dann halt nen anderen Film. Aber im Splatterfilm weiß man, da ist der wirklich tot. Vor allem arme Mexikaner, Indios.«

»Werden die zu Tode gequält?«

»Ja … gefoltert. Grad die Armen halt, die eh keiner vermisst. Aus den Slums.«

»Gibt dir das einen Kick, wenn du dir so was anschaust?«

»Nee, das gefällt mir halt. Ich guck mir das halt einfach nur an, weil es mir gefällt.«

»Was fühlst du in dem Moment, in dem jemand zu Tode

gequält wird? Würdest du dann ganz gerne dabei sein, oder was macht dich da an? Das Winseln oder was?«

»Ja, das Quälen. Dass der richtig leidet, halt.«

»Je mehr Leid, desto besser? Gibt es da für dich eine Grenze? Gibt es auch Situationen, wo du sagst, das ist mir zu viel, das kann ich nicht mehr sehen?«

(sehr lange Pause)

»Das ist, ja, einfach sowieso alles so Pornographische, wenn was mit Kindern ist.«

»Quält dich das, wenn was mit Kindern ist?«

»Mit Kindern ja.«

»Kriegst du da einen Hass?«

»Ja.«

»Erinnert dich das alles ein wenig an dich? An die Zeit, in der du geschlagen worden bist?«

»Na, eigentlich nicht, aber ich denke mir, dass es von daher rührt irgendwie, mit Kindern so allgemein.«

»Schaust du dir das trotzdem an?«

»Nein.«

»Wenn Frauen gefoltert werden?«

»Auch nicht.«

»Nur Männer?«

»Frauen, Kinder und ältere Menschen. Grade die Männer von diesen Slums, das sind eh meistens Ausländer.«

»Und empfindest du kein Mitgefühl?«

»Nein.«

Mit dreizehn Jahren war Robert dem Alkohol gänzlich verfallen. Der Tag begann mit Bier, beendet wurde er mit Schnaps und Whiskey. Der Alkohol enthemmte ihn, machte ihn aggressiv. Seine Disziplinlosigkeit tat der straffen Organisation innerhalb der Skingruppe jedoch keinen Abbruch. Es gab genaue Regeln. Man pflegte Kontakte zum Ku-Klux-Klan in den USA, zu Skins anderer Länder, vorzugsweise aus Spanien. Peinlich gemieden wurden die Oi-Skins aus dem Osten: Der Fall der Mauer habe dem Skinansehen geschadet, meinte Robert, all diese Skins seien politisch gänzlich desinteressiert. Ich wollte wissen, inwiefern das Schlagen von Ausländern etwas mit Politik zu tun habe. Er wüsste, dass sie damit nichts ändern könnten, die Attacken auf Ausländer beziehungsweise auf Wohnheime und andere Einrichtungen hätten sie ohnehin nur zum Spaß durchgeführt: »Das ist mittlerweile halt unser Leben geworden, und wir können uns nicht vorstellen, anders zu sein.«

Die Schlägereien waren zu einem Bestandteil des Alltags geworden, seine Fäuste waren Täter und Opfer zugleich. Immer wieder brach er sich Finger und Handgelenk, so dass er irgendwann seinen Job verlor, obwohl er mit dem Lehrherrn gut ausgekommen war. Ein paar Monate lang war er dann arbeitslos: »Das war meine aggressivste Zeit.« Einmal legte er sich sogar mit einem Kumpel an, der ein Verhältnis mit seiner Exfreundin begonnen hatte. Mit einem Baseballschläger brach ihm Robert Nasen- und Jochbein. Stark alkoholisiert, hatte er jede Kontrolle über sich verloren. Hätten seine Freunde ihn nicht von weiteren Schlägen abgehalten, hätte er weiter auf diesen Kerl eingedroschen und erst abgelassen, wenn die Polizei gekommen wäre. »Ich schalte dann einfach irgendwie ab. Und dann bin ich nicht mehr unter Kontrolle, selbst wenn der dabei draufgegangen wäre.«

Zwischenzeitlich war er für ein paar Monate im Gefängnis, denn einmal traf die Polizei rechtzeitig ein:

»Da sind halt ein paar aus dem Bus ausgestiegen und haben gelacht, und ich habe halt gedacht, die haben über uns gelacht. Und da bin ich hin und habe gefragt, warum er lacht, und da hat der gesagt, er lacht nicht, und selbst wenn er lacht, ginge mich das nichts an. Und dann habe ich gleich auf ihn eingeschlagen.«

»Was waren das für Leute?«

»Das waren normale Studenten.«

»Hat dir etwas an denen nicht gefallen?«

»Ja, das Lachen halt. Ich habe gedacht, der lacht über mich …«

»Zu wie vielen wart ihr?«

»Zu dritt.«

»Und die anderen?«

»Auch zu dritt. Die waren älter, so fünfundzwanzig, sechsundzwanzig.«

»Bist du alleine auf die losgegangen?«

»Ja.«

»Hast du eigentlich immer darauf gewartet, dass dich jemand blöd anschaut?«

»Ja.«

»War dir das egal, wer dich blöd angeschaut hat?«

»Ja.«

»Unabhängig davon, was er angehabt hat, wie er bekleidet war?«

»Ja.«

»Wärst du auch auf einen anderen Skin losgegangen, wenn er dich so angeschaut hätte?«

»Klar.«

Nachdem Robert wieder aus dem Gefängnis entlassen worden war, setzte er seine Körperverletzungen fort. Betrunken zog er von Dorffest zu Dorffest und richtete seine Aggressionen in erster Linie gegen Ausländer.

Zu Hause hatte sich nicht besonders viel geändert. Mutter

und Sohn mussten immer noch regelmäßig als abendliche Prügelknaben herhalten. Doch gestärkt durch die Gruppe, begann sich Robert in Gedanken immer mehr zu wehren. Er war kein kleines resigniertes Bündel mehr, das sich nach Belieben traktieren ließ. In seinen Rachegedanken malte er sich detailliert aus, wie er seinen Vater so lange schlagen würde, dass der mehrere Wochen ins Krankenhaus müsste. Als Robert sechzehn Jahre alt war, schlug er schließlich zurück.

»Wie ist das abgelaufen?«

»Er hat versucht, mich zu schlagen, und dann habe halt ich ihn geschlagen.«

»Wie stark waren die Schläge, die du ihm verpasst hast?«

»Ja, ein paar Platzwunden hat er gehabt und ein gebrochenes Nasenbein.«

»Hast du mit der Faust zugeschlagen?«

»Ja.«

»Hat sich danach was verändert?«

»Ja, von dem Zeitpunkt an hat er sich mir gegenüber normal verhalten. Mein Vater hat sein Leben gelebt und ich meins, und er hat mich nicht mehr geschlagen und hat es auch nie wieder versucht. Von da ab war zwischen mir und meinem Vater Ruhe.«

Seine Mutter indes bekam öfters Besuch vom Notarzt. Einmal war die Polizei da und wollte die Hintergründe des Lärms erfahren, der den Nachbarn im Lauf der Zeit zu viel wurde. Aus Angst vor dem Mann schwieg sie eisern. Eines Tages aber beschloss sie, ihren Mann zu verlassen, und sprach von Scheidung. »Ich werde dich umbringen«, war die knappe Antwort, und die Mutter resignierte endgültig. Die Wohnung verkam, Essensreste stapelten sich in der Küche, der Müll wurde nicht mehr geleert, die Wäsche nicht mehr gewaschen. Die Familie war ruiniert, verkommen. Robert interessierte das alles nicht mehr, kaltherzig verließ er die Wohnung, wenn sich Streit zwischen den Eltern anbahnte. Früher hatte er Höllenqualen gelitten, wenn er sie schreien hörte:

»Ich konnte aber auch nichts machen dagegen. Und später war es dann egal, ob er sie geschlagen hat oder nicht. Weil, ich habe meine Ruhe gehabt. Das andere hat mich nicht mehr interessiert.«

»War dir das egal, wenn du deine Mutter hast schreien hören?«

»Ich bin dann halt weg und habe deswegen auch nichts mitbekommen.«

»Hat dich das innerlich auch nicht mehr berührt?«

»Nein.«

»Wie kommt es, dass dich das nicht mehr berührt hat?«

»Abgestumpft irgendwie durch das Ganze, durch die Schläge, durch das Geschrei.«

Mit neunzehn Jahren kam Robert zum zweiten Mal ins Gefängnis, dieses Mal jedoch für längere Zeit, zu brutal war sein Delikt. Im Knast hatte er die Möglichkeit, mit Psychologen zu sprechen, was ihm gut tat. Er genoss es, dass ihm jemand zuhörte, sich endlich für seine Gefühlswelt interessierte, eine verschüttete und totgeprügelte Welt.

»Hast du überhaupt noch Gefühle und wie erlebst du die?«

»Na ja, wenn jetzt jemand aus meiner Familie sterben würde, dann würde ich zum Beispiel nicht weinen. Wenn ich dann am Grab stehe und anfange zu heulen, dann zeige ich Schwäche. Deswegen würde ich das nie machen.«

»Du hast also Angst, Schwäche zu zeigen?«

»Ja.«

»Warum?«

»Es ist, dadurch, dass ich halt in der Gruppe war. Da hat man halt gelernt, dass man nicht Schwäche zeigt.«

»Also, wenn du in der Gruppe akzeptiert werden möchtest, dann darfst du keine Schwäche zeigen?«

»Ja, Schwäche ist halt ein Fehler. Das passt zu einem nicht.«

»Und Trauer, ist das Schwäche?«

»In dem Fall wäre Trauer Schwäche, ja.«

»Warum ist bei euch in der Gruppe Trauer Schwäche?«

»Trauer ist Schwäche, ja, weil, man heult nicht, und …«

»Unterschreibst du das? Findest du das richtig? Ist das auch deine Meinung oder nur die der Gruppe?«

»Das war die Meinung der Gruppe, und ich habe das angenommen. Ich weiß gar nicht mehr. Mittlerweile ist das schon so lange her. Das ist einfach drinnen. Wenn ich Schwäche zeig, habe ich Angst, den Menschen ausgeliefert zu sein und dass ich nicht mehr ich selbst bin, wenn ich Schwäche zeige.«

»Du hast also das Bild von dir, dass du stark bist?«

»Ja.«

»Und das willst du aufrechterhalten?«

»Ja.«

»Hast du Angst, jemand könnte bemerken, dass es eigentlich gar nicht so ist?«

»Ja. Dass ich auch Schwächen habe. Und das soll niemand merken.«

»Ist dir denn manchmal zum Heulen?«

»Nein.«

»Würdest du manchmal ganz gerne weinen?«

(lange Pause)

»Ab und zu ist mir danach, aber …« *(findet keine Worte)*

»Was passiert da innerlich, wenn dir danach ist?«

»Da überlege ich irgendwie, und dann – das war's dann.«

Seit vier Stunden schon saßen Robert und ich in dem engen Gefängnisraum. Er hatte von Taten berichtet, in einer gnadenlos unbeteiligten Art davon erzählt, die mir das Blut in den Adern gefrieren ließ. Roberts Stimme senkte sich nicht, sie hob sich nicht, nie wurde sie lauter, nie leiser. Seine Augen wirkten leblos. Die Stimmung war bedrückend, das Interview fiel uns beiden immer schwerer. Am liebsten hätte ich die Arbeit hingeschmissen, mich der ganzen Brutalität entledigt, all die Sätze in den Müll geworfen, die Lippenbekenntnisse genauso wie die ehrlichen, aus tiefem Herzen kommenden Geständnisse. Roberts Angst vor Schwäche, seine Unfähigkeit, Gefühle zuzulassen, sein abgestorbenes Inneres, das nur noch aus der Angst vor dem Alleinsein, vor der Zukunft und vor Hilflosigkeit bestand. Ihm tat nichts Leid, er fühlte nichts, und ich verabscheute ihn dafür, verachtete ihn. Gleichzeitig war ich mir bewusst, dass dieser Kerl in der Gesellschaft nie mehr einen Platz finden würde, ihr schaden wird. Einsicht und Reue kannte er nicht.
Ich musste das Interview fortsetzen, ich konnte nicht einfach aufstehen und den Raum verlassen, ich konnte Fall XXX nicht mit einem hasserfüllten Blick bestrafen, ich konnte es nicht, nicht an diesem Punkt, an dem ich wieder die Geschichte des kleinen Bündels mit der Alkoholfahne und dem nierenkranken Vater vor Augen hatte. Er war damals neun Jahre alt, so alt wie meine Kinder jetzt.
Das Kapitel der Gefühle war noch nicht beendet, und ich fragte ihn, was er bei Schlägereien empfunden hätte, ob er jemals auch nur einen Gedanken den Opfern gewidmet habe, und was die Schlägereien für ihn bedeuteten:
»Just for fun, kein Stress, kein Ärger, nichts.«
»Was geht dir in solchen Momenten durch den Kopf? Hast du Gefühle?«

»Nein, überhaupt keine.«
»Schaltest du ab?«
»Da schalte ich ganz ab.«
»Suchst du das Abschalten?«
»Den Kick ja, aber nicht das Abschalten.«
»Fühlst du dich danach befriedigt?«
»Ja.«
»Einer sagte zu mir mal, das Ganze sei wie eine Art Droge …«
»Das ist so. Wenn es einmal anfängt zu gefallen, dann muss das immer wieder, immer wieder.«
Und die Opfer, hatten die selbst Schuld oder kam es auch mal vor, dass Robert fehlbar war? Was für eine dumme Frage von mir:
»Machst du dir irgendwann einmal Gedanken, was andere Leute denken über dich, wenn du solche Dinge tust?«
»Das ist mir eigentlich egal.«
»Was denkst du dir eigentlich, was ich mir denke, wenn ich so etwas von dir höre?«
(Pause)
»Oder ist dir das alles einfach so egal?«
(lange Pause)
»Ja, ich denke von vornherein sowieso immer, dass man ein schlechtes Bild von mir hat, aber das ist mir egal eigentlich. Ob schlecht oder gut, ich bin halt so. Die anderen sind an allem schuld.« *(beginnt zu lächeln)*
»Meinst du das ehrlich? Weil du gerade lächelst, das erste Mal in den letzten vier Stunden.«
»Ja, das hört sich komisch an. Auch wenn ich lache, ich denk's halt so.«
»Fühlst du dich also tatsächlich immer im Recht?«
(Pause)

»Ja.«
»Ist es dein Recht, andere zu schlagen?«
(wieder Pause)
»Ja, ich fühle mich im Recht. Ob das recht ist, weiß ich nicht.«
»Warum glaubst du dann, dass es recht ist?«
»Weil … *(Pause)* … ja, grad so Ausländer, das ist doch alles so minderwertig.«
»Hast du irgendeine Tat jemals bereut?«
(lange Pause)
»Nein.«
Weiter im Interview, weiter mit Gefühlen, ausgerechnet bei Robert, dem das Kramen in der Seele so schwer fiel.
»Welche Gefühle dürfen in der Gruppe gezeigt werden?«
»Na ja, Liebe und … *(Pause)* … und, ich weiß nicht, direkt Gefühle werden eigentlich nie richtig gezeigt. Das Einzige, was man merkt, ist halt Kameradschaft und Freundschaft.«
»Du sagst, du verspürst diese Gefühle. Du verspürst doch dann auch Trauer, oder?«
»Ja.«
»Aber du kannst sie nicht rauslassen?«
»Nein.«
»Zerreißt es dich da nicht manchmal innerlich?«
»Ja, schon, ja. Dann trinke ich was, werde aggressiv. Dann schlage ich mich, und dann ist es wieder okay.«
»Sind das die Situationen, in denen du zuschlägst?«
»Ja. Mhm.« *(sehr schnell geantwortet)*
»Wenn du in solchen Zerrissenheitssituationen bist, warum bist du da traurig? Kannst du mir ein Beispiel nennen?«
»Ja, gerade das, was du gesagt hast. Wenn halt die Freundin Schluss gemacht hat, dann zeigt man die Trauer nicht.

Dann trinkt man und schlägt sich, und dann ist auch alles wieder vergessen.«

Robert konnte sich genau an die letzten Tränen in seinem Leben erinnern, da war er zwölf. Geweint hat er vor Schmerz, wenn der Vater ihn schlug. Danach hat er endgültig abgeschaltet.
»Hast du das Gefühl, dass du deine Tränen ein für alle Mal begraben hast? Hast du dich damals ganz verschlossen und hast gesagt, jetzt lasse ich nichts mehr an mich ran?«
»Ja, da habe ich mich damals abgekapselt von allem.«
»Glaubst du, dass ein Zusammenhang besteht zwischen diesem damaligen Abkapseln und deinem jetzigen – dass du nichts mehr an dich ranlässt?«
»Ja. Das ist bis heute so.«

Aus dem Gefängnis entlassen, wird sein erster Weg Robert zu den Kumpels führen, ob er will oder nicht. Loyalität ist ein absolutes Muss:
»Können die Leute denn nicht einfach so aus der Gruppe austreten?«
»Nein, normalerweise nicht. Es ist kein Spiel, wo man einfach aufhört, wann man will.«
»Aber manche sind doch sicherlich aus der Gruppe weggegangen. Hat das irgendwelche Konsequenzen für die gehabt?«
»Später, ja.«
»Das heißt, ihr rächt euch dann irgendwie an denen?«
»Ja.«
»Also, wenn man bei euch in der Gruppe ist, kommt man ungeschoren nicht davon, wenn man raus will?«
»Ja.«

»Haben die Angst, dass sie verraten werden können oder warum?«

»Ja, also bei manchen, die man sowieso nicht ernst nimmt, ist das egal, aber es gibt viele, die tiefer drin waren und aufhören, und die wissen dann zu viel.«

»Also grade auch solche Straftaten?«

»Ja.«

»Und später – bedroht ihr die oder schlagt ihr die zusammen?«

»Ja, später, wenn sich die Gelegenheit irgendwann bietet, ja.«

»Werden die richtig verfolgt?«

»Verfolgt nicht unbedingt, aber es kann sein, dass das Bremskabel durchgeschnitten wird oder so.«

Robert wusste zu viel. Obwohl sein Vater mittlerweile eine neue Niere hatte und die »heile Welt« wie ein Blitz aus heiterem Himmel über die Familie gekommen war – angeblich –, zog Robert weiterhin seine »Zweitfamilie« vor. Hier ist der Acker bereitet, hier kann er seine Früchte austragen, hier gedeiht sein Seelenleben, die Wut, die diffuse:

»So eine diffuse Wut?«

»Ja.«

»Läufst du immer mit so einer Wut herum?«

»Innerlich, ja. Es kommt halt schnell hoch.«

»So ne innere Anspannung immer?«

»Ja.«

»Wendet sich die Wut konkret gegen bestimmte Menschen oder ist das einfach so eine aggressive Grundeinstellung?«

»Eine aggressive Grundanspannung. Aber es kommt halt bei bestimmten Menschen raus.«

»Seit wann kennst du die Wut an dir?«

»Ja, so ungefähr seit ich vierzehn, fünfzehn Jahre alt bin.«

»Gab es da bestimmte Ereignisse, die dazu geführt haben?«
(lange Pause)
»Nein, gab es nicht. Da habe ich halt gemerkt …«
»Hast du dir da Gedanken gemacht, was mit dir los ist?«
»Ja, was heißt gemerkt? Bis dahin habe ich halt normal gelebt, mir nie darüber Gedanken gemacht über das, was ich gemacht habe. Ja, und dann […] dass ich immer so bin und immer mit Schlägereien … und da habe ich erst richtig gemerkt, dass es extrem ist, grad bei anderen Gruppierungen, dass da extrem die Wut gesteigert ist.«
»Gibt es auch Momente, in denen du ganz entspannt bist?«
»Ja.«
»Was sind das für Momente?«
»Wenn ich Musik höre, Beethoven zum Beispiel.«

Freude schöner Götterfunken. Ich konnte und wollte nicht mehr. Robert bekam seinen Fragebogen, und ich verließ den Raum. Bald war Halbzeit.

Freunde, Feinde, Freunde

Als meine Kinder in die erste Klasse kamen, hatte ich kurz vorher den Wohnort gewechselt, was für Antonin und Renein nicht nur eine neue Umgebung, sondern auch ein anderes soziales Umfeld bedeutete. Erschwerend kam hinzu, dass sie eineiige Zwillinge sind, »Sonderlinge« also. In der Klasse kannten sich die meisten Kinder schon vom Kindergarten her, folglich gab es bereits feste Gruppen und Cliquen. Antonin und Renein schlossen sich in ihrer Verzweiflung Susi an, dem schwächsten, dünnsten und wohl auch unbeliebtesten Mädchen der Klasse. Fast jeden Nachmittag erschien sie bei uns, mit Picknickkorb und Decken beladen. Zu dritt gingen sie dann auf eine nahe gelegene Anhöhe, um dort die belegten Brote zu essen.

In der Schule blieben meine Kinder ausgegrenzt. Die Freundschaft mit Susi trug ihnen keinen besonderen Respekt ein. Antonin weinte oft, Renein zog sich zurück und war still. Sie litten unter der Ausgrenzung, elterliche Liebe und Fürsorge waren da nur ein Tropfen auf dem heißen Stein. Mittags warfen sie Teile des Ballasts ab und erzählten ohne Unterlass Schauergeschichten aus der Schule, denen ich entnehmen konnte, dass meine Kinder bevorzugte Opfer diverser Aggressionen waren. Ihre Brotzeitdose wurde in die Ecke geschleudert, die Trinkflasche zerbrochen. In den Pausen wurden ihnen Tritte versetzt, sie wurden zu Boden geschubst und ausgelacht.

In ihren verzweifelten Berichten tauchten immer wieder die Namen von vier Kindern auf: Stephan, Dieter, Willi und Tobias. Es war eine Kindergang, die sich schon im Kindergarten zusammengetan hatte. Sie stammten alle aus einer eher ärmlichen Wohnsiedlung, in der sie es verstanden, die Kinderwelt zu regieren.

Weil ich nicht wusste, wie ich meinen Kindern helfen sollte, hoffte ich auf die Zeit als heilenden Faktor.

In der zweiten Klasse begannen sich meine Kinder allmählich zu wehren: Sie schlugen zurück. An irgendeinem Tag war es Renein zu viel geworden. Als Tobias, wie so oft, Antonins Brotzeit aufaß, stürzte sich Renein mit einem Schrei auf ihn und schleuderte das Brot in die Ecke. Nach dieser deutlichen Kriegserklärung wurde die Schule für meine Kinder zu einem Abenteuer, aus dem sie immer häufiger mit Blessuren zurückkehrten. Ich hielt mich raus, wohl wissend, dass von Müttern beschützte Kinder ihr Ansehen in der Klasse gänzlich verlieren würden – das heißt, ich hielt mich so lange raus, bis Antonin eines Tages nach einem Hodentritt heulend nach Hause kam. Dieter und Willi hatten ihn festgehalten, damit Tobias ihm gezielt in den Unterleib treten konnte. Mit dicken Tränen saß er am Tisch und ließ sich nicht beruhigen. Renein teilte die Verzweiflung, wie das bei Zwillingen so üblich ist. Antonin heulte vor Wut und Schmerzen, Renein heulte, weil es seinem Bruder schlecht ging und weil er es satt hatte, vor der Klasse wie ein Idiot dazustehen. An diesem Tag erfuhr ich, dass Renein, der ein wenig lispelte, einmal in der Woche in logopädische Behandlung kam, während die anderen Mathe hatten – ohne dass ich vorher gefragt oder informiert worden war. Jetzt galt Renein in der Klasse als sprachbehindert, was er beim besten Willen nicht war.

Das war zu viel. Am nächsten Morgen ging ich zur Rektorin.

Es sei wohl lobenswert, meinte ich, dass man sich in der Schule Gedanken um ein leichtes Lispeln machte, besser aber sollte man anderen Phänomenen nachgehen, nämlich frühkindlicher Gewalt statt frühkindlichem Sigmatismus. Der Rektorin war die radikale Gruppierung um Tobias seit langem ein Dorn im Auge, man habe auch schon eine »Krisensitzung« diesbezüglich abgehalten, deren Resultat allerdings recht schwammig war: Ratlosigkeit. All diese Kinder hätten zu Hause extreme Probleme, sagte sie, da käme man nicht dran. Na, prima!

In der dritten Klasse kamen die Pokémons auf, was meine Kinder auf einen Schlag in die obersten Ränge katapultierte. Renein war ein wahrer Meister im Gameboy-Spielen. Er wusste, wie man welche dieser über hundertfünfzig Gestalten finden oder bekämpfen konnte. Ständig rief irgendjemand aus der Klasse bei uns an und bat die Zwillinge um Rat bei der Suche nach Mew, Mewtu oder Glurak. Renein empfahl dann: »Also, da gehst du in das Feld, wartest, bis du hundert Schritte verloren hast, dann gehst du aus der Safarizone raus und gehst zu den Zinnoberinseln und surfst so lange rum, bis du in eine andere Welt kommst!« So tief wie die Noten fielen, so hoch stieg sein Ansehen. Auch Antonin, der Fleißige, wurde vom Klassenprimus zum Schulverweigerer. Er setzte andere Prioritäten, auch er sammelte und tauschte Kärtchen, saß stundenlang vor der kleinen Maschine und befand sich trotz meiner ständiger Verbote auf der ewigen Suche nach diesen japanischen Kreaturen. Vor allem einer rief ständig an: Tobias.

Im Februar hatten meine Kinder Geburtstag, den wir in einem riesigen Vergnügungsbad feierten. Das war ihr

endgültiger Durchbruch in der Klassengemeinschaft. Eingeladen wurden zwölf Jungs aus der Klasse (Mädchen, vor allem Susi, wurden mit dem Aufsteigen in der Hierarchie systematisch abgeschoben), und auf der Gästeliste stand zu meinem Erstaunen: Tobias.
Der hartnäckige Feind war nun endlich ihr bester Freund. Der Klassenstärkste und Frechste beschützte sie vor anderen Kindern, sogar vor den Jugendlichen. Die Zwillinge begannen sich wie Tobias zu kleiden – cool, mit viel zu weiten Hosen, sie aßen wie er und redeten wie er eintönig, die Stimme am Satzende nach unten senkend.
Es waren Ferien und Tobias lebte vierzehn Tage bei uns. Ich lernte ihn immer besser kennen. Er hatte einen großen, siebzehn Jahre alten Bruder. Der sei der Stärkste und habe eine geile Maschine, da dürfe er öfters mal mit in die Eisdiele fahren, erklärte mir Tobias voller Ehrfurcht. Dieser Bruder war seine einzige Bezugsperson. Die Mutter arbeitete, der Vater hatte die Familie wegen einer anderen Frau verlassen. Das Geld war knapp. Stolz erzählte Tobias, dass er von Hausaufgaben nichts halte, weil er sowieso mal Boxer werden möchte, so wie sein Bruder. Der wüsste, wo es langgeht im Leben.
Eines Abends rief die Mutter an und erkundigte sich, ob alles in Ordnung sei. Tobias wollte nicht ans Telefon kommen, um mit ihr zu sprechen, er hatte Wichtigeres vor. »Was will die von mir? Kümmert sich ja sonst auch nicht um mich«, erklärte er lautstark. Den Zwillingen blieb der Mund offen stehen.
Tobias mischte während der vierzehn Tage seine Umwelt gehörig auf, mich inklusive. Kissenschlachten auf meinem Bett, Fußballspiele im Hausgang, Herumklettern auf Autos, Ärgern der Biergartenbesucher, Klingelstreiche, Jugendli-

che ärgern und so weiter. Seine anfängliche Zurückhaltung mir gegenüber war verflogen, seine Äußerungen wurden immer aggressiver, sein Verhalten immer auffälliger: »Die Lehrerin gehört mal richtig durchgefotzt … – Komm, lass uns auf die Straße gehen und Autos aufhalten, die sollen für die Straße löhnen. – Lass uns runter zur Wirtschaft gehen und die Leute aufmischen.« Immer wieder erzählte er von seinem Bruder, der hätte zu Hause ein Zigarettendepot angelegt, sicher geklaut.

Verbotenes imponierte den Zwillingen, die ansonsten eher feige als draufgängerisch sind. Das Einzige, was sie diesen tollen Geschichten entgegensetzen konnten, waren ihre Freinachterlebnisse mit ihrem Freund Marsil:

Mit schwarzen Mützen versehen, eingekleidet mit dunklen Hosen und dunklen Pullovern – selbst die Socken mussten von dunkler Farbe sein, hatten sie sich zu später Stunde auf die Straße begeben. Lange hatten sie warten müssen, bis es endlich dunkel wurde. Ihre Augen waren schon zu kleinen Schlitzen geschrumpft, so müde waren sie inzwischen. Dennoch wurde der Rucksack sorgfältig gepackt mit drei Flaschen Ketchup, zehn Rollen Klopapier und zwei Dosen Rasierschaum.

Zu neunt zogen sie los, mit einer extra für diese Nacht gegründeten Gang – einer Freinachtspezialeinheit sozusagen. Zunächst führte sie ihr Weg auf den Spielplatz, die erste Ketchupflasche wurde dort geleert. »Es sah aus, als ob man da jemand gekillt hätte«, berichtete Renein später voller Stolz. Dann wickelten sie sorgsam des Nachbars Auto ein. Ausgerechnet jenes Auto, das sich jeden Sonntag einer Waschzeremonie sondergleichen unterziehen muss, das gehegt, gepflegt, über alles wertgeschätzt wird, stand um 24 Uhr da wie ein nicht abgeholter Haufen Altpapier. Sie

hatten es bunt getrieben in jener Nacht und berichteten noch tagelang von ihren »gefährlichen« Taten.
Die Lust am Verbotenen gärt in jedem, auch in meinen Kindern. Und so war es nicht weiter verwunderlich, dass sie Tobias' Bruder klasse fanden, was sie in ihrem Stolz auf die neu gewonnene Freundschaft bestärkte.
Ich war anderer Meinung, hielt es jedoch für falsch, in solchen euphorischen Momenten irgendetwas gegen ihren Freund zu sagen. Ich bemühte mich stattdessen, diese Freundschaft als psychische Medizin für das geringe Selbstwertgefühl zu betrachten, das den Kindern wegen ihrer langen Außenseiterposition noch in den Gliedern steckte.
Während der folgenden Wochen hatte ich das Gefühl, meine Kinder rutschten ab, in jeder Hinsicht: Ihre Noten wurden immer schlechter. Ihre Schulerlebnisse immer aggressiver. Sie prügelten sich fast jeden Tag und berichteten mittags stolz von ihren Siegen. Außer Tobias und Pokémon hatten sie keine Interessen. Sie wollten nicht mehr mit mir Fahrrad fahren, keine Spaziergänge mehr machen, nicht mehr ins Schwimmbad gehen. Sie wollten mit Tobias unterwegs sein, Gameboy spielen und Pokémonkarten tauschen. Sonst nichts. Ich gebe zu, ich war ratlos, suchte die Fehler bei mir, bei meiner Arbeit. Ich schob die Schuld auf meine möglicherweise zu intensive Beschäftigung mit den Skinheads, vielleicht war ich zu ungeduldig mit meinen Kindern, habe ihnen zu wenig zugehört.
Ich bemühte mich mehr denn je, auf die Zwillinge einzugehen. Sie aber wollten es nicht, sie wollten Tobias.
Die nächsten Ferien nahten, und die Kinder fuhren zu ihrem Vater Christian. Gameboys durften nicht mit. Tobias wurde nicht eingeladen. Die Kinder hatten nun eine andere Identifikationsperson, eine wichtige und gute: ihren Vater.

In der Zeit ihrer Abwesenheit dachte ich viel nach. Ich war überempfindlich und übersensibilisiert. Freunde bezeichnen mich als notorische Glucke, als zu tolerant, zu gutmütig. Aber bislang hatte ich mich in meiner und Christians Erziehung immer bestätigt gesehen. Die Kinder waren sozial, tolerant, großherzig und rücksichtsvoll. Ich konnte den Wandel der besonnenen Zwillinge zu aggressiven Schlägerkindern (denn so erschienen sie mir) beim besten Willen nicht verstehen. Vergleiche zu ziehen war ebenso absurd wie naheliegend: Die vielen Geschichten der Skins hatten mich grüblerisch gestimmt. Einige von ihnen hatten sich beklagt, die Mutter habe sie zu lasch erzogen, hätte ihnen nie Grenzen gesetzt. Andere beklagten sich, dass die Mutter zu wenig Zeit für sie hatte. Ich war durcheinander, sah mich mit den Kindern in einem Fahrwasser, das trübe geworden war. Ich stöberte in den Geschichten der Kindheiten von Skins und suchte nach Parallelen. Wie paradox: Die Welten vermischten sich. Ich war fernab jeglicher Realität.

Aus den Kindheitserinnerungen der Glatzen waren immer mehr düstere Wolken in das Leben meiner Familie hinübergetreten.

Sebastian:

»Tja, unsere Hortleiterin da, die hatte dann einen Nervenzusammenbruch gehabt, ja, die war ein dreiviertel Jahr in der Klapsmühle wegen uns.«

»Was habt ihr denn mit der gemacht?«

»Ja, die haben wir psychisch … die haben wir tyrannisiert, die Frau, die hat … äh ja, ja, die haben wir fertig gemacht. Wir haben die planmäßig fertig gemacht, kann man so sagen. Wir wollten eigentlich auch bloß unseren Spaß haben, wir haben auch so die ganzen Grenzen und die ganzen Gesetze da nicht so richtig wahrgenommen. Wir haben eben unser Zeug da gemacht, weil das war für damalige Verhältnisse schon ziemlich heftig, aber das war eigentlich so krass, dass wir jetzt hätten irgendwo [...] hochgehen müssen, aber das gab es ja damals ... oder ins Heim gesperrt oder für Schwererziehbare. Aber so weit war das noch nicht, das hätte dazu führen können, irgendwann wenn wir älter geworden wären oder so, da wären natürlich auch die Straftaten da eben schlimmer geworden. Aber ....«

»Kannst du mal ein Beispiel nennen, was ihr da so gemacht habt?«

»Ja, zum Beispiel sind wir dann nach dem Hort, sind wir dann so draußen so rumgerannt, so in die Nähe, wo wir, wo wir, äh, was wir da jetzt so machen können, und da kommt so eine alte Frau vorbei, und die haben wir dann auf der Straße tyrannisiert, die wollte dann in so ein Haus irgendwie, die haben wir fertig gemacht eben, die hatte dann auch einen Schlaganfall gekriegt und wegen uns.«

»Was habt ihr da genau gemacht?«

»Ja, angeschrien, und da haben wir dann versucht, so die Tasche wegzunehmen. *(lacht)* Wir haben eben versucht, die fertig zu machen so. Ich weiß auch nicht, warum. Also, ich meine, ich lache jetzt oder so darüber, aber weil eben das, da kann, da kann man eigentlich nicht, also das ist völlig sinnlos gewesen eben. Solche Sachen eben, ja, und so etwas. Oder da haben wir auch so Scheiben eingeschmissen. Kann man nicht mehr sagen, was noch. Zum Beispiel unsere Direktorin. Also, die haben wir da total tyrannisiert, wir haben uns darüber lustig, und die geärgert, und so Klingelstreich und so, oder so beschimpft und so verarscht meistens, und verarscht meistens, immer so. Zum Beispiel, wo wir Sozialkundeunterricht hatten, da hat die sich eben auch umgedreht zur Tafel und wollte was dran schreiben, und da haben wir sie, da haben wir ihr so, so auf den Tisch gehauen mit Wasser, voll so eine Spritze gehabt, und da haben wir sie nass gespritzt [...]. *(lacht)* Dann gab es andere, die haben zum Beispiel von der einen Musiklehrerin, die haben die ganzen Platten zerkratzt und haben dann die Boxen aus dem Fenster geworfen und so, und eben auch die ist dann, glaube ich, auch durchgedreht, die haben sie dann auch in den Vorbereitungsraum eingeschlossen und so etwas. Jedenfalls ist die dann auch durchgedreht, da hat auch keiner irgendwie Hilfe geleistet oder einen Krankenwagen gerufen und so etwas eben. Wegen unterlassener Hilfeleistung eben ist die dann auch verstorben. Das ist eben auch passiert da.«

»Aber eigentlich bist du ja ganz gerne in die Schule gegangen, oder?« *(lacht)*

»Aber nur, um da irgendwie Stress zu machen, um aufzufallen eben, das war, na ja, wir waren so, wir waren so, bei uns in der Klasse zum Beispiel, wir waren die vier, die vier Eckpfeiler des Bösen, so, also unsere Klassenlehrerin hat uns mal so genannt. Wir saßen da immer außen, vorne rechts, vorne linke und dann hinten rechts und hinten links. In der vierten und fünften Klasse gab es auch so vereinzelte Leute, äh, die auch so waren wie ich, irgendwie so auffällig verhaltende Schüler, verhaltensauffällige Schüler. Und mit denen haben wir uns zusammengerauft, das war dann eine Gruppe. Wir haben so zusammen Mist gemacht eben, ja. Wir haben da eben Katzen aus dem Hochhaus rausgeschmissen oder so.«

Beispiele dieser Art gibt es viele. Auffälligkeiten in der Schule sind bei Skins die Regel. Trotzdem sind solche Karrieren nicht zwangsläufig. Wie viele Kinder sind in der Schule auffällig und bleiben später dennoch gewaltfrei!

Wie so oft ist es spät geworden. Ich habe Kerzen angezündet, höre Musik und schreibe. Heute war ich mit den Kindern über vier Stunden Wandern. Sie redeten ohne Unterlass, erzählten von den Ferien beim Papa. Ihre vielen Cousins waren zu Besuch gewesen. Sie hatten zusammen Tennis gespielt, waren Pilze sammeln, lernten mit Schnorchel und Taucherbrille umzugehen. Sie spielten Fußball miteinander und musizierten. Es ist an der Zeit, den braunen Dreck und das rote Blut vor die Tür zu schaufeln, bevor diese Welt meine durcheinander bringt. Ich zähle die Tage bis zum Ende des Projekts, zu sehr hat es Besitz von mir und den Kindern ergriffen. Jetzt liegen sie in ihren Betten, verbreiten den Duft, der an Kindern haftet. Kinder riechen anders als Erwachsene.

Torsten – Eine Frage der Ehrlichkeit

Er begann mit einem Lächeln, als er erzählte, was ihm in seinem dreiundzwanzigjährigen Leben widerfahren war: »Da ist alles ganz normal verlaufen, also so hab ich keine schlechten Erinnerungen an die Kindheit. Die Familienverhältnisse waren intakt. Eltern sind zusammen, nicht so wie's bei den meisten ist, geschieden also. *(Pause)* Ja, eigentlich … *(Pause)* … bis zur Hauptschule ist alles normal verlaufen, und dann gab's halt so, ja, Probleme, wo meine rechte Szene, da bin ich mit zwölf rein, durch meinen Vater bin ich da reingekommen, und dann an der Hauptschule gab's halt Ausländer, und da hat's dann öfter Ärger gegeben, aber nichts Besonderes, na ja, viel gibt's eigentlich nicht zu berichten. Kindheit war ganz normal. *(Pause)* Sonst ist alles normal verlaufen, also Kindheit, Frühkindheit, da gibt's nichts Besonderes zu berichten eigentlich. Wüsste nicht, was da interessant wär. Ganz normal einfach. *(Pause)* Na ja und dann, mit zwölf hat's dann angefangen, da war ich dann in der Wikingjugend erst, also nicht bei den Skins selber dabei, ja, und von der Wikingjugend raus dann zur NPD, dann zur JN, ne Jugendorganisation war des, für vierzehn oder fünfzehn oder so, und dann mit vierzehn oder fünfzehn bin ich dann zu den Glatzen gegangen. Auf'n Bericht von der *Bravo*, da war ein Bericht drin, grad des mit Rostock und so, da hab ich mir gedacht, ja, das taugt mir, das

mach ich auch. *(Lächeln)* Also Haare runter, ja, und seitdem war ich in nem Haufen von Organisationen, querfeldbeet, mal da, mal da, rein und raus. *(Pause)* Na ja und dann schließlich, das erste Mal im Knast war ich besonders wegen ner Geldstrafe, und dann war ich n halbes Jahr draußen, und dann bin ich hier eingefahren – Volksverhetzung und lauter so … Körperverletzung, das Übliche, Verletzung, Diskriminierung von Minderheiten, Verwendung von Kennzeichen verfassungswidriger Organisationen und so Zeug halt. Also Suffaktionen halt. […] Damals bin ich ziemlich abgestürzt am Alkohol und so, alkoholsüchtig war ich auch. *(Pause)* Ja, dann ham mer n paar Mal Autos geklaut, ham's uns auch mal erwischt, aber bloß als Mittäter, dann war das mit der Volksverhetzung. Bin aber froh, dass ich in den Knast gekommen bin …
Wenn des so weiter gegangen wär, vor allem Alkohol, dann wär ich abgestürzt. Und des hat mir schon geholfen, also ich bereu's, na ja, bereuen tu ich eigentlich überhaupt nichts von meinen Straftaten, hat eigentlich alles Spaß gemacht. *(Lachen)* Da war eigentlich nichts. Und, na ja, das mit dem Autoknacken und so'n Scheiß, so was mach ich nicht mehr. Asozial ist das einfach. Das war halt so Spaß an der Freude, nichts Besseres zu tun gehabt. *(Pause)* Ja, und die letzte Straftat, des war auch nicht irgendwie politisch organisiert oder so … das ist einfach so aus ner Sauflaune heraus entstanden. Und das ist das Problem bei uns, also auch wenn ich wieder rauskomm, weil alles, was ich will oder für richtig halt, das ist eigentlich verboten, egal, und wenn ich mir bloß ne CD irgendwo kauf, die aufm Index ist oder verboten, wie gesagt, Embleme sind verboten, und ich kann nirgendwo drankommen wegen Volksverhetzung, und wenn ich meine Meinung irgendwo sage, einfach wenn ich zu dem steh,

was ich bin oder denk, komm ich auch wieder ins Gefängnis, und das ist das Problem. Das hat eigentlich meist nichts mit Boshaftigkeit zu tun oder dass man mit Absicht gegen das Gesetz verstoßen würde, das ist einfach so. Das ist jetzt des Problem. Wahrscheinlich werd ich auch wieder in Haft kommen früher oder später. *(Pause)* Bin ich mir sogar ziemlich sicher, denk ich mal. Also, meine Meinung hab ich hier drinnen nicht geändert. Die ist noch genauso, na ja, und von Ausländern würd ich jetzt sagen, ich bin schlimmer geworden, noch radikaler, noch extremer. Aber nicht mehr auf irgendwelche Ausländer bezogen oder so, oder irgendwelche Minderheiten, sondern auf den Staat ...« *(Pause)*

Ich stellte mir immer wieder die Frage, wie ehrlich diese Skins eigentlich waren. Sie nahmen an dem Interview freiwillig teil, motiviert waren sie zum einen durch das Geld, das sie dafür bekamen, zum anderen empfanden viele das Gespräch als angenehme Abwechslung zum Gefängnisalltag. Viele redeten sich aber auch ihre Probleme und Herzensqualen von der Seele. Dennoch war die Wahrheit oft schwer auszumachen.
Viele Skins versuchten sich während der ersten Zeit des Interviews so selbstsicher wie möglich zu geben. Die Blicke unnahbar, manchmal sogar leicht aggressiv und feindselig. Sie setzten sich mit lässiger Pose auf den Stuhl, lehnten sich zurück, machten es sich bequem. Einige wurden mürrisch, wenn ihnen unsere Eingangsfrage missfiel: »Was soll das, da kann ich jetzt auch nicht besonders viel erzählen ...« Sie taxierten mich so wie ich sie. Eine Frau im Gefängnis ist nichts Alltägliches, einen Gewaltverbrecher vor sich zu haben ebenfalls nicht. Es war immer wieder schwierig, sich

auf die unterschiedlichen Persönlichkeiten einzustellen. Ich musste jene unterbrechen, die mir am liebsten stundenlang erzählen wollten, wie toll Hitlers Grundgedanke war, jene abblocken, die mich in politische Diskussionen verwickeln wollten, jene überzeugen, die an meinen Fähigkeiten als Interviewerin zweifelten. Ich brauchte einen wachen Geist, musste jeden Satz, jedes Wort speichern, um über etwaige Widersprüche letztendlich doch zur Wahrheit vorzustoßen. Trotzig und zornig wurden manche Glatzen, wenn ich sie darauf hinwies, dass sie vor einer Stunde genau das Gegenteil dessen gesagt hatten, was sie nun von sich gaben. Obgleich ich einen genauen Interviewleitfaden vor mir liegen hatte, musste ich immer wieder von Thema zu Thema springen, von der Geschwisterliebe zum Mutterhass und zurück zur Vaterliebe, denn nach und nach begannen die meisten Skins, ihr verbohrtes Innenleben aufzuschließen, und waren selbst am meisten darüber erstaunt, was sie in sich vergraben hatten.

Viele Skins drehten sich im Kreis, widersprachen sich und versuchten zunächst, mir eine heile Welt vorzugaukeln. Alles war bestens, Vater und Mutter ein Traumpaar, die Kindheit stand unter einem guten Stern.

Im Lauf der Stunden tauchten sie in eine andere Welt, sie veränderten ihr Wesen, wurden nachdenklich. Viele wirkten sogar depressiv.

Die meisten bauten zu mir mit der Zeit ein Vertrauensverhältnis auf, sie fanden mich sympathisch, das Gespräch hatte ihnen gut gefallen. Obwohl ich in Wunden bohrte, Schwächen aufdeckte, sie manchmal quälte, indem ich auf Umwegen immer wieder Themen ansprach, über die sie eigentlich nicht sprechen wollten, fühlten sie sich verstanden und akzeptiert. Viele hätten sich gerne noch länger unterhalten. Zumindest ergab sich das aus dem Fragebogen, in dem sie ihren Eindruck von dem Interview abgeben konnten.

Ich war immer wieder aufs Neue erstaunt, was für hohe Mauern die meisten Skins um sich herum aufgebaut hatten, was für ein dickes Bollwerk sie mit sich schleppten. Die Tatsache, dass sie es irgendwann einstürzen ließen, deutete ich als Bedürfnis, Ballast abzuwerfen. Sobald die Körpersprache stimmte – wenn sie widerspiegelte, was der Mund sprach, wenn sämtliche Facetten der Emotionswelt nach außen getragen wurden –, war klar, dass sie ehrlich wurden. Trauer, Wut, Angst, Liebe und Freude schlagen sich in Stimme, Sprechtempo, Körperhaltung, Mimik und Gestik nieder. Alle meine Kollegen hatten diese Erfahrungen genauso wie ich gemacht, und wir waren uns einig, dass die relative Offenheit, mit der die Skins uns begegneten, in unserem so genannten Neutralitätsstatus begründet war. Wir arbeiteten weder mit Polizei noch Justiz zusammen, wir schwiegen, veröffentlichten nur Zahlen und Interviews, aus denen die Identität der Skins nicht zu ermitteln ist.

Die Eingangserzählungen waren in der Regel nichts anderes als ein Sich-Warmreden, ein Sich-Vorstellen, von Ehrlichkeit war da selten eine Spur. Torsten redete verhältnismäßig viel, der Inhalt seiner Selbstauskunft war jedoch dürftig:

»Schöne Kindheit gehabt, plötzlich waren da die Skins, ein paar Aktionen sowie deren Verteidigung. Es folgten der überwundene Alkoholismus und die mäßigen Zukunftsaussichten.«

Bereits der erste Satz war eine fette Lüge, denn zwanzig Minuten später, als wir auf die Mutterbeziehung zu sprechen kamen, sagte er:

»Meine Mutter hat dann Krebs bekommen und ist leicht depressiv geworden, aber der ganze Familienkram hat mich nicht mehr besonders interessiert.«

»Wie kam das, dass dich das alles nicht interessiert hat, da war doch alles intakt?«

»Na ja, ich hatte halt meine Freunde und Kumpels und Kameraden halt, da mal gewesen, da hin, zu der Demo und das Wehrsportlager … Dann arbeiten am Wochenende …«

»Wie war das, als du erfahren hast, dass deine Mutter Krebs hat?«

»Das hab ich eigentlich gar nicht richtig registriert. Weiß gar nicht, wie alt ich da war. Ich glaub, so zehn rum werd ich da gewesen sein, weiß nicht mehr … Ja, das Ganze hat ihr ein bissel den Verstand geraubt, das klare Denken. Ich weiß nicht, wie ich das ausdrücken soll. Sie war halt neben der Kappe. Ist schwer auszudrücken.«

»War das auch schon, als du zehn Jahre alt warst?«

»Nein, da noch nicht so. Da ging's so. Das war am Anfang von der Krankheit. Ich hab mich da eigentlich nie sehr damit beschäftigt. Meine Familie hat mir nicht sehr viel bedeutet. Ich hab also keine so ne Verbindung dazu, wo ich n gutes Familienhaus gehabt hab.«

»Woran liegt es, dass dir deine Familie nicht viel bedeutet hat?«

»Ich weiß es nicht, es liegt mir halt einfach nicht viel dran. Das liegt wahrscheinlich an meiner Person oder meiner Persönlichkeit.«

»Hast du so was wie Wärme empfunden, als du klein warst? Geborgenheit?«

»Ja ja, das auf jeden Fall. Wie ich klein war, schon.«

»Richtige Liebe zu den Eltern?«

»Ja.«

»Wie kommt es dann, dass sie dir nicht mehr so viel bedeutet haben?«
»Ich weiß auch nicht. Ich hab mir da eigentlich auch keine Gedanken drüber gemacht. Ich geh so was meistens aus dem Weg.«
»Hat das nur was mit deiner Einstellung zu tun, oder …?«
»Mit Einstellung eigentlich weniger. Ich war zum Beispiel, ich hab letztens Ausgang gehabt, da war mein Vater da, und der hat mich eigentlich gar nicht so interessiert, obwohl er mir immer hilft, Geld gibt, wenn ich was brauch. Aber das interessiert mich einfach nicht. Ich kann mit dem nicht reden über das, was mich interessiert. Mich interessieren die Leute nicht.« *(lächelt)*
»Ab wann haben dich deine Eltern nicht mehr interessiert?«
»Na ja, so ab vierzehn, fünfzehn …«
»Wie hat sich das ausgewirkt, wenn deine Mutter, so wie du sagst, neben der Kappe war?«
»Meine Mutter, halt, ja, zum Beispiel bei der Erziehung von meinem Bruder halt, wenn ich mir anguck, was sie da für Fehler macht, so schnell ausrasten und so. Nicht dass sie ihn schlägt, aber Geschrei, und typische Hausfrau halt … *(lächelt)* durch die Krankheit halt, weil sie viel am Hals hat, denk ich mal.«
»Sie ist also ausgerastet, wenn irgendwas war?«
»Ja, bei mir nicht so, aber bei meinem Bruder hat sie das halt gemacht. Da ist sie immer gleich ausgerastet.«
»Du hängst sehr an deinem Bruder?«
»Ja.«
»Hat dich das dann berührt, dass deine Mutter so auf deinen Bruder reagiert hat? Hast du dich gefragt, was aus ihm mal wird, wenn das so weitergeht?«

»Anschreien macht einen halt runter. Ich weiß das von mir, bei mir haben sie die gleichen Fehler in der Erziehung gemacht. Ich würd in der Erziehung auf alle Fälle einiges anders machen als meine Eltern.«

»Was denn?«

»Ja, einfach die Kinder zum Beispiel nicht anlügen. Das hat meine Mutter oft gemacht. Aber nicht aus Bosheit, sondern aus Bequemlichkeit. Einfach, die ist halt n bissel wirr im Kopf.«

»Wie hat sie denn gelogen?«

»Ja, das war halt so, ja, wie soll man sagen? Kleinigkeiten, Lappalien. Wenn mein Bruder und ich irgendwohin wollten, ja: ›Wir fahren nachher‹, und dann sind wir doch nicht gefahren, so auf die Tour. Einfach, ja: ›Wir gehen da hin‹, und dann haben wir's doch nicht gemacht ...«

»Also Versprechen nicht gehalten?«

»Ja. Sie hat einfach was versprochen, damit sie ihre Ruhe hat ... Sie ist halt mit mir und meinem Bruder anders nicht fertig geworden.«

»Was würdest du sonst noch anders machen in der Erziehung?«

(lautes Ausatmen) »Also, körperliche Züchtigung auf alle Fälle nicht, nicht mal Watschen. Es ist zwar, na ja, gut, also geschadet hat es uns nicht, wenn ich mal ne Schelle gekriegt hab. Und richtig Prügel haben wir eigentlich nie gehabt. Meistens halt, na ja, Kochlöffel auf den Hintern gekriegt und so, wenn wir was umgeschmissen haben oder so. Aber wegen schlechtem Zeugnis oder schlechten Noten war nie was.«

»Wann habt ihr den Kochlöffel draufgekriegt, was habt ihr da angestellt?«

»Ja, wenn man was umgeschmissen hat oder genervt hat. Aber nicht fest, so'n Klaps auf den Hintern.«

»Ne Kleinigkeit ist das doch nicht, ein Kochlöffel?«
»Ja.«
»Das spürt man schon?«
»Ja, aber, mei, als schlecht würd ich's auch nicht einstufen. Das hat schon seine Gründe gehabt, aber man kann's auch anders lösen, meiner Meinung nach. Also, bei meinen Kindern würd ich's auf alle Fälle nicht machen, wenn ich die je haben sollte. Aber geschadet hat's mir auch nicht. Also, sonderlich als schlecht stuf ich's nicht ein. Aber wenn man nur mit Gewalt auf einen zugeht, dann hat man keine Argumente mehr, meiner Meinung nach. Da weiß man nicht mehr weiter. Und das ist ein Zeichen von Schwäche, irgendwie.«
»Ab welchem Alter hast du ab und zu mal welche draufgekriegt?«
»Oh.« *(Ausatmen)*
»Als du klein warst?«
»Nein, da nicht.«
(Pause)
»Hing das mit der Krankheit deiner Mutter zusammen?«
»Nein, das kam erst später, so mit sechs oder sieben Jahren. Also, wie's halt in jeder Familie ist. Ganz durchschnittlich, dass man eine hinten draufkriegt, wenn man was angestellt hat.«
»Meinst du, das ist durchschnittlich, wenn man mit dem Kochlöffel eine draufkriegt?«
»Ja, also … *(lacht)* ich kenn viele, denen ist's genauso gegangen. Da hab ich schon Schlimmeres gehört. Also, wenn man da so drüber redet, so zusammenhockt, da kommt der Kochlöffel zur Sprache, da sagt der andere: Ja, den hab ich auch kennen gelernt … Nichts Außergewöhnliches, meiner Meinung nach.«

»Was hast du eigentlich empfunden in dem Moment, in dem du geschlagen wurdest?«
»Eigentlich nichts, also, na ja: Jetzt hab ich was falsch gemacht.«
»Also, du hast die Schuld bei dir selber gesucht?«
»Ja, ich hatte was falsch gemacht.«
»Du hast also genau gewusst, dass du schuld bist?«
»Ja. Ja, gewusst, ob ich schuld bin, nicht. Aber es ist halt was falsch gelaufen, ich hab halt was falsch gemacht. Also, ist schwer zu sagen, ich hab eigentlich wenig Erinnerung dran.«

Hunde, die geschlagen werden, hängen besonders stark an ihrem Herrn, Kinder, die traumatisiert wurden, haben ebenfalls eine eigenartige Bindung an die Täter – es sei denn, die ursprünglichen Liebesgefühle, die Kinder für ihre Eltern hatten, wurden gänzlich totgeprügelt. Es wundert mich nicht, dass viele Skins mir und sich selbst gegenüber eine Scheinwelt aufgebaut haben. Oft suchen sie die Gründe für Prügeleien bei sich, als wollten sie sagen: »Ich bin ein böser Mensch und muss entsprechend bestraft werden.«
Viele Skins landeten bei dem verzweifelten Versuch, ihre Eltern zu verteidigen, in einem tiefen schwarzen Loch. Erst von dort aus begannen sie voller Wut über die häuslichen Züchtigungen zu sprechen. Was jedoch in allen Fällen schwerer wog, waren die seelischen Grausamkeiten, die Herabsetzungen und Erniedrigungen. Torsten erzählt davon:
»Hast du auch Wut gespürt?«
»Ja, zum Beispiel wenn meine Eltern mich irgendwo lächerlich gemacht haben, bei Freunden oder so was. Des hab

ich immer gehasst wie die Pest, des hat mir gestunken, da bin ich dann wirklich ausgerastet.«

»›Lächerlich‹ – wie haben sie das gemacht?«

»Ja, zum Beispiel wenn ich beim Nachbarn zum Cola trinken gekommen bin, da ham sie gesagt: ›Der darf keine Cola trinken, sonst schläft er nicht.‹ Und das vor den Freunden, und wie die kleinen Kinder sind, und dann der Spott, darf keine Cola trinken und so was zum Beispiel. Das kann man auch anders machen …«

Die Cola-Geschichte gab mir zu denken. Da wirft ein ausgewachsener Mensch seinen Eltern vor, dass er abends keine Cola trinken durfte. Wo ist die Toleranzgrenze? Meine Kinder durften nie abends Cola trinken. Seit meinem Interview mit Torsten dürfen sie zumindest Spezi trinken. Außerdem nahm ich mir fest vor, beim Sport keinem meiner Kinder jemals eine Decke wärmend über die Schultern zu legen, denn:

»Oder wenn ich im Fußballverein war, da hat mich mein Vater immer verrückt gemacht, bevor ich zum Spiel gegangen bin, Decke drüber gelegt, dass sich die Muskeln aufwärmen, ist zum Spiel mitgefahren, und die anderen konnten alle allein zum Fußball gehen. Also so ne Bemutterung, des hat mich wahnsinnig genervt. Des hat mich gestresst, dieses mutterhafte Getue vom Vater vor allen Dingen. Mein ganzer Stolz war halt irgendwie …«

»Du hast gesagt, du bist ausgerastet, wie sah das aus?«

»Ich hab ihn halt angeschrien und gefragt, was das soll. Das geht mir auf den Sack, sich die ganze Zeit einmischen bei was.«

»Das war schon so, als du klein warst?«

»Ja, wie alt war ich da? So sieben oder acht.«

Als Wissenschaftler sucht man nach einem Reim, der sich aus der Datenflut ergeben könnte. Man fasst zusammen, interpretiert und sucht nach Gründen. Zwei Faktoren stellten sich in meinen Gedanken als wichtig heraus: Überbemutterung und Vernachlässigung. Die einen vermissten die Eltern, fühlten sich alleine gelassen, den anderen war die Gegenwart der Eltern schlicht und einfach zu viel. Als Mutter frage ich mich nach all den Interviews, was falsch und richtig ist. Gehe ich mit zum Fußballspiel und bekunde damit Interesse, oder bleibe ich daheim und demonstriere, dass ich meine Kinder zur Selbständigkeit erziehe?
Was nach einer ganz banalen Situation klingt, bewegt mich zutiefst, denn die Eltern scheinen mir mitschuldig zu sein. Kein Skin, den ich interviewte, kam als Kind ohne Prügel davon, aber nicht alle geprügelten Kinder werden später zu Skins und Ausländerfeinden. Ich beginne an meinen Erziehungsmethoden zu zweifeln. Wenn Fußball- und Cola-Anekdoten derart im Kopf eines Gewaltverbrechers haften bleiben, müssen sie in der kindlichen Seele entsprechende Kratzer hinterlassen haben – oder handelt es sich bloß um harmlose Kronzeugen für ähnliche subjektiv empfundene Herabsetzungen, die nicht klar formuliert oder auch gar nicht ausgesprochen werden können? Wie viel kann man in der Erziehung falsch machen? Wie erzieht man richtig? Gibt es überhaupt ein »richtig«?
Es ist spannend und bedrückend zugleich, retrospektiv in Kinderherzen und Kindersehnsüchte zu blicken, und ich konnte nicht verhindern, dass ich während der Gespräche ängstlich nach möglichen Parallelen zu meinen Kindern suchte.

Torstens Wall brach ein, und es war nicht die Cola, nicht der Fußball, es war nicht der allzu »liebende« Vater. Es war alles ganz anders, die Wissenschaftlerin und die Mutter konnten beruhigt sein.

Torsten begann von den Wutgefühlen zu sprechen, die aufkamen, wenn er von seinen Eltern lächerlich gemacht wurde. Interessanterweise berichtete er an dieser Stelle zwar von vergangenen Geschehnissen, sprach dabei aber in der Gegenwart. Er beschrieb Situationen, in denen er Hausaufgaben machen musste und von der Mutter sofort angeschrien wurde, wenn er etwas nicht gleich kapierte. Versagensängste waren die Folge. Am meisten fürchtete er die Tage, an denen es Zeugnisse gab, wobei er sich weniger vor den Schlägen ängstigte als vor der Schreierei. Prügel setzte es in der Regel dann, wenn ihm irgendein Missgeschick unterlaufen war, etwa wenn ein Glas zu Boden fiel:

»So was bleibt halt in Erinnerung.«

»Hast du Angst vor deinem Vater gehabt?«

»Ja, zum Beispiel schon, aber nicht vor den Schlägen, sondern einfach vor dem Anschiss. Wenn man zum Beispiel was angestellt oder kaputtgemacht hat, dann hat man versucht, es zu verstecken, anstatt zum Vater zu gehen. Aber der hat auch immer nur zu mir gesagt: ›Wenn du was kaputtmachst, dann komm und sag's mir.‹ Aber dann hat man halt immer wieder die Angst, dass es so'n Geschrei gibt, da hat man das dann halt versteckt oder vertuscht. Und dann hat er's natürlich rausgefunden, und dann ist's noch schlimmer geworden, dann kamen die Prügel.«

Einen Moment lang stand Torsten in den Trümmern seiner Mauer, die er eingeschlagen hatte, er wütete und warf mit Brocken um sich – bis das nächste Kapitel im Fragebogen aufgeschlagen wurde: Familienklima. Da stand sie schon wieder, blitzartig aufgerichtet, die Mauer. Dahinter ein trotziger Skin, der vergessen hatte, welche Worte ihm gerade entglitten waren.

Die Atmosphäre zu Hause? Ja, die war prima, die Eltern stritten nie miteinander, sicherlich gab es ab und zu mal Streit, das sei aber nicht der Rede wert gewesen. Man sprach viel miteinander, jeder hatte Zeit für jeden. Immer stand das Essen auf dem Tisch, die Kinder bekamen, was ihr Herz begehrte: »Ich habe immer alles vom Feinsten gehabt.«

Torsten schwärmte, und ich glaubte ihm, denn möglicherweise bestand seine Kinderwelt aus Schatten und Licht. Seine Kinder würde er auf jeden Fall so erziehen, wie es seine Eltern getan haben, sagte er, doch da brach wieder die Schattenseite durch, wie aus dem Nichts erwähnte Torsten die Schlägereien:

»Ja, es kann schon sein, dass mir hin und wieder die Hand ausrutscht. Das sagt sich jetzt so leicht, ich meine, bei dem ganzen Stress, der da war, durch die Krankheit ... aber ich halte es nicht für Schwäche, wenn man seine Kinder schlägt.«

Alles in allem ist Torstens Mauerwerk brüchig geworden. Mit vagen Vermutungen versuchte er jene Geständnisse zu entschuldigen, die durch die Ritzen an mein Ohr gedrungen waren.

Wir wechselten das Thema und sprachen über seine Kindergarten- und Schullaufbahn. Da war ebenfalls alles vom Feinsten. Keine Schlägereien, keine Ausländerfeindlichkeit mit Ausnahme eines Satzes im Kindergarten, den er an einen Griechen gerichtet hatte: »Geh in dein stinkendes Land zurück. Das war die erste ausländerfeindliche Tat, die ich gemacht hab.« Ich fragte ihn, wie er auf das stinkende Land gekommen sei, und er meinte, es sei ihm damals schon aufgefallen, dass Ausländer etwas muffeln würden. Dennoch war er während dieser Zeit mit ein paar Ausländern befreundet.

In der Schule gab es keinerlei Auffälligkeiten. Torsten war sozusagen Musterschüler, blieb nie sitzen, wurde auch nicht rausgeworfen. Mit seinen Mitschülern gab es keinen Streit. Das alles war sehr untypisch für einen Skin. Auch wenn ich nicht an stereotype Skinheadlebensläufe glaubte, passte das hier irgendwie nicht ins Konzept. War Torsten ehrlich? Ich wusste es gerade nicht.

Mit elf Jahren veränderte sich Torsten, angeblich wie aus heiterem Himmel, schlagartig sozusagen. Plötzlich sei ihm aufgefallen, wie sehr ihn die Lehrer spüren ließen, dass er aus der Arbeiterschicht kam. Er fühlte sich stark benachteiligt, die Lehrer begannen ihn anzukotzen. Nach außen war er zunächst noch ein ruhiger, zurückgezogener und schüchterner Schüler, der sich nicht allzu großer Beliebtheit erfreute.

Torsten war und ist ein Einzelkämpfer, der andere Menschen ablehnte, seine Eltern, die Mitschüler und später die Arbeitskollegen. Woher diese soziale Zurückgezogenheit rührte, konnte ich nicht ausmachen. Torsten meinte, es läge an der Überbemutterung, aus der er sich lösen wollte. Aber warum so? Wurden hier tatsächlich Ödipuskomplexe durch Gewaltverbrechen kompensiert? Wieder dachte ich an meinen Mutterinstinkt, dachte daran, dass es den angeblich gar nicht gibt, wie ich im *Spiegel* gelesen hatte. Ich wurde im Umgang mit meinen Kindern sensibler, hinterfragte mehr denn je, was ich tat und wie ich es tat, und überlegte, wie sie wohl in zehn Jahren ihre Kindheit beschreiben würden.

Es begann in Torsten zu gären. Noch wagte er nicht, seinen stetig wachsenden Unmut offen zu äußern. Er, der kleine Arbeiterjunge, sehnte sich nach Macht. Torsten begann Männer zu bewundern, die in seinen Augen Macht ausstrahlten. Hitler war so einer. Mit zwölf Jahren verschlang er Bücher, die vom Dritten Reich erzählten. Während dieser Zeit brachte ihn sein rechtsorientierter Vater zur Wikingjugend und bereitete so den Nährboden für die rechte Gesinnung. Dreizehnjährig versprach sich Torsten endgültig dem rechtsradikalen Gedankengut. Da marschierte er in der Gegend herum und plakatierte Hetzparolen. Seine Freizeit verbrachte er als aktives Mitglied einschlägiger Parteien. Angehöriger bei organisierten Skingruppen war er nur zwei Jahre lang. Er sei eben ein Einzelgänger, und wenn er seine Zeit in Cliquen verbringen würde, dann sollte es sich um eine von ihm selbst gegründete Gruppe handeln. Lange Zeit war er als ein in Bomberjacken gepacktes kahlköpfiges Wesen allein unterwegs.

Meistens sei er friedlich gewesen, habe keine Schlägereien provoziert, sondern Konflikte mit Ruhe und Besonnenheit gelöst. Ich glaubte ihm die Friedfertigkeit nicht. Torsten war nicht ehrlich. Erst bei dem folgenden Redeschwall war die Mauer um ihn verschwunden. Gesicht, Mimik und Gestik veränderten sich, er begann heftig zu atmen, die Augen verengten sich fast schon wollüstig:

»Ich schlag mich nur, wenn ich angegriffen werde oder ungerecht behandelt werde, denn eigentlich bin ich friedfertig. Aber wenn ich mal drin bin, dann kommt die Stimmung richtig hoch.«

»Wann hast du das das erste Mal erlebt?«

(langes Nachdenken)

»Mit sechzehn, siebzehn.«

»Kannst du dich an die Situation erinnern?«
»Ja.«
»Kannst du das erzählen?«
»Da waren wir auf der Straßen, wollten noch in ne Kneipe gehen …«
»Wer ›wir‹? Mehrere Leute, zwei oder drei?«
»Vier waren wir. Aber ich war die einzigste Glatze. Also, die anderen waren Nationale halt. So Parteileute. Ich war der einzige Skin. Na ja, und da kommen zwei Mädels, ne Zecke und n Sharp Skin*, die sind vorbeigegangen, mit so nem Naziaufkleber [dann kam es zu einer Anpöbelei]. Und mein Kumpel diskutiert halt grad mit dem oder was weiß ich, wir haben des nicht vorgehabt, den zu batschen, und dann kam irgend so'n Scheiß, ja, ich bin unpolitisch und bla bla bla, und da war ich grad so richtig drin in dem Skinhead-Kult, und da kommt er mit seinem Oi-Skin und politisch und dem ganzen Scheiß, und dann hab' ich gesagt: ›Jetzt langt's mir‹, und hab dann einfach an meinem Freund vorbei zugeschlagen ins Gesicht rein. Der ist erst mal zurückgetaumelt, und dann guckt er mich so an, mein Kumpel, und okay, ja, los geht's. Dann haben die zwei sich halt gedroschen, und wir sind dann auf die anderen los, die Weiber halt dazwischen: ›Ja, hört's doch auf, hört's doch auf …‹«
»Wie lang hast du auf den eingeschlagen?«
»Ja, des war schon ausgeglichen. Also nicht dass jetzt wir zu zweit oder zu dritt auf einen los sind. Der Kumpel hat sich mit dem einen beschäftigt, dem ich zuerst eins draufgegeben hab, und ich bin dann noch zu dem Typen, der hat zu-

* Zecke: So werden die Punks genannt.
Sharp Skin: So heißen die linksorientierten Skinheads.

geguckt, wie die sich prügeln, und dann hab ich gesagt: ›Was geht ab, guckst du zu, wie dein Freund verprügelt wird, oder was? Komm, steh auf …‹«

»Und das war das erste Mal, wo du dich geschlägert hast?«

»Ja.«

(Ausatmen, Zögern) – War das die Wahrheit?

»Hast du mit dieser ersten Schlägerei so ne Art Hemmschwelle überschritten und kam es danach öfters vor?«

»Nee, öfters kam das eigentlich nicht vor, eigentlich äußerst selten, dass ich mal geschlagen hab. Aber wenn, dann war's halt schon extrem. Meistens geh ich dem Streit aus dem Weg, und meistens ist mir das auch nichts wert.«

»Was heißt bei dir ›extrem‹?«

»Ja, dass wir nicht n Knüppel in der Hand haben oder einer extrem was aufs Maul kriegt oder umgekehrt.«

»Kannst du dann nicht mehr aufhören?«

»Nee, es fällt mir schwer. Also nicht, dass wenn der da auf dem Boden liegt, dass ich dann noch reintapp. Das ist zwar auch schon vorgekommen, aber dann sag ich: Komm, steh auf, weiter! … Das ist das erste Mal, dass mir das gefallen hat.«

»Was hat dir gefallen, dass du Macht hast über die anderen? Dass du stärker bist?«

»Einfach das Adrenalin, das Gefühl bei ner Schlägerei, wenn man selbst eins in die Fresse kriegt und dann das aufputschende Gefühl. Man merkt den Schmerz gar nicht. *(Pause)* Ja, einfach rauszufinden, wer der Stärkere ist. Seine Meinung halt mit Gewalt vertreten. Obwohl ich auch so arg viel davon nicht halte. Aber manchmal geht es nicht anders, da lässt es sich nicht vermeiden.«

»Ist das dann so was, was dir einen Kick versetzt? Empfindest du den Adrenalinschub als einen Kick?«

»'nen Kick schon, aber ich bin nicht süchtig danach, dass ich des brauch, so ne Schlägerei. Brauchen tu ich das nicht, aber n Kick ist des schon. Das ist eigentlich bei jedem so, denk ich mal. Ob's jetzt der Kick von der Angst ist oder von der Macht …«

Während des ganzen Interviews suchte ich verzweifelt nach Gründen. Doch alles, was Torsten erzählte, vermochte sein Verhalten und seine Skinkarriere nicht hinlänglich zu erklären. Die Schlägereien zu Hause standen offensichtlich nicht im Vordergrund. Waren seine Eltern nicht liebevoll genug – oder waren sie zu fürsorglich? Fühlte er sich in der Schule immer ausgegrenzt und benachteiligt? War der Vater übermäßig autoritär, setzte er den Sohn zu sehr unter Leistungsdruck? All das sind Komponenten, die sich gegenseitig aufschaukeln können. Lässt sich daraus eine so hohe Aggressionsbereitschaft erklären? Während ich in psychologischen Theorien wühlte, die mir Torsten erklären sollten, brachte er die Sache auf den Punkt:
»Es gibt halt solche und es gibt halt jene, es gibt halt Schafe und es gibt Wölfe. Man ist halt anders. Es gibt halt Unterschiede.«
»Die Wölfe sind ja eher grausam.«
»Ja.«
»Und du würdest dich als Wolf bezeichnen?«
»Ja, schon. Das ist ein krasser Ausdruck, aber so in die Richtung.«
»Weißt du warum, kannst du dir vorstellen, warum du so bist?«
»Ja, das ist Schicksal. Der eine ist so, der andere so. Das wär ja schlimm, wenn wir alle gleich wären.«
»Du meinst, das ist dir in die Wiege gelegt?«

»Ja.«
»Glaubst du, das ist angeboren, oder glaubst du, dass das mit deiner Kindheit zu tun hat oder mit deiner Erziehung oder deinem Schicksal?«
»Angeboren. Also mit Erziehung oder so überhaupt nicht. Wüsste nicht, woher das kommen sollte.«
»Hast du dir schon einmal Gedanken darüber gemacht, warum du Aggressionen gern magst?«
»Weil es zu meinem Wesen gehört. Es liegt in meiner Natur. Aber auch nicht irgendwie auf … *(Ausatmen)* … irgendwelche Geschehnisse oder so. Das hat damit nichts zu tun. Das liegt einfach in der Natur. Es hat halt einfach eine Weile gebraucht, bis es rauskommt. Damals haben halt bestimmte Geschehnisse dazu beigetragen, also zum Beispiel wenn ich eins aufs Maul bekommen habe, das muss erst mal wehtun, und dann wehrt man sich, das ist auch nicht so schlecht, und dann macht man halt immer wieder und immer wieder, und dann geht man einmal selber auf die Leut zu, und dann sind die diejenigen, die … Aber dass das mit der Erziehung zu tun hat, glaub ich nicht. Zumindest nicht in meinem Fall.«
Ist womöglich etwas Wahres dran an dem, was Torsten glaubt? Liegt die Wollust an der Grausamkeit in den Genen? Wurde er als »Wolf« geboren? Gehörte das Raubtierdasein zu seiner Bestimmung? Kann man mit Bestimmtheit sagen, so und so verhält es sich?
Wie dem auch sei, Torsten landete wegen einer brutalen Straftat im Knast. Nun saß er vor mir, sprach mit leeren Augen und unruhigen Händen über die Zukunft: »Es war gut, dass ich im Knast gelandet bin, weißt du, ich seh in allem etwas Positives.«
Wie Recht er damit hatte. Es konnte nur noch bergauf ge-

hen mit ihm. Außer politischem Aktionismus und Schlägereien hatte er im Jugendalter nichts Aufregendes erfahren. Keine besondere Liebe – dazu sei er unfähig, meinte er –, keine besonderen Freuden, keine große Trauer, keine Emotionen, die dem Leben Würze geben.

»Mir geht's hier drin nicht schlecht, ich bin sogar froh, durch den Knast bin ich endlich von zu Hause raus … Ich fühl mich hier drin freier als draußen, obwohl ich eingesperrt bin. Durch den Knast hab ich bessere Möglichkeiten, und ich muss mir später ne Wohnung suchen, ein eigenes Leben aufbauen, und früher hab ich mich darum nicht gekümmert. Da war ich froh, dass ich daheim war, obwohl's mich angekotzt hat. Und dass ich vom Alkohol weggekommen bin, das war auch wichtig. Das hätte ich so wahrscheinlich auch nicht geschafft.«

Bereut hat er im Leben nichts, keinen Fausthieb ins Gesicht, keinen Baseballschläger in die Rippen: »In meinen Augen bin ich eigentlich nie schuldig, weil, ich mach eigentlich immer, was mir gefällt. Ich verschwende auch keinen Gedanken über meine Opfer, das hab ich auch dem Richter gesagt. Das hat mir schon ein paar Mal den Kopf gekostet.«

Der Gefängnisaufenthalt ist ein Hotel mit Gittern, das im Servicepaket eine Entziehungskur anbietet. Torsten wird sich nicht ändern, zu gleichgültig und emotionslos wandert er durchs Leben. Das glaube ich – leider. Vorausgesetzt, er war ehrlich, sich selbst und mir gegenüber.

Den Tod vor Augen

Sie lungern herum. Ihnen ist nach einer »Party« zumute, und so sitzen sie auf einer Parkbank, um die herum leere Dosen verstreut sind. Zehn Glatzen warten zusammen mit ein paar Mädchen, bis die Nacht den Tag endgültig vertreibt. Ein paar dumme Witze hier, ein paar Schubsereien da. Es ist die pure Langeweile, aus der heraus die folgenden Ereignisse entstehen.

Eigentlich wollen sie nur einen Kumpel ärgern, der sich frisch verliebt hat in eine Reenie, ein Mädchen aus der Clique. Aus Spaß wollen sie das Mädchen verkaufen, an den »Landstreicher« (wie er später in den Presseberichten bezeichnet wird) oder den Versicherungsangestellten (wie er in Skinaussagen genannt wird) – als Nutte sozusagen. Sie soll mit ihm hinter die Absperrung des Parkplatzes gehen, dorthin, wo es dunkel ist. Sie lachen darüber, wie zornig der Freund sein wird, begießen den Streich mit ordentlich Alkohol, die Vorstellung erheitert die Gemüter, und keiner ahnt, was folgen soll.

Ob des unerwarteten Angebots beglückt, macht sich der Mann mit dem Mädchen von dannen. Sie verschwinden im Dunkel; was dort vor sich geht, weiß niemand.

In seinem Alkoholrausch dauert es eine Weile, bis der gehörnte Skin die Abwesenheit seiner Frau bemerkt. Man erklärt ihm, ein Mann habe sie einfach mitgenommen. Der »Scherz« verselbständigt sich und nimmt seinen üblen Lauf.

In einem dunklen Eck findet er die Freundin, rasend vor Wut stürzt er sich auf den Mann und schlägt auf ihn ein. Nach geraumer Zeit kehrt er zurück, die Freundin an der Hand. Gespielte Betroffenheit macht sich unter den Skins breit, Hass ist die Folge. Was sie selber gesät haben, können und wollen sie nun ernten. Einer nach dem anderen. Einer nach dem anderen, in geordneter Reihe, marschieren sie in ihren Springerstiefeln in das Dunkel des Platzes, um auf einen blutverschmierten Mann einzutreten.

Der liegt am Boden, kann sich nicht mehr rühren. Wer weiß, was er noch spürt. Ob er ahnt, welches Gericht über ihn geurteilt hat?

Nach vollzogener Strafe kehrt ein Skin nach dem anderen zurück. Manch einer darf sogar zweimal. Hier geschieht nichts im Affekt. Nicht, wenn das Opfer sich nicht mehr wehren kann, wenn man einen längeren Weg zurücklegen muss, um in das Gesicht eines Unbekannten zu treten. Zweieinhalb Stunden, hundertfünfzig Minuten, länger als ein Fußballspiel, länger als ein Flug München – Barcelona dauert das Martyrium. Einer nach dem anderen, immer wieder: treten, Blut vom Stiefel wischen, zurückkehren, berichten, den Nächsten ins Gemetzel schicken, berichten, was noch übrig ist vom Gequälten, welche Rippen geben nach, wo sitzt die Nase, an der linken Backe? Oder klebt sie gar an der Stirn? Existieren sie noch, die Augen, sind die Höhlen noch gefüllt? Stellt einer sich die Frage, ob der Mann noch lebt?

Nach neuntausend Sekunden der Folter beschließen sie, dass der Mann seinem Leiden erlegen sei.

Ein paar Skins hauen ab, nehmen die Mädchen mit, fahren zu einem Kumpel, stillen den Hunger mit Apfelstrudel und löschen das Bewusstsein mit Wodka aus. Doch es gibt auch

die Konsequenten, die denken, dass Leichen beseitigt werden müssen. Trotz Rauschzustand sagt ihnen die Vernunft, dass man Tote vom Ort ihrer Ermordung entfernen sollte.
Der geschundene Körper, reglos, blutverschmiert, wird in den Kofferraum eines Autos geschachtelt. Panik und Schmerz waren wohl der einzigen Rettung gewichen: der Bewusstlosigkeit, die halb Toten Ruhe, eine Verschnaufpause verschafft.
Sie fahren durch die Nacht, wollen ihn auf Gleise werfen, sozusagen »sinnvoll« beseitigen. Am Ziel angelangt, öffnen sie den Kofferraum und zerren ihr Opfer heraus. Möglicherweise hätte der Mann noch eine winzig kleine Chance gehabt, hätte er nicht vor Schmerzen gestöhnt. Nach kurzem Kriegsrat wird beschlossen, dass es zu gefährlich sei, den Totgeglaubten am Leben zu lassen, schließlich könnte er sie leicht identifizieren. Möglicherweise wollen sie sich nicht mehr beschmutzen, ihre Waffen, die stählernen Schuhkappen, nicht noch ein weiteres Mal vom Blut reinigen. Jedenfalls gibt der »Chef« seine Anweisungen, und ein gehorsamer Skin befolgt artig die Befehle. In einer Plastiktüte, in der man am Vortag Bierdosen für die »Party« geholt hatte, haucht der Mann sein Leben aus. Vielleicht nimmt er noch wahr, was sein Henker hämisch zu ihm sagt: »Na, hast du dem Tod schon mal in die Augen geschaut?«
Wenige Minuten später, der Leichnam liegt auf den Gleisen, kehrt der Gehorsame nach vollbrachter Tat ins wohlige Heim zurück, wo der Rest der Gruppe bei Apfelstrudel und Wodka wartet. In der Türe stehend, blickt er in die Runde, ein wahnsinniges Grinsen im Gesicht: »He, Leute, geil war es, ich hab den Tod gesehen!«

Ein Albtraum

Kann ich Ihnen zumuten, was jetzt folgt? Es ist nur ein Traum, jedoch ein ekelhafter. Sie lesen ihn, ich habe ihn gesehen, ihn erlebt. Ich bin in ihm untergegangen, und er gehört zu diesem Buch.

Vorausgegangen war ein schöner Abend bei Steffi, einer Freundin. Sie hatte zum Geburtstag geladen. Möglicherweise habe ich da zu viel gegessen, italienische Vorspeisen, aufgetischt in einem wunderschönen Esszimmer mit einem warm strahlenden Kachelofen. Möglicherweise habe ich aber auch zu viel getrunken, was dazu führte, dass ich viel, sehr viel erzählte. Neben mir saß Petra, die Leiterin eines psychotherapeutischen Zentrums, die ich an diesem Abend kennen gelernt habe. Sie konnte gut zuhören, also berichtete ich von meinen Erfahrungen. Ich befand mich in einem Rederausch, erfahrene Ohren nahmen meine Gefühlsbeichte auf, ein mitfühlendes Gesicht ließ mich mehr und mehr erzählen. Eine Supervision hätten wir gebraucht, wir alle, es könnte zu Traumatisierungen kommen, wenn wir die Brutalitäten, von denen wir erfahren hatten, mit uns selbst ausmachten. Es müsse doch jemanden geben, dem wir unser Herz ausschütten könnten, meinte sie.

War es übertrieben, was sie sagte, oder war es kluge Voraussage? Was war an unserem Job (oder soll ich »Arbeit« sagen – oder gar »Aufgabe«?) eigentlich so übel? Okay, ein paar Geschichten waren heftig, aber schließlich gab es

Schlimmeres auf der Welt. Ich empfand einen Zwiespalt. Petra war der erste Mensch, der ansprach, was ich zwar gefühlt habe, aber nicht wahrhaben wollte: Zweifellos lag seit ein paar Wochen ein Schatten über mir. Ich war aus der Bahn geworfen, stand zu oft neben mir und beobachtete mein Tun, oft mit einem gewissen Erstaunen. Neu war mir zum Beispiel ein exzessives Bedürfnis nach Sauberkeit. Alles, was mit Reinigungsprozessen zu tun hatte, verschaffte mir eine tiefe Befriedigung. Ich war glücklich, wenn Staubmäuse, die sich um Büroklammern gewickelt hatten, oder einzelne Kindersocken, wenn Stücke von Radiergummis (die Kinder üben damit »Lehrer treffen«) auf der Kehrschaufel landeten und im Mülleimer verschwanden. Der wurde neuerdings regelmäßig ausgeleert – täglich, um ehrlich zu sein. Jeder Winkel meiner Wohnung musste streng aufgeräumt und geordnet sein, die Stifte auf meinem Schreibtisch wurden parallel angeordnet, die Handtücher im Regal ordentlich gestapelt, die Gläser in Reih und Glied aufgestellt. Nur mit geschickten Ablenkungsmanövern konnte ich mich davon abhalten, meine Unterhosen zu bügeln. Besen und Schrubber drangen in die entlegensten Ecken vor, Bücher wurden abgestaubt, die Betten frisch bezogen. Ich habe mir sogar eine neue Waschmaschine gekauft.

Und das passierte ausgerechnet mir! Ich erinnerte mich, wie meine sehr ordentliche und durchaus geduldige Mutter eines Tages beschlossen hatte, mein Kinderzimmer nie wieder zu betreten. Gewaltsam, weil ein Wust von Kleidern erbittert Widerstand leistete, hatte sie damals die Tür zu meinem Zimmer geöffnet, sich dann durch Berge herumliegender Bücher, Platten und sonstigen Allerleis bis zu meinem Kleiderschrank durchgekämpft, in den sie eine La-

dung frisch gebügelter Unterhosen (ich lüge nicht!) sorgfältig aufstapeln wollte. Den Schrank hätte sie besser nicht geöffnet, denn alles, was sie jemals in stundenlanger Arbeit geplättet hatte, lag achtlos auf einem Haufen, völlig zerknittert und verknautscht. Ich war damals sehr eitel und probierte täglich mehrere Blusen und Hosen an. Leider hatte ich es immer eilig, und aus diesem Grund konnte ich die Wäsche einfach nicht wieder zusammenlegen – das sei zu meiner Verteidigung gesagt. Damals war ich gerade mal elf Jahre alt – und in mein Tagebuch schrieb ich: »Ab jetzt kann ich schlampig sein, weil Mami nicht mehr putzt.«
Mein aktueller Reinigungszwang konzentrierte sich vor allem auf das Badezimmer. Kachel für Kachel sollte befreit werden von hartnäckigen Kalkspuren. Das Wichtigste jedoch war die Toilette, keine Spuren von Exkrementen, von Urinstein sollten darin sein. Das kam nicht von ungefähr.
Nachdem ich mich von Steffi verabschiedet hatte, verfolgte mich nämlich das Gespräch, das ich mit Petra geführt hatte, noch eine Weile. Ich überlegte, was sie eigentlich unter Traumatisierung verstand, wie die sich ausdrücken könnte. Als ich mich ins Bett legte, beschloss ich, Petras Warnungen zu bagatellisieren. Wichtigtuereien einer Psychologin waren auf Empfindlichkeiten einer Wissenschaftlerin gestoßen. Mehr nicht.
Ich begann einzuschlafen. Noch hörte ich das leise elektrische Surren des Weckers. Im Halbschlaf nahm ich wahr, wie der Nachbar die Aschentonnen auf ihren Platz räumte. »Um 24 Uhr, pure Absicht, das macht er jeden Dienstag, um mich zu ärgern«, dachte ich noch, bevor mich tiefer Schlaf umhüllte. Auf Träume freue ich mich gewöhnlich. Sie beruhigen mich, lassen mich ruhig atmen, und morgens wache ich erfrischt und gut gelaunt auf. Dieser Traum war anders.

Ich sehe mich schlafend. Im Schlaf verspüre ich den Drang, mich zu entleeren, ich träume, dass ich auf die Toilette gehe. Dort sitze ich dann, sitze eine lange Zeit, stülpe mein Inneres nach außen. Zunächst empfinde ich Erlösung, fühle mich befreit von Kaloriensünden, von Schweinebraten und Knödeln, einem österreichisch zubereiteten »Mohren«, das ist ein schwarzer Kuchen, getränkt mit Fett. Braune Substanz verlässt meinen Körper und will und will nicht enden, einfach nicht enden. Aus dem anfänglichen Gefühl der Erlösung wächst Angst: wie viel noch? Die Toilette quillt über, ich benutze die Spülung, es nutzt nichts, die Exkremente haben den Klorand erreicht, sie verselbständigen sich, ein negatives Schlaraffenland. Ich spüle und spüle, aber das braune Ekel will nicht verschwinden.
Ich stehe von der Schüssel auf, nehme die Bürste, will alles die Rohre hinunterdrücken. Es ist vergebens, an meinen Armen rankt sich die Scheiße empor, hinauf zu meinen Schultern, in mein Gesicht, bis zu meinem Mund. Ich eile zum Waschbecken, voller Abscheu, die Arme braun, dem Wasser trotzend, der Seife widerstehend. Der braune Dreck weicht nicht von mir. Aus der Schüssel sorgt ein Dämon übereifrig für Nachschub. Ich bin dem Wahnsinn nahe, beginne die Scheiße wieder in mich aufzunehmen, um sie erneut dem Darm zuzuführen: Ich esse meinen eigenen Kot. Mir ist übel, ich kämpfe verzweifelt gegen etwas, das mir in Unmaßen entwichen ist, gleichzeitig beansprucht mich der Kampf gegen den Ekel. Ich sehe in den Spiegel, der in einem antiken Rahmen sitzt, umrankt von Plastikblumen. Mein Anblick erschreckt mich, panische Augen, ein braun verschmierter Mund, gefüllt mit Scheiße, der unablässig nach Nachschub schreit. Mich graut vor mir selbst, die Arme von Fäkalien verschmiert, die sich jedem Waschvor-

gang widersetzen. Ich esse weiter, wie eine Süchtige, ich schmatze, ich erbreche mich. In der Schüssel ist kein Platz mehr, Kot und Erbrochenes ergießen sich auf den Boden. Ich eile in die Küche, hole Zeitungspapier, um es auf dem Boden zu verteilen. Die Lokalbeilage, Aktien-, Wohnungs-, Tiermärkte, der Sportteil, das Feuilleton sollen aufsaugen, was auf den weißen Kacheln fließt. Vergebens. Ich wate in meiner eigenen Scheiße, helfe dem Papier nach, indem ich weiter alles in mich hineinschlinge. Meine Füße werden braun, die Knöchel versinken. Ich beginne zu schreien, versuche mir die Zähne zu putzen. Unaufhörlich rumort es in der Schüssel, blubbernd fährt die stinkende Substanz aus den tiefen Rohren empor. Ich drohe zu ertrinken, schreie um Hilfe, fürchte meine Kinder aus dem Schlaf zu wecken. Dennoch schreie ich, schreie so lange, bis ich das erlösende Surren des Weckers höre.

Es war vorbei. Irgendwann schob sich der Sonnenstrahl zaghaft durch die Bäume und kitzelte mich wach. Endlich. Die Kinder schliefen noch. Oskar, mein Wohnungsnachbar, schnarchte. Die Erinnerungen an den Traum trieben mich ins Bad. Es war sauber. Aufatmen.
In der Küche setzte ich Kaffee auf, die braune Farbe irritierte mich. Dennoch schüttelte ich die Eindrücke der Nacht langsam von mir. Schließlich war es bloß ein Traum, in dem das Böse, Ekelhafte über mich geschwappt war. Das musste so kommen. Es war wohl meine Art des Verdauens, meine Art, mit Dämonen zu kämpfen. Andere gehen anders damit um: Sie träumen nicht, sie handeln, wenn der Dämon Besitz von ihnen ergriffen hat.

Peter – Der Dämon in mir (Teil II)

Warum schien nie die Sonne, wenn ich ins Gefängnis fuhr? Der Wind war eisig, als ich aus dem Zug stieg. Er war der raue Vorbote der Atmosphäre, die mich erwarten sollte. Dennoch fingen die Bäume langsam an zu blühen, die Jahreszeit wechselte. Es war Frühling, wenngleich ein kalter.

Das Projekt war zu einem Teil meines Lebens geworden, einen düsteren Winter lang hat es mich begleitet. Noch immer wartete ich auf Abhärtung. Die musste sich irgendwann einstellen, denn immerhin glichen die Schicksale einander, und schlimmer als bisher konnte es schließlich nicht werden.

Der Mensch ist ein Gewohnheitstier, sagte ich mir und wappnete mich innerlich für die Stunden in engen Zellen.

In der S-Bahn, die mich zu dem Vorort bringen sollte, in dem der Knast lag, saß mir gegenüber ein junges Mädchen, das seiner Freundin per Handy Ratschläge gab, wie man mit Männern umzugehen habe, die nicht so recht wollen: sie erst reizen, um sie dann an einer langen, unsichtbaren Leine qualvoll zappeln zu lassen. »Das macht die bis zum Abwinken an«, tönte sie in den Hörer. Wenn man sie mit solchen doch recht ausgetüftelten Tricks besiegt hat, ist Vorsicht geboten, denn dann könnten sie ja fremdgehen: »Und soll ich dir was sagen? Wenn sie fremdgehen, dann Augen zu und Schwamm drüber, vergiss sie!«

Sie dürfte sechzehn Jahre alt gewesen sein. Ich fühlte mich plötzlich alt, schrecklich alt, kam mir wie eine Großmutter vor und könnte rein altersmäßig durchaus auch eine sein. An diesem Tag wurde mir klar, dass ich in das Alter gekommen war, in dem man beginnt, über »die Jugend« und deren »Sorgen« zu lächeln: »Mädchen, du hast noch so viel vor dir! Lass dir sagen, wie wenig Tricks nützen. Das weiß ich aus Erfahrung.«

Lange war ich nicht mehr ausgegangen. Wie wollte ich da mitreden? Kannte ich überhaupt noch »Tricks«? Und meine Erfahrungen, wie dürftig waren die? Seit Wochen saß ich Abend für Abend im Wohnzimmer, eingesperrt von unsichtbaren Schlössern. Meine Lebenssinne, von denen ich so viel habe, waren am Erlöschen – und ich hatte es nicht einmal bemerkt. Mit sechzehn, sechsundzwanzig, mit sechsunddreißig Jahren und noch darüber hinaus – eigentlich immer war ich unterwegs gewesen, zumindest am Wochenende. Ich traf mich mit Freunden, ging auf Feste, ins Kino, in Konzerte. Jetzt, gerade jetzt, fiel mir auf, wie sehr ich mich aus der Außenwelt zurückgezogen hatte, zum ersten Mal. Das Mädchen verstaute ihr Handy und erwiderte meinen nachdenklichen Blick mit einem leicht provokanten Lächeln. Sie konnte nicht ahnen, was sie in mir wachgerufen hatte.

Ein paar Tropfen fielen aus den dunklen Wolken, als ich in den Bus umstieg, der mich zum Knast bringen sollte. Ich hatte eine große Reisetasche dabei, und als ich an der entsprechenden Haltestelle ausstieg, glaubte ich argwöhnisch musternde Blicke im Rücken zu spüren.

Im strömenden Regen näherte ich mich den Mauern, die zwischen netten Häusern und mit Lineal und Kehrschaufel gepflegten Gärten aufragten, die bevölkert wurden von

Gartenzwergen. Vor den Toren zur Unterwelt wurde demonstrativ die heile Welt zur Schau gestellt.

An der Pforte erwartete man mich. Es fanden die üblichen Rituale statt, ich wurde kontrolliert, gab alle Taschen ab. Vor mir und hinter mir wurden mit riesigen Schlüsseln schwere Türen auf- und zugesperrt, immer begleitet von einem lauten Knall.

Vor mir lag der Gefängnishof, der schnell vom lauten Gegröle der Gefangenen erfüllt war. Eine Frau musste schließlich gebührend begrüßt werden.

Der Bau war uralt, die Fenster klein. Die runden Köpfe hinter den Gittern erinnerten mich an junge Hunde in Versuchskäfigen, erbarmungslos eingepfercht. Seit mehr als hundert Jahren bestand dieser düstere Ort, voller krimineller Energie, die es zu unterdrücken galt.

Man brachte mich zu meinen Kollegen, die bereits gestern angereist waren und schon einiges an Lebensschicksalen in sich aufgesogen hatten. Oliver war blass, dennoch guter Laune. Wie steckte er das so gut weg? Ich war froh, ihn zu sehen. Clara rauchte und wirkte ausgelaugt. Es tat gut, jemand Vertrautes in dieser finsteren Umgebung um mich zu haben.

Ich mache eine Schreibpause, rauche eine Zigarette. Meine Kinder spielen Gameboy – was sonst –, wünschen Brote im Kinderzimmer serviert zu bekommen. Renein brütet eine Grippe aus. Im Diktat hat er eine Vier bekommen. Fred, sein Klassenkamerad, bekommt für solche Noten Prügel, hatte er Renein erzählt. Ich war zur Lehrerin gegangen, als ich davon erfuhr. Wehret den Anfängen. Immer hatte ich den geprügelten Skins die Frage gestellt: »Hat es keiner gemerkt, hat keiner was getan?« Hätte sich dadurch etwas geändert? Fred sei in der Schule auffällig aggressiv, gegen Lehrer und Schüler gleichermaßen. Die Mutter sei dem Alkohol verfallen, so die Lehrerin. Die Geschichte war mir vertraut. Dann fügte sie hinzu, sie würde sich vorsichtig darum kümmern. Würde sie es wirklich tun? Was wird sie bewirken?

Ich sollte die Kinder zum Geigespielen motivieren, stattdessen sitze ich hier und schreibe. Tom Jones' »Sexbomb« tönt aus dem Radio. Meine Müdigkeit ist weg, die Stimmung gehoben. Heute würde ich gerne mit Susan etwas trinken gehen. Aber die Flasche Wein von gestern soll noch ein paar Tage reichen. Selbstdisziplin. Zur Kontrolle lese ich Fragmente vorausgegangener Kapitel, in denen ich Gefühle schildere, die ich vor vielen Monaten empfunden hatte. Es ist eine wellenartige Veränderung, die in mir stattgefunden hat, stelle ich fest.

Nun wird es ernst, ich will jenes Gespräch beschreiben, das mir so sehr unter die Haut gegangen war. Ich darf nicht ausgelassen sein, ich muss zurückfallen in den dunklen Raum, in den mich Peter mitgerissen hat, in seinen ureigenen Abgrund.

Die Kinder putzen sich die Zähne, ich küsse sie, bin glücklich, sie zu haben, und freue mich immer wieder aufs Neue, wenn sie nach einem glücklichen Tag in ihre weichen Kissen sinken. Ruhe kehrt ein. Ich fülle das Glas, dimme das Licht und lasse das Dunkel des Raumes auf mich wirken. So falle ich zurück in die Begegnung mit Peter.

Er ist der personifizierte Hass, dieser Kerl, der fingernagelkauend monologisierte, er habe einen Dämon im Kopf, der ihm die Impulse gibt. Hier ist seine ganze Geschichte, so weit er sie mir erzählen wollte oder konnte. Zwischen den

Zeilen seiner Hasstiraden liegt viel verborgen, darum zitiere ich weite Teile des Interviews im Wortlaut. Es zu interpretieren soll jedem selbst überlassen sein.
Während des gesamten Interviews hatte ich das Gefühl, dass Peter die Situation als Duell verstand. Er war schlagfertig und ging intelligent vor, indem er versuchte, jede Frage zu durchschauen und entsprechende Antworten zu geben. Auffallend war seine Handhaltung, die in bestimmten Situationen sehr verkrampft wirkte. Dann presste er seine Fäuste gegeneinander und rieb sich die Finger. Körpersprachlich wechselte er zwischen starker Dominanz und Ängstlichkeit hin und her. Auf mich wirkten seine Augen, die sich ab und an zu Sehschlitzen verengten, fast bedrohlich – vor allem dann, wenn über Politik gesprochen wurde. Er war der erste Mensch in meinem Leben, vor dem ich Angst hatte.
Ständig hatte ich das Gefühl, dass er plötzlich aufspringen und mir an die Kehle gehen könnte. Ich versuchte meine Fragen vorsichtig zu stellen, denn er vermutete den »feindlichen Staat« hinter mir. Obwohl das Interview mehr als sechs Stunden dauerte, wurde ich das Gefühl nicht los, dass ich ihn nicht wirklich zu fassen bekam.
Über sein Leben hatte er Folgendes zu sagen:
»Ja, also … *(Ausatmen)* also, ich würd sagen, ich hatte eigentlich eine ziemlich gute Kindheit, also … *(Pause)* … ich hatte nie Probleme zu Hause oder so. Klar, Probleme gibt's immer mal, aber ich wurde nie geschlagen oder sonst was. *(Pause)* Also, soll ich was über die Schule … ja, also in der dritten Klasse zum Beispiel, da fing das Gedankengut schon an, zum Beispiel. Das war, wir haben das Thema da ganz kurz angesprochen gehabt. Weil's da irgendwie so gepasst hat und so. *(Pause)* Also, man kann schon sagen, ich war von

Kindheit an von dem Nationalsozialismus sehr geprägt. Also von Anfang an. Ja. *(Pause)* Nur wusste ich da nicht so, wie ich das alles verarbeiten sollte, was ich da so mitkriege und was mich aufregt und, ja, an dieser gesamten Umgebung, wie auch immer. Ja, und wo ich dann immer älter wurde, wurde ich auch immer aggressiver, also ich hab dann, also, es wurde dann ganz besonders stark, als ich auf die Hauptschule gekommen bin. Da hat nur noch Gewalt vorgeherrscht. Also jeden Tag gab's Schlägereien und so. Fast jeden Tag hab ich Leute ohne großen Grund eigentlich so was auf die Fresse gehauen. *(Pause)* Ja, und dann wurde ich eines Tages mit ner Gaspistole erwischt. Wie ich dann runtergeflogen bin [von der Schule], dann *(Lachen)* … das war schon ein ziemlich schneller Rückblick so. Als ich dann auf die Hauptschule kam, paar Monate später wurde ich dann verhaftet, mit siebzehn, und seitdem bin ich hier. Aber ansonsten, so, wenn was passiert ist zu Hause, dann war's also wirklich auch mein Verschulden. Es gab ziemlich oft Ärger wegen mir, auch wegen meines Bruders, weil der, na ja, der ist drogenabhängig. *(Pause)* Dürfte auch bald wieder einfahren. Ja, ich weiß nicht, was ich so sagen soll. Es war eigentlich schon, kann man fast sagen, so das Lebenswerte in meiner Kindheit und Jugend. Ansonsten war wirklich nicht viel. Klar, man könnte jetzt ins Detail gehen, aber … *(Pause)* Also, das einschneidendste Erlebnis war wohl meine Verhaftung, das war so das wichtigste. Und ja, hier drinnen und so, ja, wie soll ich sagen? Als ich dann nach K. kam in U-Haft, da wurde ich erst mal ein bisschen ruhiger, so. Weil ich da einfach ganz andere Sorgen hatte. Das ist ja klar. Aber als ich dann die Verhandlung hinter mir hatte und nach T. kam, da ging's eigentlich wieder richtig los. Also, dann fing ich auch an, nicht nur auf der puren Gewaltschiene zu fahren. Da ging das Philosophische los und, ja, das Denkerische eben. Aber nicht nur'n bissel, richtig intensiv auch. *(Pause)* Denn wenn man sich hier drin selbst organisiert, dann kann man ziemlich viel bekommen, auch an Informationsmaterial. Ja, da wurde es ziemlich umfangreich bei mir. Ich hab mir dann Geschichtswissen angeeignet, die andere Seite der Geschichte. Ja, es wurd dann immer extremer, also auch vom Kopf her. Immer mehr nachgedacht, immer mehr nachgedacht. Wo das am Ende, wie soll ich sagen … *(Pause)* … wie soll ich das jetzt sagen, so ne Art Bumerangeffekt. Die Gedanken, die ich da irgendwann mal verfolgt habe und, ja, ich weiß nicht, da kam auf einmal, ich weiß nicht, wie ich das ausdrücken soll, ich hab da noch nie drüber gesprochen, weil das ziemlich unangenehme Erfahrungen waren, äh, die kamen dann mit so ner ziemlich derben Wucht wieder zurück und haben mich … *(Pause)* … also ziemlich viel, wie soll ich das sagen, psychisch bisschen fertig gemacht. *(Pause)* Weil ich einfach zu viel gedacht hab. Zu viel mir den Kopf zerbrochen hab, zu viel diskutiert hab mit Leuten. Ich hab echt zwei Jahre lang stundenlang … also, es fing beim Umsturz an und es hört bei mir auch jetzt noch nicht auf, wenn der Fernseher lief. Ich hab den Fernseher, wenn mich die Leute dermaßen aufgeregt haben, also, es wurde immer extremer und extremer. Also von der gedanklichen Seite her. Extrem war ich in der Beziehung immer. Aber so, von den Gedanken her, diese Denkereien wurden immer schlimmer. Man kann es schon als schlimm bezeichnen. Am Anfang fand ich das auch sehr interessant. Ich hab mich schon sehr darüber gefreut, dass es klappt. Ja, wie gesagt, dann dieses immer krasser werdende Denken, was mich dann am Ende immer wieder ein bisschen aus der

Bahn geworfen hat. Und wenn mir jemand was erzählen will von wegen Geschichte und so, dann hör ich dem gar nicht mehr zu, weil, ich hab einfach keine Lust mehr zu diskutieren, weil ich ganz genau weiß, wenn ich dem Mann zuhör, dann wird ne Diskussion draus, ein Streit. Aber ich hab keine Lust mehr drauf, ich sag nur: ›Och, lasst mich einfach in Ruhe.‹ *(Pause)* Also, so Standardsituationen und so. Wenn mich jetzt jemand in eine Diskussion verwickeln will, dann lass ich mich schon drauf ein. *(Pause)* Aber sonst so, na ja, ich bin zwar immer noch dabei, also ich kann mich nicht als Verräter bezeichnen, aber ich bin einfach ein bisschen ruhiger geworden. Weil, ich war wirklich krass und hab das gemerkt, dass ich am Ende – wie das klingt, als ob ich schon am Ende wäre … ja, wie soll ich das bezeichnen … *(Pause, Einatmen)* … ziemlich durcheinander war. *(Lachen)* Das ist so am besten umschrieben, das ist harmlos umschrieben. Ich wusste am Ende nicht mehr, wo oben und unten ist. Weil diese Denkerei einfach zu extrem wurde. Ich weiß nicht, ob Sie solche Beispiele schon einmal gehört haben. Also, so was kann auch passieren, wenn man sich zu sehr den Kopf zerbricht. Wissen Sie, es gibt Leute, die ich kennen gelernt habe, Skinheads und so, die marschieren einfach durch. Also, die machen das eigentlich richtig. Die pfeifen auf was anderes. Aber die machen sich nicht so sehr einen Kopf darum. Ich glaube, das ist einfach richtig, was die da tun, und irgendwann setzt sich das durch. Da gibt's dann natürlich auch noch die Mitläufer, die von nichts eine Ahnung haben und eigentlich unsere Rufmörder sind. Und da gibt es noch die, die mit dem Kopf noch viel mehr arbeiten. Ich hab mich eigentlich zur zweiten Gattung gezählt. Diejenigen, die durchgehen, aber sich trotzdem viel Gedanken im Kopf machen.

Am Ende war es nur noch diese Kopfmacherei. Und das hat mich ziemlich ruhig werden lassen, weil ich einfach … *(Pause)* Ich bleib da hängen, weil das wirklich einschneidend war. Also, die Erfahrung, sag ich jetzt mal.«

»Welche Erfahrung konkret?«

»Dieser psychische Absturz. Ich weiß nicht, wie ich das beschreiben soll. *(Pause, Ausatmen)* Also, die Leute haben mir vorgeworfen, ich sei schizophren und so Sachen, das, also, das war … *(sehr lange Pause)* … immer Angst vor irgendwas gehabt, was da grad abging, äh, wo ich anfing zu schreiben. Ich schreib ja auch. Ich hab jetzt wieder aufgehört zu schreiben. Da ging das so los: Was ist das, dass das nicht mehr läuft mit dem Schreiben und … *(Pause)* … äh, wenn du nicht mehr schreiben kannst und solche Sachen. Und so ging das dann los. Ja, also Sachen, die ich mir dann selber errungen habe, irgendwie Angst drum gekriegt, ja. Das und das, und in diese Richtung hat sich das dann entwickelt. Ja, diese Denkerei. Aber davor, wo das Ganze philosophisch abging, das war gut, das war interessant, ja. *(Pause)* Stundenlang mit Leuten philosophiert, damals. Es waren niemals Leute, die gleich gesinnt waren mit mir. Da kam's schon vor, dass ich mich ein paar Stunden zu jemandem anders in die Zelle setzen konnte und alles Mögliche … Und da hab ich dann mit diesen Leuten manchmal bis zu sieben Stunden mich, ja, wunderbar über … diskutiert, philosophiert, mich über was auch immer … Ich weiß nicht, ist vielleicht ein bisschen durcheinander mit meiner Erzählung, aber … *(Pause)* … das ist alles ziemlich komplex. Deswegen, eins führt mich immer zum andern, irgendwie. Wie gesagt, ich hab über dieses Thema noch nie selbst gesprochen, also deswegen weiß ich nicht, wo ich da jetzt ansetzen soll.«

An dieser Stelle wirkte Peter ziemlich durcheinander, es entstand eine sehr lange Pause, und ich entschloss mich, die biographische Erzählung abzubrechen, da ich das Gefühl hatte, dass er nicht mehr weiter wusste.
Geboren wurde er 1974 in der Nähe von L., wo er mit seinen beiden älteren Geschwistern, einem Bruder und einer Schwester, aufgewachsen ist. Bis zu seiner Inhaftierung lebte er bei seiner Familie. Die Mutter arbeitete als Zugehfrau, der Vater war Chauffeur bei einer größeren Firma. Sie lebten in einer kleinen Mietwohnung in einer spießbürgerlichen und kinderfeindlichen Gegend. Peter hatte überall Gegner unter den Erwachsenen, nirgends durften er und seine Freunde spielen. Das war ihm in unangenehmer Erinnerung.
Es zeichnete sich früh ab, dass Peter ein Sonderling war, der die Tendenz hatte, sich abzukapseln. Mit seinen Eltern fand er nur dann ausreichend Gesprächsstoff, wenn es Ärger in der Schule gab, und dann fand die Kommunikation in Form einer Strafpredigt statt. Seine inneren Regungen behielt er für sich:
»Da gab es halt dann diese Standpauke oder so. Aber ich bin auch nie, wenn ich Probleme hatte, zu meinen Eltern hingegangen. Ich weiß nicht, war einfach nicht mein Ding, mit meinen Eltern über meine persönlichen Probleme zu reden. Also, so viele Probleme hatte ich auch gar nicht.«
»Warum bist du nicht zu deinen Eltern gegangen?«
»Ich hatte einfach nicht das Bedürfnis danach. Ich hatte kein Verlangen, zu meiner Mutter zu gehen oder zu meinem Vater und zu sagen: Hör mal, mein Tag war so und so, ich hab das und das als Problem. Nee, ich hab auch nie ernsthaft mit diesem Gedanken gespielt. Ich habe das nie in Erwägung gezogen.«

»Haben sie dich ab und zu einmal gefragt? Haben sie sich dafür interessiert, was du machst?«

»Hin und wieder, aber das war nicht sehr häufig. Also wenn, ja, einmal zum Beispiel, als ich nach Hause kam, da kam ich ziemlich geknickt herein, das war's. Ja, also hin und wieder war das so. Ich hab mir das nie so anmerken lassen, wenn ich momentan unter Stress bin. In der Art oder so.«

»Hast du das nie nach außen gezeigt?«

»Selten, sehr selten. Man kann schon sagen, eigentlich nie.«

»Warum nicht?«

»Ja, weil ich … ist ne gute Frage, warum? *(Pause)* Na ja, erst hab ich gedacht … *(Pause)* … das geht die nichts an. Mal hab ich mir gedacht, das interessiert die eh nicht. Und vor allen Dingen, aber was hauptsächlich war, war halt, äh, ich … *(Pause)* … Wie soll ich das erklären? Also, ich hab einfach keine Lust gehabt auf dieses emotionale Gefasel. *(Pause)* Und das war, glaub ich, der ausschlaggebende Grund.«

»Wie sieht emotionales Geschwafel aus?«

»Äh, ja, halt dieses, äh, wie soll ich das jetzt erzählen? Ähm … *(sehr lange Pause)* … hm, hm. *(sehr lange Pause)* [*Anmerkung:* Ab hier, wo es um Emotionen geht, wurde sein Redefluss jäh gestoppt, und er wirkte verspannt und nervös.] Ja, von wegen, was weiß ich jetzt, wenn ich meiner Mutter irgendwas vorheule, was weiß ich, boh … *(Pause)* … ja, was jetzt halt das Problem ist und so, äh, und die mich dann trösten will oder sonst was. Ich hab auf so was nie großartig Bock gehabt. Das hat mich immer abgestoßen eigentlich.«

»Abgestoßen?«

»Das ist heute noch so.«

»Das war von Anfang an so?«

»Seit ich denken kann, ist das so.«
»Kam es überhaupt zu Situationen, in denen du vor deiner Mutter geweint hast?«
(sehr lange Pause)
»Nein, hmm.«
»Hast du überhaupt geweint, als du klein warst?«
»Ah, ja, ich hab hin und wieder schon geweint, das kam schon vor. Aber es hat mehr was damit zu tun gehabt, wenn ich … *(Lachen)* also irgendwie Ärger von meinen Eltern gekriegt hab. Dann hat das damit was zu tun gehabt.«
»Du hattest also Ärger mit deinen Eltern, hast dann geweint und bist dann natürlich nicht zu deinen Eltern gegangen, weil du mit denen Ärger hattest, oder?«
»Nee, das war mehr so: Wenn ich wirklich Scheiße zum Beispiel gebaut habe, dann kam es auch vor, dass ich mal was auf die Rübe gekriegt habe. Das waren dann eigentlich wirklich so die einzigen Situationen, dass ich geheult hab, also wenn's wehtat. Also wegen irgendwelcher Schmerzen. *(Pause)* Aber das war meistens auch angebracht, die Strafe. Am Anfang natürlich, wenn das geschah, war ich natürlich nicht so, also, dann hab ich meinen Vater verflucht dafür, aber dann, so ne Stunde später, dann kam doch die Einsicht meistens, ja, das war schon ganz angebracht. Der hat mir ziemlich viele unangenehme Eigenschaften abgewöhnt, also zum Beispiel diese Klauerei. Ich hab ja geklaut wie wild. Das hat er mir abgewöhnt.«
»Wie hat er dir das abgewöhnt?«
»Ja, also, ja, ne Tracht Prügel halt. So. Wenn ich zum Beispiel jetzt irgendwo im Kaufhaus was geklaut hab, mal wieder, das hab ich sehr oft gemacht, wenn ich erwischt wurde, ja, klar, da werden ja die Eltern benachrichtigt und so weiter. Dann hat er mich abgeholt, dann gab's erst mal großes Ge-

schrei, natürlich, logisch, na und dann … dann ne kurze Tracht Prügel, und des war's dann. Aber des war nicht Alltag bei uns. Ich kann das, glaub ich, an einer Hand abzählen, wie oft ich geschlagen wurde zu Hause, ja.« *(Pause)*
»Also, du hast in deinem Leben fünfmal gestohlen?«
»Na, ich hab sehr oft gestohlen, aber ich wurde nicht oft erwischt.« *(Lachen)*
Peter stahl wie ein Rabe, anfangs Süßigkeiten und Spielzeug, später technische Geräte wie Radios und Videorekorder. Seine kleptomanen Tendenzen führte er auf die Leere und Langeweile zurück, die er damals verspürte.
Als Kleinkind war Peter sehr jähzornig. Er beschrieb Situationen, in denen er sich aus blanker Wut des öfteren auf den Boden geworfen hatte, bis er ohnmächtig wurde. Unbeantwortet blieb die Frage, um welche Situationen es sich dabei konkret gehandelt hatte, denn in Gegenwart seiner Eltern hatte er von früh an gelernt, seine Wut im Zaum zu halten:
»Ich habe immer Ja und Amen gesagt, und dann bin ich rausgegangen und dann gab's draußen Ärger. Na ja, wenn es Ärger gab, ging das eigentlich spurlos an mir vorbei. Also, dann war eigentlich nur diese Moralpredigt, die war da, ein bisschen Geschrei hier und da, dann ging mein Vater wieder raus, ich hab mich hingesetzt, und dann hab ich gedacht, okay, das seh ich auch so, nach dem Motto.«
Für Peter stellten die Eltern absolute Respektspersonen dar, während er ihnen gegenüber vollkommen machtlos war. Nie konnte er es ihnen recht machen. Immer hatte er das Gefühl der Unterlegenheit. Aus Angst vor Strafe, wenn er seine Wut zeigen würde, fraß er sie in sich hinein, um sie dann auf der Straße abzureagieren. Peter hatte oft gewalttätige Tagträume, wenn er sich über jemanden geärgert hatte. Diese Gedanken reichten bis zur konkreten Vorstellung ei-

nes Mordes. Immer wieder erwähnte er die Ohnmachtsgefühle, die Unfähigkeit, sich zu rechtfertigen. Er musste vor seinen Eltern panische Angst verspürt haben. Eine Angst, die er bis heute nicht verdaut hatte.

Noch vor einer Stunde hatte er überzeugend Märchen vorgetragen: »Ich hatte eigentlich eine ziemlich gute Kindheit, ich hatte nie Probleme … ich wurde nie geschlagen …« Glaubte er daran, an die heile Familie, zehrte er von dieser verqueren Erinnerung? Nun schob sich die Wahrheit wie ein drohender Schatten über seine Legende. Er sackte in sich zusammen. Die Worte entglitten ihm unfreiwillig, entzogen sich seiner Kontrolle. Die Zunge arbeitete verzögert, mühevoll presste das Zwerchfell den Atem hervor. Das Interview zog sich hin, es hatte gnadenlose Längen, in denen geschwiegen wurde. Ich merkte, wie sehr er sich quälte, überließ ihn dennoch der unheimlichen Stille, die sich in der Zelle breit gemacht hatte.

Auf dem Gefängnishof wurde es plötzlich laut, ein Teil der Insassen hatte wohl Hofgang. Peter drehte sich eine Zigarette. Immer wieder erstaunte mich, wie wenig Tabak sich die Jungs pro Zigarette gönnten, hauchdünn waren die Glimmstängel, mit denen die wachgerüttelten Gefühle beruhigt werden sollten. Peter schwieg, schien sich zu konzentrieren. Er, der allen so überlegen war, er, der mit messerscharfem Geist über seine Mitmenschen zu triumphieren versuchte, befand sich in einer Zwickmühle. Das wusste er. Peter hatte sich verraten, war von der Mär der heilen Familie abgekommen, war in meinem grausamen Netz von Fragen gefangen und musste nun Antwort geben – weniger mir als sich selbst.

Nach dem vierten Lungenzug fand er einen Ausweg: Schuld an dem Desaster war der Bruder.

»Die haben mich da mit meinem Bruder gleichgesetzt. Mit der Enttäuschung, die der gebracht hat. Haben sich wahrscheinlich gedacht, dass ich sie genauso enttäuschen würde. Was ich als ziemlich unfair ansah, aber, na ja, mein Bruder ist auch so ein Kapitel.«

Peter wünschte sich damals sehnsüchtig, ein Instrument erlernen zu dürfen, der Bruder hatte jedoch bereits erfolglos die Musikschule abgebrochen, so dass die Eltern beschlossen hatten, künftig nichts mehr in eine Musikerkarriere zu investieren.

Der Bruder war heftig geschlagen worden, viel ärger als er selber. Peter versuchte, die erlebten Grausamkeiten auszulöschen: War ja nicht so schlimm, eigentlich war alles in Ordnung, nur der Bruder, das war alles arg, vor allem mit der Mutter. Er hingegen kam mit seiner Mutter im Großen und Ganzen recht gut aus. Ihr Erziehungsinstrument, ein Handbesen, verfehlte bei Peter das Ziel. Er lächelte gedankenverloren, als er erzählte, wie wenig er spürte, wenn sie zuschlug. Anders verhielt sich die Sache beim Vater. In der frühen Kindheit, da war die Welt noch in Ordnung, so Peter, erst im zehnten oder elften Lebensjahr begannen die Misshandlungen.

Ich glaube an solche jähen Wandlungen nicht. Eltern sind entweder Schlägertypen oder sie sind es nicht, von ein paar Ausnahmen abgesehen. Kein Vater umsorgt sein Kind jahrelang liebevoll, um dann ausgerechnet in dessen zehntem Lebensjahr derart systematische Strafprozeduren durchzuziehen, wie sie Peter erlebt hatte: Zuerst wurde gepredigt, geschimpft, geschrien, dann wurde Peter ins Zimmer geschickt, wo er ein paar Minuten wartete, voller Angst und Panik. Auf Vollstreckungen zu warten ist unsäglich quälend. Irgendwann kam dann der Vater mit dem Handbesen. Die

Schmerzen waren groß, die Hassgefühle von Mal zu Mal stärker. Aber Peter behauptete, sein Verhältnis zum Vater wäre so ziemlich in Ordnung gewesen, überhaupt die ganze Familienatmosphäre hätte gestimmt, wäre friedlich gewesen.

Mal glaubte ich Peter, mal zweifelte ich an ihm. Seine Vergangenheit war voller Widersprüche, so wie er selbst von Zwiespalt durchdrungen war.

Er setzte sich wieder aufrecht hin und verbarg die schlechten Erinnerungen hinter dem Qualm der Zigarette. Themenwechsel. Er wollte nicht mehr über die Kindheit sprechen, fühlte sich zu sehr ertappt und wurde mir gegenüber feindselig. Das war die Sollbruchstelle. Peter begann mich zu hassen für meine Fragerei. Selbstverständlich hätte er jederzeit aufhören können, aber er wollte nicht, er suchte die Herausforderung, wollte das Duell. Das verlangte sein inzwischen wieder erwachter scharfer Geist, sein Dämon.

Der Kindergarten. Peters Formulierungen waren wieder klar, als er berichtete, wie er diese Zeit erlebt hatte. Er fühlte sich von den anderen Kindern und den Erzieherinnen »gestört«. Eine merkwürdige Formulierung – wodurch fühlt sich ein fünfjähriges Kind im Kindergarten »gestört«? Genaueres wusste Peter nicht mehr, wohl aber, dass er einer Betreuerin die Brotzeittasche ins Gesicht geschleudert hatte. Damals schon sei er durch seine Aggressivität auffällig geworden. Es klang Stolz mit, als er das sagte.

Die Schilderungen von seiner Schulzeit waren konfus. Anfangs erklärte er mir, wie schön die Schule für ihn gewesen sei, um sich zehn Minuten später darüber zu beklagen, wie übel diese Zeit war. Mal wollte er ein ruhiger Schüler gewesen sein, dann beschrieb er sich wieder als überaus aggressiv; mal stellte er sich als beliebt, mal als unbeliebt dar.

Er verhielt sich ruhig in der Grundschule und aggressiv in der Hauptschule. Fest steht, dass Peter seit seinem zehnten Lebensjahr in ständiger Betreuung von Psychologen und Sozialarbeitern war, weil er durch Gewalttätigkeiten aufgefallen war. Andauernd widersprach er sich. Ich glaubte ihm kein Wort, war ständig auf der Suche nach der Wahrheit hinter seinen Worten und verwickelte ihn immer mehr in seine eigenen Widersprüche.

Zwischen dem zehnten und elften Lebensjahr verschlang er Bücher, die die Ideen des Nationalsozialismus beschrieben. Wenigstens tischte er mir nicht die Geschichte des Sechsjährigen auf, der unter der Bettdecke Hitlers *Kampf* verschlungen hatte – eine Geschichte, die mehrere Skins parat hatten. Aber auch so war Peter damals immer noch zu jung, als dass ich seinen Werdegang zum Rechtsextremen hätte nachvollziehen können. Geweckt worden sei sein Interesse durch den Geschichtsunterricht in der dritten Klasse. In der dritten Klasse? Hitler? Wieder glaubte ich ihm nicht, die Erinnerung musste ihn trügen. In der dritten Klasse gibt es keinen richtigen Geschichtsunterricht. »Heimat- und Sozialkunde«, so heißt das entsprechende Fach, da lernt man, was Vögel fressen und wie die Glühbirne funktioniert, nicht aber, was Hitler verbrochen hat.

Jedenfalls hatte die negative Art und Weise, wie Hitler dargestellt wurde, Peter maßlos erzürnt, gleichzeitig verspürte er eine Faszination für diesen Mann, er bewunderte das Böse, das diesem Hitler innewohnte:

»Ja, ich war immer schon jemand, der von Boshaftigkeit fasziniert ist. Also, ich sag das mal vom Bösen an sich. Als ich dann aber so langsam andere Materialien in die Hände bekam, war klar, dass dieser Mann nicht einmal halb so böse ist, wie man ihn darstellt. Aber das hat sich nur noch gefestigt, und für mich stand fest, dass dieser Mann von dieser Zeit verunglimpft wird, von den Medien und so weiter. Der kann nur gut sein. Ja, wie gesagt, alles hat mich an ihm interessiert, alles, alles, sein Leben und der Grundgedanke. Sein ganzes Leben halt hat mich sehr interessiert.«

»Wie hat sich das geäußert, dass du vom Bösen angezogen wurdest, abgesehen davon?«

»Geäußert hat sich das eigentlich nicht. Das war immer nur ein innerer Prozess, jetzt mal abgesehen von der Politik, oder, ja, zum Beispiel, wenn ich nen Horrorfilm anguck. Ich hab da immer gehofft, dass da die andere Seite gewinnt und so. Ich sag jetzt mal: die dunkle Seite. Aber warum? Ich fand die einfach besser.« *(lacht)*

»Ging es da los, dass du das Böse gern hattest?«

»Das fing an mit der Musik bei mir. Ich hab ziemlich krasse Musik gehört, also so Metal, wo also ziemlich viel Aggression drinsteckt. Und die auch noch bestimmte Embleme hatten, wie Totenschädel und so weiter.«

»Das hat dich fasziniert, unabhängig von der politischen Gesinnung?«

»Ja, das war schon immer bei mir so. Anders kenne ich das nicht.«

»Kannst du dich daran erinnern? Warst du ziemlich klein, als dich das erste Mal so ein Totenschädel fasziniert hat?«

»War eigentlich schon so, seit ich denken kann, ist das bei mir. Ich kann dir da kein Alter sagen, wo ich das festgestellt habe. Ich kenn des nur so.«

»Hat dich außer Totenschädeln auch noch etwas anderes interessiert?«

»Ja, doch, ne ganze Menge. Diese … die Aggression. Ich sag mal, dieses Gnadenlose, dieses Brachiale, das hab ich immer gemocht.«

»Als du klein warst schon?«

»Ja.«

»Wie kommt man an so was Brachiales ran, wenn man klein ist?«

»Angefangen hat das ja bei der Musik, ja, und an die Musik kommt man ganz leicht ran, die kann man überall kaufen. Ja, das ist der übliche Weg. Das Gleiche immer. Von Freunden und so weiter …«

»Gab es, als du klein warst, noch etwas anderes außer Musik, was du mit Brutalität verbunden hast?«

»Ja, wie gesagt, dann auch noch diese Filme und …« *(Pause)*

»Im realen Leben?«

»Nee, eigentlich nicht. Ich vielleicht. Ja, mich selbst vielleicht. Weil, ich war eigentlich immer derjenige, der ziemlich brachial losgegangen ist, ohne Rücksicht, ziemlich radikal.«

»Von klein auf?«

»Ja.«

»Hast du dich bestätigt gesehen in den Filmen? Hast du dich selber als böse empfunden?«

»Nun ja, das ist ja so, ich hab mir ne Definition von Gut und Böse geschrieben. Da bin ich zu dem Schluss gekommen, dass man Gut und Böse nicht genau definieren kann. Ich hab mich mit dem identifiziert, was ich gesehen habe. Ja, das kommt schon hin. Ja. Also rückblickend kann ich sagen, dass ich nur sagen kann, dass man das beides nicht definieren kann.«

»Dennoch hast du dich angezogen gefühlt von dem, was böse ist?«

»Ja. Wobei sich im Lauf der Zeit die Einstellung gegen den Führer grundlegend geändert hat. Das war nicht mehr das angeblich so Böse, was mich so angezogen hat, das war die Richtigkeit der Idee, die mich so ....«

Ich unterbrach seinen Redefluss, mochte die Lobeshymnen nicht hören. Wie oft musste ich die unkommentiert erdulden! Argumentieren nützte nichts, das war auch nicht unsere Aufgabe. Diskussionen führten weg vom Ziel. Aufgrund vieler Interviews wussten wir, dass Nichtverstehen zu Aggressionen bei den Skins führte. In ihren Argumenten drehten sie sich im Kreis, das machte Diskussionen doppelt sinnlos. Überall fanden sie Ausreden. Bei einem Interview erging sich ein Skinhead in Ausländerfeindlichkeit, um mit der Vision zu schließen, nach der »Säuberung« Deutschlands wollte er sich im Ausland, vorzugsweise auf den Malediven, zur Ruhe setzen. Da sei er aber massiv unter Ausländern, wandten wir ein. Egal, meinte er postwendend, da gäbe es schließlich zahlreiche andere Deutsche, auf die könnte man sich dann konzentrieren. Mit Peter zu diskutieren hätte in einen dunklen Wald geführt, in dessen Dickicht er von Dämonen und von Hitler berichtet hätte. Ich hätte nicht mehr hinausgefunden, hätte seinen Hass auf mich nur gesteigert, womöglich bewirkt, dass er das Interview unvermittelt abgebrochen hätte.

Also unterbrach ich ihn und gab ihm zu verstehen, dass es mich schlicht und einfach nicht interessierte, was er über Hitler dachte. Er wirkte wütend und zündete sich wieder eine Zigarette an, als ich das Gespräch zurücklenkte auf die von ihm so gehassten Worte Gefühl, Emotion, Liebe.

»Kennst du Gefühle, verspürst du sie? Erzähl darüber!«

Was nun folgte, schlug mich derart in Bann, dass ich kaum schlucken konnte. Peter wand sich wie ein wundes Tier, wechselte die Farbe wie ein Chamäleon, war mal weiß im Gesicht, wirkte dann wieder grün, dann rot vor Zorn. Er knetete seine Hände, rückte den Oberkörper hin und her. Die innere Unruhe spiegelte sich im ganzen Körper wider, die Erregung und Anspannung waren so groß, dass sie offensichtlich eine Adrenalinausschüttung bewirkten: Geist und Körper waren auf Gefecht aus. Es war ein Kampf gegen mich und gegen sich selbst. Und mit dieser einfachen Frage hatte ich das ausgelöst:

»Kennst du Gefühle, verspürst du sie? Erzähl darüber!«

»Nein, kenn ich nicht. Das ist etwas, was ich … *(Pause)* … *(Lachen)* – wie soll ich das ausdrücken? Das ist einfach, ich will es mal so formulieren: Ich würde sagen, das, was unter meinem Hals liegt, ist eine Frostzone.«

»Wo glaubst du denn, dass Emotionen sitzen?«

»Ja, wenn man nach dem Gefasel der Leute geht, dann muss es ne Pumpe geben, so im Bauch, ich weiß nicht.«

»Und was ist mit deinem Kopf?«

»Ja, das ist … ja, das ist so die Denkmaschine des Ganzen. Ich denke lieber.«

»Gefühle sind doch auch im Kopf. Entstehen im Kopf. Klar, aus dem Bauch raus kann man auch handeln, aber letztendlich ist es hier oben.«

»Das mag sein. Ja, eine Kette chemischer Reaktionen.« *(Räuspern)*

»Und die hast du nicht?«

»Ich nehme sie nicht wahr. Also, das will ich mir auch nicht zumuten.«

»Du willst dir das nicht zumuten?«

»Nein.«

»Kannst du das etwas näher erklären?«

»Ja … *(Räuspern)* ich weiß nicht. Das ist ne Geschichte, so, die … boh, das ist alles echt ein kompliziertes Thema. *(Pause)* Das hat, hat, hat was Schwächliches an sich.«

»Gefühle?«

»Ja. Auf jeden Fall. Also, manche, die in diese Richtung gehen.«

»Welche?«

»Ja, zum Beispiel wenn ich so'n Wort sage jetzt, des kann ich nicht mal so denken, dieses Wort. *(Lachen)* Ähm, ich will es auch gar nicht aussprechen.« *(sehr lange Pause)*

»Liebe?«

»Ja, Liebe, genau des Wort. *(Pause)* Ich weiß nicht, das, äh … *(Pause)* … das stößt mich einfach ab. Wenn ich erstens das Wort höre und zweitens, wie soll ich sagen … *(Pause)* … ja, man sieht ja auch, was das bringt, wenn Leute sich deswegen, was weiß ich was für Anstalten, im Endeffekt von chemischen Reaktionen, die nichts bedeuten. So interpretier ich das. Das hat für mich keinen Wert. Das ist nichts. Das gibt nichts.«

»War das immer so?«

»Ja, das war immer so.«

»Wundert dich das, dass manche Leute das empfinden können und du nicht?«

»Nein, das wundert mich nicht unbedingt. Aber es wundert mich, dass andere Leute dauernd versuchen, das auf mich zu projizieren. Ähm …«

»Wie meinst du das?«

»Ja, dass die mir einreden wollen, ich müsste so was doch auch haben. Früher habe ich mich über so was aufgeregt, wenn die mir so gekommen sind, aber mittlerweile finde ich das nur noch amüsant.«

»Wer hat das versucht?«

»Ach, so viele Leute, mit denen ich über dieses Thema gesprochen habe. Wissen Sie, ich bin jemand, der, ähm … *(Pause)* … der viel redet, auch viel philosophiert und dann unter anderem auch über geistige Sachen. Ja, und dann kommt dieses Thema leider sehr oft zu Tage. Und … äh, halt meine Gesprächspartner, auch Psychologenleute. Ja, generell so meine Partner, mit denen ich hier so rede. Meine Eltern. Versucht eigentlich jeder.«

»Und das gibt dir also nichts, das nervt dich?«

»Ja.«

»Verbindest du damit Schwäche?«

»Unter anderem, auch.«

»Was ist da schwach dran?«

»Ja, das ist … *(Pause)* … im Endeffekt ist es ja das Nachgeben … *(Pause)* … nach einem Verlangen, also, was heißt Verlangen? *(Pause)* Sagen wir mal so, das kann auch ausgenutzt werden, mit Unterdrückung und solchen Sachen. Das verleiht Leuten, die vielleicht geistig ziemlich stark sind, einen Angriffspunkt. Etwas, worauf man rumhacken kann. Worauf man abzielen kann. Da muss man den Punkt treffen. Wenn man den Punkt trifft, liegt der andere meist gleich am Boden. Und das ist die Schwäche, die dabei herauskommt.«

»Woher weißt du das?«

»Ausprobiert. Man beobachtet das ja auch.«

»Ausprobiert?«

»Ja, bei anderen zum Beispiel. Wenn die mir irgendwie kommen wollten damit, was weiß ich, ich kann da keine speziellen Beispiele nennen. Und die gehen mir auf die Nerven. Ansonsten bin ich eigentlich nur jemand, der das beobachtet, wie sich die Leute zum Narren machen lassen.«

»Andere Gefühle? Es gibt ja noch andere Sachen außer Liebe. Zum Beispiel Trauer.«

»Trauer ist was Nachvollziehbares. Das ist verständlich. Aber nie intensiv wahrgenommen so. Kann man nicht sagen.«

»Ist bei dir aus dem Bekanntenkreis mal jemand gestorben, den du mochtest?«
»Nein, eigentlich nicht.«
»Ein Tier?«
»Mir wurde mal mein Hase geklaut, das war aber auch alles. *(böses Lachen)* Sonst eigentlich nichts Großartiges irgendwie, was mich fertig machen würde oder so.«
»Wut ist auch ein Gefühl …«
»Wissen Sie, jetzt muss ich wieder einmal eine meiner Theorien ins Spiel bringen. Eine meiner Hasstheorien. Ich definiere Hass nicht so als Emotion oder so was. Es gibt für mich zwei verschiedene Arten von Hass. Das ist einmal der kalte, berechnende Hass und dann dieser jähzornige, dieser unkontrollierte. Aber ich würde beides nicht als Emotion bezeichnen. Ich weiß nicht, wie ich die sonst nennen soll. Ich kann nur einfach meine Theorien nennen.«
»Was ist es dann, wenn es keine Emotionen sind?«
»Das sagte ich ja gerade. Ich kann es nicht genau benennen. Ich kann es einfach nur so als meine Philosophie benennen. Und …«
»Warum willst du es aus den Emotionen ausklinken?«
»Na ja, weil es, erstens ist es niemals was Schwaches, wenn man es richtig anwendet … *(Räuspern)* und, ja, man … *(Pause)* … das ist zweitens, das ist, was niemand möchte. Ja, Hass, da merk ich, dass das viele Leute abstoßend finden oder finden möchten, ja, und drittens, ja, man … *(sehr lange Pause)* … ja, es ist einfach was Höheres.«
»Höher als was?«
»Nun ja, als dieses Glückliche, ja, boh, des ist echt schwer zu erklären. Das kann man nicht. Ja, Hass ist etwas, was immer schon da war, ja?«
»Bei wem?«

»Bei allen.«
»Also, Hass ist etwas Menschliches, meinst du?«
»Nicht nur, generell. Es war immer schon irgendwie da. Etwas … das ist auch etwas, was da sein wird, wenn hier mal, wenn hier mal Schicht ist.«
»Wenn hier was ist?«
»Wenn hier mal Schicht ist. Wenn hier mal Ende ist auf der Bühne, dann wird das auch noch da sein.«
»In welcher Form?«
»Ja, sagen wir mal … *(Pause)* … stellen wir uns mal vor: Atomkrieg. Nur jetzt so reine Fiktion. Ja, dann hat Hass am Ende gewonnen, irgendwo.«
»Klar, aber dann ist nichts mehr da, auch kein Hass mehr.«
»Ja, doch, der ist da. Irgendwo, irgendwie.«
»Okay, unabhängig davon, ob du meinst, dass Hass Emotion ist oder nicht, nennen wir es einfach Gefühl, es ist ja nicht nur rein Ratio, du hast das selber definiert, der eine Hass ist unmittelbar und jähzornig und der andere ist …« Peter unterbrach mich, er wurde immer schriller und aggressiver.
»Aber ich sage: keine Emotion! Das ist mehr ein Impuls. Dieser jähzornige, dieser wütende. Das ist mehr ein Impuls vom Hirn aus. Ich sag da gern Dämon zu. Ja, ein Impuls, der weitergegeben wird. Und dann, wo einfach, ich sag jetzt einfach mal: Tilt ist, Schluss ist.«
»Ein Dämon?«
»Also, der Dämon ist das Wesen, das den Charakter formt und so weiter. *(Pause)* Weil, ja, ähm, das ist auch ne lang gesteckte Theorie, an der ich monatelang überlegt habe. Ja, der Dämon ist, ja: unser pures Wesen, sozusagen, wie das im Endeffekt aussieht, das weiß keiner.«
»Der Dämon, ist der verbunden mit Hassgefühl?«
»Bei mir zumindest, nicht bei jedem. Nicht bei jedem. Viel-

leicht sogar bei den wenigsten, wer weiß. Ja … *(Pause)* … wie gesagt, niemand weiß, oder ich weiß nicht, wie der Dämon bei mir aussieht oder bei Ihnen oder generell.«

»Du hast gesagt, bei dir schon.«

»Nein, ich kann nur diesen Dämon als Impulsgeber jetzt … ich sag mal: Hirn, weil das Hirn verkörpert das.«

»Und wann gibt der Dämon Impulse?«

»Ja, wenn das Adrenalin zu heftig ist, ja? Also der Adrenalinschub. Wo man dann irgendwann sagt, boh, jetzt ist es aber genug.«

»Dann kommt der Dämon ins Spiel?«

»Dieser Impuls, ja.«

»Dieser Impuls, was löst der dann aus?«

»Ja, Raserei. Und, ja, das Bedürfnis nach Blut. Dass Blut fließen muss. Oder nach Zerstörung. *(lange Pause)* Also, ich bin keine gespaltene Persönlichkeit oder so was, das ist vielleicht ne Metapher für etwas, was man nicht immer erklären kann.«

»Warum kommst du immer auf das Thema der gespaltenen Persönlichkeit zu sprechen?«

»Ja, weil die Leute das oft denken, wenn ich hier so irgendwas erzähle.«

»Welche Leute?«

»Die Leute, mit denen ich rede. Die ich auch eben schon genannt habe … Die denken, ich hab ein Rad ab.« *(lacht)*

Ich fragte ihn, ob er außer dem Dämon noch etwas anderes im Kopf hätte. – Natürlich nicht, er sei vom Bösen beherrscht, sagte er lachend. – Ob er stolz darauf sei? – Nein, das Böse, der Dämon sei naturgegeben.

»Jeder ist irgendwo sein Dämon. Der Dämon bin ich pur, pur, also pur, absolut ohne … einfach ich, mein Wesen. Stolz, ich weiß nicht, ob man darauf stolz sein kann. Das ist halt so. Ich weiß auch nicht, ob das schlimm ist, so was zu hören. Das interessiert mich auch nicht.«

»Du sagst, du wachst in der Früh auf und hast Hass in dir. Kannst du das beschreiben?«

»Ja, das, ähm, also, wenn ich jetzt aufstehe morgens, ich weiß nicht, dann … *(Pause)* … meist ist es so, dass, wenn ich aufwache, der Kopf arbeitet schon. Und dann denk ich über irgendwelche Leute nach oder über irgendeine Situation oder sonst was, ja, und dann … *(Pause)* … dann merk ich nur noch, wie die Adrenalinpumpe angeschmissen wird sozusagen und, ja … *(Pause)* … dass ich tierisch wütend werde. Nicht direkt wütend, aber meine Laune senkt sich doch rapide. Das geht von ganz alleine, das ergibt sich ganz automatisch.«

»Wie gehst du damit um?«

»Wie gehe ich damit um? *(Pause)* Eigentlich mach ich da nichts Besonderes. Das akzeptiere ich so. Eigentlich mag ich das so. Es ist nur manchmal schwer, wenn die Leute einem dann so mit guter Laune über den Weg laufen. Ja, guten Morgen, ich kann das nicht haben, wenn ich morgens begrüßt werde zum Beispiel. Da muss ich dann sagen: Begrüß mich morgens nicht, weil, ich kann das nicht ab. Nach ner Zeit kapieren die das dann auch … Ich kann damit umgehen, ich hab da nicht das Bedürfnis, auf jemand einzuschlagen. Ich muss da einfach nur für mich alleine sein in solchen Momenten. Das ist, glaube ich, das Beste so.«

»Gibt es auch mal Zeiten, in denen du gute Laune hast?«

»Morgens oder generell? Gute Laune? Nein. Es gibt Momente, wo – aber das ist ne Ausnahme und das dauert nicht sehr lange – sich die Stimmung hebt, aber das dauert nicht sehr lange.«

»Was sind das für Momente, wenn sich deine Stimmung hebt? Was ist da der Auslöser?«
»Ja, heiteres Gespräch oder so.«
»Was ist da die Thematik?«
»Ja, also … so unwesentliche Klamotten. Oder wenn man sich lustig macht über das Fernsehen oder wenn da was kommt oder solche Sachen. Alltagsgespräche, wo im Endeffekt nichts dahinter steckt. Das sind dann so die Momente, wo ich bessere Laune kriege. Wo man vergisst, dass man den Gedanken … äh, ich sag mal, dass man diesen bösen Gedanken mal vergisst für einen Moment, ja. Aber danach ist's auch schon wieder vorbei. Ich glaube, das ist das, was so die Beherrschung fördert, irgendwie.«
Wenn der Dämon den Impuls gibt, dann muss Blut fließen, hatte er gesagt. – Welches Blut?, wollte ich wissen. – Das sei egal, und wenn es sein eigenes sei. Einmal ritzte er sich nach einem Streit mit einem Kollegen ein Hakenkreuz in den Arm. Sobald er das warme Rot die Wangen hinunterfließen spürte, war er befriedigt und wurde ruhig.

Es war Mittagszeit, die Inhaftierten mussten zurück in ihre Zellen, um sich dann zu versammeln und gemeinsam Essen zu fassen.
Ich traf mich mit Clara und Oliver. Schweigend wanderten wir über den Sportplatz zur Kantine, die üblichen Pfiffe begleiteten uns. »Hier pfeifen uns die Männer wenigstens noch hinterher, hier sind wir wer«, meinte Clara lapidar. Ein Witz am Rande des Kerkers. Der Müll stapelte sich unter den Fenstern. »Da werden jetzt bald Netze gezogen, damit die den Müll nicht mehr rauswerfen«, erklärte uns ein bestens gelaunter Beamter. Wie man sich an einen solchen Alltag nur gewöhnen kann …

Es gab Currywurst, angeblich der Deutschen Leib- und Magenspeise, wie ich später in der Zeitung las. Eigentlich hatte ich gut gefrühstückt, sozusagen auf Vorrat gegessen, hatte mich gewappnet, um das schwere Kantinenessen auszulassen. Heute wurde ich jedoch einfach nicht satt. Mich lockte sogar der Nachtisch, ein Apfelstrudel. Ich fraß alles in mich rein. Oliver staunte nicht schlecht, als ich mir für alle Fälle noch einen Marsriegel kaufte.

Nach dreißig Minuten Pause befanden wir uns auf dem Rückweg durch einen liebevoll gepflegten Garten – vom Stil her ganz typisch deutscher Schrebergarten. Bauten sich die Gefangenen hier eine heile Welt? Mit Hasen und Radieschen?

Peter wartete schon. Er rauchte eine Zigarette, schien Kraft getankt zu haben, war gerüstet. Das Duell ging weiter.

Wir kamen auf Aggressionen zu sprechen. Peter meinte, er sei im Knast deutlich ruhiger geworden. Bei Konflikten warte er erst einmal in Ruhe ab, doch sei diese Ruhe eine bedrohliche. Es muss die Ruhe vor dem Sturm sein, dachte ich.

In seinem Kopf hatte Peter eine Feindwelt aufgebaut, aus der sich sein Verlangen nach Hass begierig Nahrung holte. Sobald er entlassen würde, stünde er vor großen Problemen, das weiß er, und mir wurde klar, dass seine Umwelt das massiv zu spüren bekommen würde. Mich gruselte bei dem Gedanken an seine Freiheit:

»Ja, ich weiß nicht. Das wird auch schwer für mich werden. Wenn ich so von Freigängern höre oder ... ja: von Freigängern höre, was draußen los ist ... *(Pause)* ... Dummköpfe, die. Da würde ich mir denken, am liebsten, ach komm, bleib hier. Das meine ich natürlich nicht ernst.«

»Warum hier bleiben? Zum Schutz der anderen oder zu deinem eigenen Schutz?«

»Wahrscheinlich zu meinem eigenen oder, ja, eigentlich beides. Das kann auch sein. Beides. Weil, so wie ich das miterlebe, was da draußen los ist, das wird ja immer schlimmer. Da war es, als ich noch draußen war, noch richtig normal, kann man fast sagen. Ja, ›normal‹ ist auch so ein Begriff, der mir nicht gefällt.«

»Was ist das Schlimme da draußen?«

»Diese Dummheit, auch diese Perversion, die da draußen abgeht.«

»Zum Beispiel?«

»Ja, jeder denkt nur noch … ja, es gibt so nen schönen Satz. Die denken nur noch an zwei Sachen: Koitus und Konto. Die haben anscheinend keine anderen Sorgen mehr, aber wenn sie wollen, bitte. Es war mal, das war ja das, so wirklich, was mich zum Denken animiert hat. Und ich habe mich gefragt, was kann man dagegen tun.«

»Gegen Koitus?«

»Nein. Nicht generell. Nein: nur das ist so pervertiert. Dass es Hauptthema ist und, was weiß ich, die perversen Sachen geschehen. Da habe ich mich gefragt, was kann man gegen diese Massenperversion eigentlich tun. Was kann man dagegen machen?«

Ich halte Peter für gestört. Hätten Sie sein Verhalten gesehen, seine Stimme gehört, seinen Hass erfühlt, dann ginge es Ihnen wie mir. Ich hatte den Fall verdrängt, nachdem ich lange und ausführlich mit meinen Kollegen darüber gesprochen hatte. Jetzt, während ich hier sitze und die Worte niederschreibe, die Peter wie ein Dämon ausgespuckt hat, werden die Erinnerungen an ihn besonders klar. Ich spüre wieder die Wut, die ich im Knast ihm gegenüber empfunden hatte. Gleichzeitig merkte ich damals, dass diese hochgradige Antipathie von Peter erwidert wurde, und es war lediglich seinem Ehrgeiz, seinem Kampfgeist zuzuschreiben, dass er das Interview bis zum Ende durchgezogen hat. Bei den meisten Interviews saß ich in Reichweite eines Notknopfes. Nie hatte ich Angst oder fühlte mich unbehaglich, doch Peters Gegenwart ließ mich immer wieder überlegen, was ich im Notfall zu tun habe. Stets auf der Hut fieberte ich dem Ende des Gesprächs entgegen.

Allmählich zeigte Peter sein wahres Wesen. Vor meine Füße ergoss sich ein übler Gedankenbrei. Ich hatte Recht, er war nicht mehr Herr seiner Sinne, und das wusste er selbst.

»Ja, und dann, nachdem dann dieser psychische Wandel jetzt kam, so, nachdem ich das durchgemacht habe, da habe ich gedacht, man kann nichts tun.«

»Was hast du durchgemacht?«

»Ja, ich weiß nicht, das war so ne Art Absturz. Vom vielen Denken.«

»Wie sah der Absturz aus?«

»Das ist ne sehr unangenehme Sache, also … *(Pause)* … Ich wusste nicht mehr, wo oben und unten ist sozusagen. Ich habe mir einfach zu viele Fragen gestellt, zu viel nen Kopf gemacht. Ist das richtig, und ist das richtig. Man kann das nicht beschreiben.«

»Wann war das?«

Es entstand eine ewig lange Pause. Peter begann am ganzen Körper zu zittern, die Hände waren kalkweiß, sein Gesicht blutleer.

»Letztes Jahr, da fing das an. Im Februar, glaube ich. *(Er wirk-*

te sehr deprimiert.) Wenn ich das wüsste. *(sehr lange Pause)* Es fing eigentlich so mit Selbstzweifel an.«

»Was hast du konkret bezweifelt?«

»Ja, meine Fähigkeit, meine geistigen Fähigkeiten. Ob das so richtig ist und ob das so bleibt, mein geistiger Zustand.«

»Welcher Geisteszustand?«

»Ja, diese Hochform, kann man so sagen …«

Tag und Nacht hatte er seine wirren Gedanken niedergeschrieben. Es waren Zeilen, die niemand verstand, die niemanden interessierten. Im Geist wollte er eine neue Welt, eine neue Gesellschaft erschaffen. Er sprach von Essays, die in seiner Schublade verstaubten. Alles, was er bislang getan hatte, stellte er in Frage, sich selbst, seine Umwelt, die Menschheit, Gott.

Mittlerweile sah er mich nicht mehr an. Das tat mir gut. Ich musste mich nicht mehr von seinen bedrohlichen Augenschlitzen durchbohren lassen. Sein Kopf war gesenkt. Starr blickte er den Boden an, als suchte er im grauen Linoleum jenen Sinn, den er seinen Wörtern nicht mehr geben konnte. Er wollte reden, wusste nicht mehr wie. Ausgerechnet er, der so redegewandt angefangen hatte, so cool und überlegen war, der seine Kollegen angeblich in Grund und Boden argumentieren konnte. Nun hatte er in meiner Gegenwart einen seiner gefürchteten Abstürze. In Gegenwart einer Unbekannten, einer Frau, einer Person, die noch nicht einmal hören wollte, wie toll Hitler war.

»Es war wie so ein Geschwür, was sich festsetzte. Ich konnte nicht mehr aufhören. Ich konnte nicht mehr. Mein Kopf war immer schon hyperaktiv. Ja, also … schon seitdem ich Kind war. Und das wurde zu extrem. Ich konnte einfach nicht mehr aufhören zu denken.«

Peter verglich sich mit einem Computerabsturz. Seine Ge-

danken kreisten um sich selbst, um die Welt da draußen, selbst um die Frage, warum er Gitarre spielen kann, warum ein Kind sprechen lernen kann und so weiter und so fort. Sein Denken jagte ihm panische Angstattacken ein:
»Angst vor mir selbst. Angst vor diesem Nicht-aufhören-Können.«
»Hattest du Angst, dass du verrückt wirst?«
»Ja, das ist das erste Mal, dass ich darüber rede. Darum finde ich auch keine Worte. Ich finde sonst immer die richtigen Worte.«
In seinem Lebenslauf kamen wir einfach nicht weiter. In der dritten Klasse waren wir stehen geblieben, in jener Zeit, in der sein Interesse für das Böse Hitlers geweckt worden war. Ich versuchte in die Realität zurückzukehren – wie war es weitergegangen mit Peter, wie kam er in die Clique? Wie kam es zu den Straftaten? Er jedoch war weit davon entfernt, wieder zurück in die Vergangenheit zu tauchen, er musste mich wissen lassen, dass er der Gesellschaft den blanken Hass ins Gesicht spucken würde. Das war sein Plan: die Menschen hassen, so sehr wie sich selbst. Lebenswert sei ohnehin nichts mehr. Die Menschen draußen seien pervers, krank, psychisch voll daneben.
Nur auf mein Insistieren hin versetzte er sich dann doch zurück in jenes Alter, bei dem wir aufgehört hatten. Er hatte kurz das Gymnasium besucht, doch das machte ihm keinen Spaß. Darum schwänzte er die Schule, bis er rausgeworfen wurde. Dann trieb er sich herum.
Mit vierzehn vergoss er das letzte Mal Tränen – er weinte vor Schmerz und Wut, als er von seinem Vater geschlagen wurde.
»Das ist so, wenn man eine Wut nicht rauslassen kann, ich nenne das Hasstränen, ich weiß nicht, das drückt irgendwie

auf die Tränendrüsen, wenn man so angespannt ist. Keine Ahnung, das ist Ohnmacht, Ohnmacht. Das ist völlig zum Kotzen, wenn ich mich nicht wehren kann.«

An diesem Punkt provozierte ich ihn, weil er immer wieder von sich aus von Schlägen berichtete. Ich erinnerte ihn daran, dass er eigenen Angaben zufolge in seinem Leben nur fünfmal geschlagen worden sei. Peter richtete sich auf und brüllte mich an: »Muss man eine schlechte Kindheit gehabt haben, um zu hassen?« – Das wüsste ich nicht, erwiderte ich, er solle nach der Antwort suchen und dabei berücksichtigen, dass *er* es sei, der immer wieder von Ohnmachtsgefühlen erzählt hatte.

Er sprang vom Stuhl auf, irrte wie besessen durch den Raum, ging mit schnellen Schritten auf mich zu, überschritt die gewohnte Distanz, innerlich wie äußerlich. Er kam mir so nahe, dass ich seinen Atem spürte, in seine hassverengten Augen blickte. Ich hatte wahnsinnige Angst. Mit rauchigem Atem und gellender Stimme schleuderte er mir entgegen:

»Die Leute wollen nicht, dass man ihnen hilft. Und wenn sie es nicht wollen, dann sollen sie verrecken. Die sind das einfach nicht wert … Ich sage nur noch, die meisten da draußen, ja, sind nicht mehr lebenswert. Ich warte nur noch, dass das hier endlich vorbei ist. Das hat ja keinen Sinn mehr. Was soll's denn noch?«

Langsam zog er sich zurück, setzte sich heftig atmend auf seinen Stuhl. Sein Keuchen und mein Herzklopfen waren das einzige, was die Stille durchbrach.

Nach mehr als sechs Stunden war nichts mehr zu sagen.

Ich legte Peter einen abschließenden Fragebogen vor.

Es war so weit, meine Arbeit war getan. Der Beamte wartete schon, um Türen auf- und zusperren zu können. Da ging er von dannen, der personifizierte Hass. »Sie sind der einzige Mensch, der davon weiß …«, hatte er mir noch zugeraunt.

Er war mir unheimlich, unberechenbar, dieser Dämon ohne Zukunft, ohne Hoffnung, auf der Suche nach der Endlösung, nach dem Ende des Hasses in sich selbst.

Marko ist schwarz

»Ich mag keine Ausländer, und ich frage mich, warum an unserer Schule so viele davon rumlaufen.« Immer nach der Schule hat Antonin schlechte Laune. Täglich gegen 13 Uhr sitzt er vor seinem Teller und beginnt erst dann mit dem Essen, wenn er sich ausgiebig über alle möglichen Mitmenschen beschwert hat. Oft sind es die Jugendlichen, die im Bus immer die besten Plätze besetzen, oder die Lehrerin, die ungerecht war. Manchmal hat er auch seinen Tischnachbarn dick, wenn der ihn nicht abschreiben lässt. Wut hat Antonin nach der Schule fast immer. Renein unterstützt ihn tatkräftig. Schuld haben immer die anderen, die waren ungerecht, und meine »harmlosen« Zwillinge sind unfehlbar.

Alles staut sich bei ihnen während der Schulzeit an, der Bewegungsdrang wie auch der Harn- und Stuhldrang. Pünktlich um 13 Uhr 15 stehen beide Zwillinge vor der Toilette; wenn die Geschäfte im Sitzen zu erledigen sind, folgt ein kurzer, heftiger Streit um die Klobrille. In der Schule aufs Klo gehen kommt nicht in Frage.

Nach dem gemeinsamen Händewaschen nehmen sie am Tisch Platz und schimpfen los. Ich höre zu, darf tunlichst nichts dazu sagen, weil ich ohnehin nichts »checke«. Früher habe ich die empathischen Fähigkeiten meiner Kinder mit so plumpen Sätzen zu fördern versucht, wie: »Sieh mal, der andere fühlt sich vielleicht zurückgewiesen oder allein, seid doch ein bisschen nett zu ihm …« Mit solchen pädagogischen Konzepten bin ich jedoch kläglich gescheitert, und so habe ich eingesehen, dass Kinder Feinde brauchen. Diese Feindschaften münden so schnell in Freundschaften wie diese sich in Feindschaften verwandeln. Montags verabreden sich die Zwillinge mit Andi, und Christian ist ein Depp. Dienstags kommt Wolfgang zu Besuch. Andi wird nicht eingeladen, weil er geizig ist. Zu Stephan wollen sie nicht, weil Christian auch dort ist – und der ist immer noch so blöd. Am Donnerstag gibt's Streit mit Wolfgang und siehe da, Christian soll kommen. Am Freitag haben meine Kinder Geburtstag – und wer ist eingeladen? Christian, Wolfgang, Andi und Stephan.

Ich empfinde diese Ablehnungs- und Versöhnungszeremonien als soziale Übungen. Kinder probieren aus, wie weit sie gehen dürfen. Dass sie jemanden verletzt haben, merken sie daran, wenn sie ausgegrenzt werden. Sie lernen sich zu verteidigen und zu kämpfen – in diesem Alter durchaus auch auf physischer Ebene. Schlägereien im Pausenhof und auf dem Schulweg sind gang und gäbe, solange sie den Rahmen der Fairness nicht allzu sehr sprengen. Kinder lernen aber auch, sich wieder zu versöhnen und zu verzeihen. Strategisches Überlegen spielt dabei noch keine Rolle, zwischenmenschliche Entscheidungen fällen Kinder intuitiv, sozusagen aus dem Bauch heraus.

Sämtliche wichtigen Komponenten für das menschliche Zusammenleben werden im Kindergarten und vor allem in der Schulzeit gelernt, im Zeitraffer. Störungen in diesem Lernprozess ergeben sich dann, wenn man zum Außenseiter wird, nicht akzeptiert ist, wenn man sich alleine fühlt, keine Freunde hat. Ausgestoßen wird, wer die Norm sprengt, zu weich oder zu hart ist, zu schwach oder zu stark.

Der Schwache wird verachtet, der Überstarke gefürchtet. Dieses Regelspiel ist unerbittlich, dennoch geben sich Kinder Chancen, sie können schneller verzeihen als Erwachsene, scheint mir.
Jeden Tag um 13 Uhr 20 werde ich diesbezüglich auf den neuesten Stand gebracht. Ich verfolge die zwischenmenschlichen Wechselspiele mit Spannung, Interesse und oft auch mit einem gewissen Amüsement.
Doch heute mische ich mich wieder ein, meine moralische Verantwortung macht mich wieder zur plumpen Empathiepädagogin.
»Wieso hasst du Ausländer?«
»Weil sie nicht Deutsch können. Außerdem ziehen sie sich anders an, immer so komisch.«
»Und deswegen hasst du sie?«
»Ja.«
»Und ich auch«, kräht Renein und setzt noch eins drauf: »Was wollen die hier, die haben doch ihr eigenes Land?!«
»Es stimmt, sie haben ihr eigenes Land, aber da geht es vielen nicht gut, die werden verfolgt, weil sie eine andere Meinung als die Politiker haben – oder aber es ist Krieg, wie zum Beispiel beim Davor, in dessen Land ist Krieg gewesen.«
»Selber schuld, wenn die Krieg haben«, motzt Antonin.
»Was kann zum Beispiel der Davor dafür, dass Krieg in seinem Land war?«
Keine Antwort.
»Warum hasst man jemand, nur weil er anders spricht?«, frage ich.
»Weil es mich nervt, wenn ich nicht verstanden werde«, entgegnet Renein.

Ausländer sind des öfteren Gesprächsthema zwischen mir und den Kindern, zum ersten Mal, als sie dreieinhalb Jahre alt waren. Da besuchte mich eine Freundin, die einen brasilianischen Jungen adoptiert hatte. Marko war für seine vier Jahre verhältnismäßig groß und kräftig, hatte dunkle Locken und eine ebenso dunkle Hautfarbe. Sein Deutsch war gebrochen. Zu uns kam oft Besuch, meistens Freundinnen mit Kindern im gleichen Alter wie die Zwillinge. Für uns Mütter war das angenehm, weil wir uns in Ruhe unterhalten konnten, während die Kinder miteinander spielten. Markos Gegenwart jedoch führte stets zur Katastrophe. Vor allem Antonin bekam Tobsuchtsanfälle, sobald er Marko auch nur von Weitem sah. Er stemmte sich gegen die Haustür, um den Eindringling fern zu halten. Marko durfte keine Spielsachen berühren, nicht in meine Nähe kommen, das Kinderzimmer nicht betreten, keinen Kuchen essen, er durfte nichts bei uns tun, ohne dass sich Antonin die Seele aus dem Leib schrie. Renein sah das Ganze zwar nicht so eng, unterstützte seinen Bruder jedoch nach Kräften. Wir Mütter waren ratlos. Es half weder Strenge noch gutes Zureden. Wir beschlossen, die Kinder nicht mehr zusammenzubringen. Der Grund: Die Zwillinge fanden, Marko sei zu schwarz.

In der ersten Klasse spielten Ausländer zum zweiten Mal eine Rolle im Leben der Zwillinge, als sie mit dem bereits erwähnten Davor dick befreundet waren. Davor war ein Kosovo-Albaner, der in einer verlassenen Mühle wohnte beziehungsweise hauste. Er teilte sich ein zirka fünfzehn Quadratmeter kleines Zimmer mit drei Geschwistern, Mutter und Vater. Die Jahre zuvor waren er und seine Familie ständig umquartiert worden, wenn die maroden Gebäude, die ihnen als Unterkunft dienten, dem Abriss freigegeben wurden. Somit war er auch in seiner zweiten Heimat irgendwie heimatlos. Davor war oft bei uns zu Besuch, was mir nach einigen Wochen nicht mehr gefiel, denn er führte folgende Spiele ein: Blumen im Schlossgarten »schlachten« beziehungsweise »köpfen«, Fliegen eines Flügels entledigen, Regenwürmer in der Mitte durchtrennen. Vor allem aber Totschläger bauen: Totschläger aus einem Ytongstein, Totschläger aus Holz, Totschläger aus in Draht gewickelten Steinen, Totschläger aus alten Radios. Mit solchem Werkzeug ausgestattet, stiefelte er mit den Zwillingen als Kriegseskorte über die Straße, um das Dorf so unsicher wie möglich zu machen. Eines Tages klingelte ein erboster Nachbar an meiner Tür und beschwerte sich, einer der Jungs sei mit gezücktem Messer vor seiner Tochter gestanden. Schluss, aus. Fortan entwickelte ich beträchtlichen Aufwand, um ein außerschulisches Wiedersehen mit Davor zu verhindern. Jeder Nachmittag war ablenkungstechnisch mit Aktivitäten ausgefüllt: Ich fuhr mit den Kindern Fahrrad, ging mit ihnen ins Kino und zum Schwimmen, sammelte Pilze, bis Davor endlich out und Wolfgang in war.

In der zweiten Klasse wurden die Kinder Augenzeugen einer massiven Attacke: Ein Erstklässler schlug in der Pause seinen Klassenkameraden, ein Asylantenkind, mit einer großen Glasflasche zu Boden. Der kleine Bub blieb, am Kopf stark blutend, ohnmächtig liegen, bis er vom Rettungsdienst ins Krankenhaus gebracht wurde.

Zu Beginn der dritten Klasse kam es zum ersten längeren Gespräch über Ausländer. Um 13 Uhr 20 am Küchentisch erklärte mir Antonin, Wolfgang sei ein Ausländerhasser, fände Kriege toll. Immer sei er mit diesen komischen grünen Armeehosen gekleidet: »Mir geht das Kriegsgefasel auf die Nerven. Mama, was ist schon so toll am Krieg und was so schlimm an Ausländern?«, wollte er wissen. Ich erklärte ihm ausführlich, dass Kriege Grauen erregend und Ausländer in Ordnung seien. Das sah er ein und begab sich am nächsten Morgen mit der Absicht auf den Schulweg, Wolfgang zu missionieren.

Mittags dann um 13 Uhr 20: Ja, er hätte ihm die Meinung gesagt, und überhaupt, Wolfgang sei nicht mehr sein Freund.

Zehn Monate später nun dieses entschlossene: »Ich mag keine Ausländer«. Moralische Sprüche, sachliche Argumente helfen nicht, ich kann allenfalls mein Missfallen äußern. Je ernster und entschlossener ich nämlich Partei für Ausländer ergreife, desto vehementer schimpfen sie über die Jungs mit den dunklen Augen, den alten Hosen und dem merkwürdigen Akzent.

Es ist nun einmal so, Montag war Wolfgang der Feind, Dienstag Marsil, Mittwoch der Stephan und Freitag eben Ausländer. Den Ausländerhass, den meine Kinder verspüren, will ich nicht als Hass bezeichnen.

Moralvorstellungen beginnen erst in ihrem Alter langsam Gestalt anzunehmen, noch sind sie formbar, lassen sich in gute Bahnen lenken – vorausgesetzt, die Kinder verfügen noch über Einfühlungsvermögen und die Fähigkeit zu empfindsamen und innigen Gefühlen. Das ist bei meinen Kindern der Fall, dessen bin ich mir sicher.

Die Boa

Ich sitze in der Küche und lese Zeitung.

Auf den Philippinen hocken die Geiseln immer noch eingepfercht in einer kleinen Hütte, ganze fünfundzwanzig Quadratmeter haben sie Platz. Viele sind inzwischen zu schwach, um zu sprechen. Die Welt interessiert sich für ihr Schicksal, auch drei Deutsche sind unter ihnen. Es sind Menschen, die dem Alltag entfliehen wollten, die in der Sonne schmorten, das Meer und die Langusten genossen, bevor sie ein Terroristenkommando entführte.

In Hessen können Straftäter, mit elektronischen Fesseln versehen, Bewährungsstrafen in ihren Wohnungen absitzen.

Der Kriegsverbrecher Erich Priebke, der an den Gräueltaten in den Ardeatinischen Höhlen beteiligt war, meldet sich zu Wort: »Wir konnten uns nicht vorstellen, Entscheidungen von höheren Kommandostellen zu diskutieren«, sagt er, und dass er den »fragwürdigen öffentlichen Exhibitionismus der so genannten Reumütigen nicht gutheißen« kann. Daneben ein Foto seines Gesichts. Wer weiß, wer alles in Todesangst in diese Augen blicken musste.

Die französische Gartenzwergbande hat wieder mal zugeschlagen. Diese selbst ernannte Befreiungsfront lässt Gartenzwerge aus Vorgärten verschwinden, um ihnen in der Natur freien Lauf zu lassen. Kurzfristig denke ich über die Gründung einer ebensolchen Bande nach, die sich der bajuwarischen Löwen aus oberbayerischen Vorgärten annehmen sollte.

Renein sitzt auf meinem Schoß und will jedes in der Zeitung abgebildete Foto kommentiert haben: »Warum ist der in der Zeitung? Wer hat das Foto gemacht? Wen interessiert es, wie der aussieht? Weiß der, dass er in der Zeitung ist?« Fragen über Fragen. Es ist spät, ich will noch schreiben, ich will, dass die Kinder endlich ins Bett gehen.

Renein fällt das Wort »Skinhead« ins Auge: »Mama, da haben wieder Skinsheads was gemacht.« In der Tat, sie haben Vietnamesen aus einem Auto gezogen und sie niedergetreten. Renein will mehr wissen: »Warum machen die das? Sind die so stark? Ist Skinshead ein Beruf? Was ist ein Vietnamese? Warum mag die der Skinshead nicht? Was haben eigentlich deine Skinsheads gemacht?« – Wie das klingt: »*deine* Skinsheads!« – »Was hat eigentlich der eine Skinshead gemacht, wo du gesagt hast, dass es zu brutal ist, dass du uns das erzählst?«

Ich weigere mich zu antworten: »Du bist zu klein!«

»Nein, bin ich nicht, sag, sag schon!«

»Nein, dann kannst du nicht schlafen.«

»Hat der was in die Luft gesprengt?«

»Nein.«

»Hat er jemanden getötet?«, bohrt Renein nach.

»Fast.«

»Wie?«

»Renein, geh jetzt ins Bett, ich muss noch arbeiten!«

»Erst wenn du mir sagst, was der gemacht hat.«

Und dann strahlt mich Renein an, setzt sein ehrlichstes Gesicht auf, schaut mir tief in die Augen und sagt: »Ich versprech, ich mach's auch nicht nach!«

Der Plan stand fest. Heute wollten sie eine besondere »Party« feiern. Fünfzig Glatzen hatten sich zu später Abendstunde mit ihren Autos in dem kleinen Ort versammelt. Sie besprachen noch einmal den Einsatz: Wer lockt an, wer provoziert, wer steht ganz vorne in der Reihe, wer hinten. Sie bildeten einen Konvoi, jedes Auto voll von Glatzen. Ihr Ziel war G., eine kleine Stadt, vierzig Kilometer entfernt. Der »Chef« kannte dort einen Treffpunkt von Albanern.

Zur »Party« gehörte in diesem Fall der Einsatz von Baseballschlägern und Fahrradketten, alle sorgsam im Kofferraum verstaut. In G. stellten sie die Autos im Halbkreis vor einer Wirtschaft ab. Sie schickten den Jüngsten in die Kneipe, sozusagen als »schwachen Vorboten«. Der sollte provozieren, gleichzeitig nicht zu stark wirken. Draußen warteten die Kumpels, die in einigem Abstand einen Ring um den Eingang gebildet hatten. Die Stimmung war bestens, die »Party« sollte ein Erfolg werden. Sie klatschten die Baseballschläger in die Hände, voller Erwartung. Endlich, die Tür flog auf, und hinter ihrem glatzköpfigen Schützling schimpfte der erste Albaner her, noch nichts ahnend von der wartenden Meute, die sich langsam aus dem Dunkel schob. Der Ring schloss sich um die Kneipe wie eine Boa, die ihr Opfer zu Tode drückt. Der Mann stürzte schreiend zurück zu seinen Landsleuten, die erschrocken von den Stühlen aufsprangen. Sie waren eindeutig die Unterlegenen, zwanzig an der Zahl, keine Chance gegen die fünfzigköpfige Boa, die sich jetzt gewaltsam Zutritt verschaffte, ihre in Bomberjacken gehüllten Körper durch das enge Lokal schob. Sie suchte ihre Opfer wahllos, erdrückte und quetschte, was dunkeläugig und nicht »arischer Herkunft« war. Nach kurzer Zeit hatte sie alle niedergeschlagen, hatte

zermalmt, wer sich bewegte. Einige Albaner lagen zwischen den zerbrochenen Gläsern und Tischen und winselten vor Schmerzen. Die Boa hatte gesiegt.
Einer entkam durch den Hinterausgang, es war der Chef des Lokals. Voller Panik lief er auf die Straße, doch die Schlange fing ihn ein. Was folgte, war von unbeschreiblicher Brutalität. Wie eine Fliege wurde er an die Wand gequetscht.
»Wart ihr in einer so aggressiven Stimmung? Wolltet ihr so etwas machen?«
»Ja, das ging von dem Führer aus. Dass wir jetzt mal wieder eine Aktion machen gegen die Albaner.«
»Ohne dass er gesagt hat, warum? Das war einfach so ne Entscheidung? Und dann seid ihr in die Kneipe gegangen? Dann seid ihr rein und habt provoziert und alles zusammengeschlagen, die Einrichtung, oder was?«
»Ja, gleich von vorne weg. Reingegangen und angefangen.«
»Also, dann habt ihr die Albaner, die da drin waren, auch zusammengeschlagen?«
»Ja.« *(sehr eifrig)*
»Mit Baseballschlägern?«
»Baseballschlägern, Kette, alles.«
»Das muss ja ein ziemliches Gemetzel gewesen sein.«
»Ja.«
»Lagen die alle am Boden rum?«
»Ja.«
»Und was hat der Besitzer gemacht?«
»Der wollte dann nach hinten abhauen, und dann haben wir ihn rausgezogen.«
»Und dann habt ihr den irgendwie an die Wand gestellt, an eine Häuserwand?«
»Ja.«

»Festgehalten? Und da stand der da? Und wer hat das dann organisiert, dass der mit dem Auto … Ist dann irgendjemand in das Auto eingestiegen und … War das geplant oder wie?«

»Das hat sich so ergeben, geplant war das nicht so direkt.«

»Also, es hat jetzt nicht jemand gesagt, den fahren wir jetzt zusammen?«

»Doch, das hat dann irgendjemand gesagt, aber geplant war das nicht direkt. Da stellen wir den an die Wand und …«

»Und mit welcher Geschwindigkeit ist der dann auf den los?«

»So leicht, kurz angefahren und wieder zurück, wieder kurz angefahren und wieder zurück.«

»Also mehrmals. Und wie fest? Ich meine, man kann da ja jemanden einquetschen.«

»Ich weiß nicht, der hat halt überall Brüche gehabt, Oberschenkelbrüche, Hüfte, ja, der hat sich bis heute nicht erholt.«

»Und der konnte nicht weglaufen? Habt ihr den festgehalten oder wie?«

»Ja. Der ist schon so arg zusammengeschlagen worden, dass er sich nicht mehr viel bewegen konnte.«

»Lag er dann am Boden?«

»Ja. Er hat sich grad noch mit den Armen hochgehalten. Und dann ist er aber dagegen gefahren.«

»Der kniete also am Boden?«

»Ja, so halb. Ja, und wir haben ihn dann an den Armen hochgehoben, damit er halt vom Auto erfasst wird, und dann ist einer dagegen gefahren.«

»Und ist der so langsam hingerollt oder von weiter her gekommen, oder wie hat sich das abgespielt?«

»Ja, der ist vorgefahren oder … der ist stehen geblieben,

dann ist er angefahren. Ja, das war so ein Abstand von zwei Metern.«

»Und ist er da vorsichtig hingefahren? Ich meine, man kann ja …«

»Nein, schon abrupt. Auf einen Schlag halt vor und wieder zurück.«

»Und beim ersten Mal? Da muss doch schon was gebrochen sein?«

»Ja. Und dann noch mal zurück, und beim dritten Mal ist er dann ganz zusammengesackt, und dann hat er ihn richtig erwischt.«

»Und die anderen Albaner?«

»Die waren in dem Moment auch nicht mehr da, die waren weg.«

»Die konnten nichts mehr machen?«

»Ja.«

»Gab es Zeugen?«

»Paar Radfahrer, aber die sind gleich weg.«

»Hat sich da jemand die Autonummer gemerkt?«

»Nee, die waren zu Fuß da und sind dann weggelaufen.«

»Was hast du da gemacht? Bist du dabeigestanden?«

»War drin und dann draußen zum Zugucken, hab halt zugeguckt.«

»War das für dich eine Kick-Situation?«

»Ja.«

»Womit hast du zugeschlagen? Hast du auch eine Kette gehabt oder so was?«

»Ja, Baseballschläger.«

»Wie lange dauerte das so in etwa da drin?«

»Fünf bis zehn Minuten.«

»Das ging also recht schnell?«

»Ja.«

»Als ihr den Mann zusammengefahren habt, habt ihr das Risiko mit einbezogen, dass der dabei sterben könnte?«

»Schon, aber das war uns egal. Der ist ja eh bloß Albaner.«

»Und du hast zugeschaut?«

»Ja.« *(sehr eifrig)*

»Und hat der Anführer dann zu einer bestimmten Person gesagt: ›Du fährst mit dem Auto da hin‹, oder hat sich das aus der Situation heraus ergeben? Hast du das Auto gefahren?«

»Nee, das hat irgendjemand gefahren, der noch dabei war. Der ist dann halt ins Auto eingestiegen und ist dann da hingefahren und hat gesagt: halt ihn halt an die Wand. Und zwei haben den an die Wand gehoben und der andere ist gefahren.«

Ich stehe auf und höre mir noch einmal diesen Teil des Interviews an. Es ist spät. Die Kinder schlafen ruhig. Renein hatte vorher nicht lockergelassen. Er wollte unbedingt in Erfahrung bringen, was denn *meine* Skins so ausgefressen haben. »Wenn du dir die Zähne geputzt hast und im Bett liegst, dann erzähle ich dir ein Beispiel.« Rechtsradikale Gewaltstorys als pädagogisches Lockmittel, als Gutenachtgeschichten. So weit war ich gekommen. Renein und Antonin putzten sich wie wild die Zähne, voller Hoffnung, endlich Verbrechergeschichten hören zu dürfen. Brav lagen sie dann in ihren Betten, Augen und Ohren weit geöffnet, und ich erzählte ihnen: »Wisst ihr, damals, zur Hitlerzeit, wurden Lieder gesungen, die nach dem Krieg verboten worden sind. Und ein Skin hat zum Beispiel Hitlerlieder gesungen.« Renein war enttäuscht. Das sollte alles gewesen sein? Von Hitler hatte er eine vage Vorstellung, eine Vorstellung, wie man sie halt haben kann, wenn man erst neun

Jahre alt ist. Er wusste, dass Hitler grausam war, einen Weltkrieg und viele Menschen auf dem Gewissen hatte. Renein wusste auch, dass Hitler Selbstmord begangen hatte, aber eines wusste er nicht: »Mama, Hitlerlieder singen die? Ich wusste nicht, dass Hitler auch Komponist war.«

Jetzt lese ich die Zeilen über den Überfall der Schlange, und sie jagen mir eine Gänsehaut über den Körper. Ich will noch einmal die Stimme des Skins hören, will hören, ob sie tot klingt oder ob eine Spur von Mitgefühl für die Qual des Albaners darin mitschwingt. Ich spule zu jener Stelle, an der das Auto hin und her fährt, an der der Leib an die Wand gepresst, der Mann stückchenweise zu Boden gequetscht wird und schwer verletzt liegen bleibt. Nein, die Stimme ist schneidend kalt, ihre Härte lässt alles in mir erstarren. »Der ist ja eh bloß ein Albaner.«

Dietmar – Unfreiwilliger Begleitschutz

Zwei Tage lang war ich ohne Dennis unterwegs. Während ich mich mit Glatzen unterhielt, fuhr er durch die Wälder Kanadas. Er hatte sich Urlaub genommen, er wollte so weit weg wie möglich. Ich konnte ihn gut verstehen. Statt durch Kanadas Wälder fuhr ich auf Deutschlands Straßen, Kilometer um Kilometer, zu einem kleinen Nest an der Grenze Österreichs. Meine Stimmung war bestens: Es war Frühling geworden, und die Aussicht, mit Skins alleine zu sein, rief in mir kein Unbehagen mehr hervor. Mittlerweile waren sie mir vertraut geworden.

In den Räumen der Bewährungshilfe hörte ich mir also weitere Schicksale an. Die Biographien waren mir bekannt, es schien, als wiederholten sie sich, von leichten Variationen abgesehen. Mal war der Vater Alkoholiker, mal die Mutter, mal beide. Mal war da ein Vater, der als NPD-Mitglied auf den politischen Werdegang des Sohnes Einfluss hatte, mal der Großvater, der vom Krieg schwärmte, mal die Geschichtslehrer, die die Historie »falsch« beschrieben hatten. Am meisten unterschieden sich die Taten: Molotow-Cocktails ins Asylantenheim geworfen, »Zecken« gejagt und getreten, Ausländer erstochen, dem Rivalen der Freundin sämtliche Knochen gebrochen und so weiter.

Die Erlebnisse unter den Glatzen selbst waren ziemlich eintönig: »Party« feiern, »Party« feiern und nochmals »Party«. Ansonsten gingen sie auf Konzerte, sammelten Waffen, surften im Internet, bestanden Mutproben, begingen Einbrüche und Diebstähle.

Heute unterhielt ich mich mit Dietmar, der von einer »Party«-Variante besonderer Art erzählte:

»Wer zuerst abkackt, wird aufgehangen.«

»Wie jetzt? Was bedeutet das?«

»Wir haben da extra einen Balken. Wer zuerst auf den Boden geht, so wegen dem Suff, der wird mit den Füßen nach oben aufgehängt. Und da bleibt er hängen, so lange er kann. Ist ne Riesengaudi.«

Mit Dietmar führte ich ein sehr langes Gespräch, das sich bis in den späten Abend hinzog. Mitten im Interview, gegen 18 Uhr, erschien der Bewährungshelfer und meinte, er müsse die Räume jetzt leider schließen. Dienstschluss für alle.

Ich beriet mich mit Dietmar, ob und wie wir das Gespräch zu Ende führen könnten, und er meinte, er kenne da in der Stadt eine gute Kneipe, in der sich die Glatzen immer träfen. Um 20 Uhr sei er dort und brächte seine Freunde mit, mit denen er sich verabredet hätte. Wenn ich Lust hätte, könnten wir das Gespräch dort fortsetzen und danach zusammen etwas trinken. Das waren ja tolle Aussichten.

In meinem Hotelzimmer überlegte ich lange, ob ich auf den Vorschlag eingehen sollte oder nicht. Dietmar war erst seit zwei Tagen ein freier Mensch, nach Frauen ausgehungert, zudem war er stadtbekannt für seine Prügeleien und seinen exzessiven Alkoholkonsum. Und von seinen Freunden wusste ich nicht das Geringste. Wahrscheinlich standen sie ihm in nichts nach.

Nach einigem Hin und Her beschloss ich, das Gespräch zu Ende zu führen. Dietmar wartete schon, zusammen mit sechs anderen Skins. Sie standen vor verschlossener Tür, es

war Ruhetag. Ich wurde den Kumpels vorgestellt als eine »Art Psychologin«, die ansonsten »recht in Ordnung« sei. Die Kerle musterten mich skeptisch.
Wir beschlossen, ein anderes Lokal aufzusuchen, das am anderen Ende der Kleinstadt lag. Es sei recht schwierig für sie, einen Platz zu finden, wo sie noch geduldet würden, meinte Dietmar, aber beim »Bären«, da wäre die Chance groß. Dem war jedoch nicht so, die Wirtin sagte freundlich, aber bestimmt, es sei heute kein Platz mehr frei. Ihre Blicke auf die Glatzen, die sich hinter mir aufgereiht hatten, sprachen Bände, und ich verschwendete meine Überredungskünste hier bloß. Auch im nächsten Wirtshaus glaubte man mir nicht, dass ich so spät am Abend noch Interviews durchführen wollte. Aus dem Café, das wir anschließend aufsuchten, warf man uns mit der Drohung: »Wenn ihr nicht verschwindet, hol ich die Polizei!«
So zog ich denn mit sieben Glatzen durch die kleine Stadt. Die wenigen Passanten, die in der Dunkelheit noch unterwegs waren, gingen uns aus dem Weg. Sie wechselten den Bürgersteig und beschleunigten die Schritte. Die Skinszene war berühmt-berüchtigt, und auch nach der Inhaftierung ihres Rädelsführers waren die Skinheads der Schrecken der Bewohner dieses Städtchens geblieben. Wohl fühlte ich mich in ihrer Gesellschaft nicht. Mit diesem Rudel in der Öffentlichkeit aufzutreten war mir peinlich. Ich konnte mir ja nicht einen Zettel auf die Stirn kleben, auf dem stand: »Mache nur Interviews mit denen.«
Nach längerem Umherirren meinte einer schließlich, man könnte ja zu ihrem Privattreffpunkt gehen, was bei den anderen eine heftige Diskussion auslöste: »Du kannst die doch nicht mit zu uns schleppen, Idiot, wer weiß, wer die wirklich ist!« Unwilligkeit machte sich breit. Schon seit Mona-

ten waren sie in diversen Gaststätten nicht mehr geduldet worden, so dass sie sich stets entweder an ihrem heimlichen Treffpunkt oder in jener Kneipe trafen, die heute geschlossen hatte. Ständig abgewiesen und rausgeschmissen zu werden brachte sie langsam, aber sicher auf die Palme. Vergeblich versuchten sie, Dietmar zu überreden, den »Interviewkäse« sein zu lassen und abzuziehen.

Es ging weiter. Nach einer halben Stunde Fußmarsch gelangten wir zu einer ziemlich verkommenen Klitsche. Dieses Mal hatten wir Glück: Die Bedienung öffnete für uns einen Nebenraum, in dem ich mehr oder weniger ungestört mit den Skins zusammensitzen konnte. Dietmar bestand auf der Gegenwart seiner Kumpels. Ich denke, er hatte Angst, dass sie ohne ihn durch die Gegend ziehen könnten. Auf »action« hatte er sich nämlich schon lange gefreut, und im Knast waren ihm vor allem die Freunde und die Partys abgegangen. Bei ihm hatte das Anti-Aggressionsprogramm ebenso versagt wie die Alkoholtherapie, denn kaum hatten wir Platz genommen, bestellte er ein Helles und einen Klaren. Ich wollte mittlerweile nur noch eins: so schnell wie irgend möglich das Interview durchziehen und zum Ende kommen, bevor sich die Kerle randvoll abgefüllt haben. Vorher hatte ich vergeblich versucht, Dietmar zumindest so lange vom Trinken abzuhalten, bis wir unser Gespräch beendet hatten. Noch nie zuvor habe ich Menschen in einer derartigen Geschwindigkeit Flüssigkeit in sich reinschütten gesehen.

Sieben Glatzen hielten die Bedienung auf Trab. Für den Wirt lohnte sich der Abend. Für mich nicht. Nach einer halben Stunde schon zeigte Dietmar die ersten Verständigungsschwierigkeiten. Alkohol in solchen Mengen war er nicht mehr gewöhnt. Seine Kumpels mokierten sich über die »dämlich blöde« Fragerei: »Was soll denn der Quatsch? He, Dietmar, halt doch die Klappe, die ist doch vom Verfassungsschutz!« Mit jedem halben Liter, den die Kerle mehr intus hatten, verstärkte sich ihre Meinung: Diese Frau will uns nur aushorchen, ist von der Polizei oder vom Verfassungsschutz.

Ich stellte den inzwischen nur noch blöde grinsenden Dietmar vor die Wahl: »Entweder hören wir an dieser Stelle auf, oder wir unterhalten uns alleine weiter.« Bestimmt kam mir an diesem Abend zugute, dass ich eine Frau bin – und Dietmar ausgehungert war nach Frauen. Energisch forderte er die Kumpels auf, das Lokal zu verlassen. Sie sollten ihn in einer Stunde abholen, dann sei er fertig. »Überleg, was du redest«, sagte einer drohend, bevor die Truppe schwankend das Lokal verließ.

Mit schwerer Zunge beantwortete er meine Fragen, seine glasigen Augen begannen zu schielen, aber sein Blick ruhte unverwandt auf meinen Lippen. Immer näher rutschte er und immer unwohler wurde mir. Aufhören, bevor es zu spät ist, schnellstens hier raus, ein Taxi rufen und zurück zum Auto! Doch wo stand es? Ich hatte mir keine Namen gemerkt, weder die Straße noch die Kneipe, an der wir uns getroffen hatten. Ich war in die Ecke gedrängt, er saß schon fast auf meinem Schoß, als sich lautstark die Rückkehr seiner Freunde ankündigte. Erleichtert sprang ich auf und erklärte, wir könnten jetzt Schluss machen. Auch Dietmar erhob sich, langsam, behäbig und torkelnd. »Ich fahr mit dem Taxi. Wo stand noch mal mein Auto?«, fragte ich den Lallenden, nachdem wir bezahlt hatten. Der packte mit einer für seinen Zustand erstaunlichen Geschwindigkeit meine Tasche, in der sich Geldbeutel, Autoschlüssel, Tonbandgerät, Fragebögen und Bänder befanden, ging nach draußen und meinte, zu Fuß sei man schneller. Er und seine (mittlerweile ebenfalls ziemlich betrunkenen) Kumpels hätten den gleichen Weg. Ich begann mit ihm zu streiten, wollte meine Tasche wiederhaben, sagte, ich sei müde, wolle mit dem Taxi fahren. Er aber zog mit den Kumpels und meiner Tasche los, hinein in eine dunkle Gasse, und brüllte noch, ohne sich umzudrehen: »Jetzt komm, zick hier nicht rum!« Mein Hirn suchte wie rasend nach einer Lösung, aber ich fand keine Antwort, nur Fragen: Was soll ich bloß tun? Hinterhergehen? Was könnte passieren? Haben die einen Grund, mir was anzutun? Will Dietmar sein sexuelles Defizit gewaltsam ausleben oder will er nur einfach nett sein und mir den Weg zum Auto zeigen? Und seine Kumpels? Denken die immer noch, ich sei von der Polizei? Hört mich ein einziger Mensch, wenn ich um Hilfe schreie?

Unschlüssig stand ich ein paar Sekunden da, bevor ich den sieben Glatzen mit ängstlich klopfendem Herzen in die dunkle Gasse folgte. Sie umringten mich. Zwei gingen links, zwei rechts von mir, einer vor und zwei hinter mir. Ohne Unterlass stellten sie mir Fragen. »Was passiert mit der Untersuchung? Werden Namen genannt? Wird das veröffentlicht? Macht dir das Ganze Spaß? Was hältst du von uns Glatzen?«

Zwischendurch schubsten sie sich gegenseitig, lärmend und wankend. Einer trat mir aus Versehen in die Ferse und entschuldigte sich laut lachend: »Sorry, bist auch nicht grad die Schnellste. Lernt ihr bei den Bullen das Laufen nicht?« Allgemeines Gelächter.

Nach außen hin versuchte ich möglichst cool zu wirken, aber in Wahrheit hatte ich unbeschreibliche Angst. Nachts durch eine deutsche Kleinstadt zu ziehen, eingekreist von

sieben schwerst alkoholisierten Glatzen – die üblichen Dimensionen einer wissenschaftlichen Datenerhebung sind in dieser Nacht eindeutig gesprengt worden.
Gegen 1 Uhr nachts gelangte eine schweißgebadete Wissenschaftlerin endlich zu ihrem Auto. Froh, heil aus der ganzen Geschichte herausgekommen zu sein, verabschiedete ich mich von den Glatzen. Die Nacht hätte auch anders ausgehen können, das sah mein »Schutztrupp« genauso: »Wir mussten dich begleiten, denn in dieser Stadt, da weiß man nie, was nachts passieren kann!«

Ausgerastet

An einem Sonntagabend saß ich auf der Couch und grübelte. In der Hand hielt ich ein blutgetränktes Taschentuch, Zorn und Wut hatte einen solchen inneren Druck aufgebaut, dass ich Nasenbluten bekam.
Alles hatte damit angefangen, dass Susan, meiner engen Freundin und Nachbarin, die Wohnung gekündigt worden war. Nun war Susan fort, geblieben ist ihr Kater Tarzan. »Es ist nur vorübergehend, nur bis ich eine neue Wohnung gefunden habe«, hatte Susan vor drei Monaten gesagt, als sie mir Tarzan, ein ekliges Katzenklo, Katzenstreu und eine Dose stinkendes Katzenfutter übergab.
Ich bin mit Katzen aufgewachsen und eigentlich liebe ich sie. Es stört mich nicht, wenn sie mit allerlei Gegenständen auf dem Boden herumtollen, mich stört nicht ihr Schnurren, im Gegenteil, es wirkt beruhigend auf mich. Was mich stört, sind stinkendes Katzenfutter, ekelhafte Katzenklos und vor allem die abertausend Haare, die durch die Luft schwirren, sich in meinen Kleidern festsetzen, an Marmeladengläsern haften, im Brotkorb liegen und bei mir und den Kindern im Bett für Hustenanfälle sorgen. Tarzan haarte nicht nur gnadenlos, er konnte sich auch nicht entscheiden, wo er zu nächtigen geruhte. Nachts um elf kratzte er an meiner Schlafzimmertür, um über den Balkon nach draußen zu gelangen. Um 24 Uhr miaute er erbärmlich und wollte wieder rein, was bedeutete: aufstehen, Pulli überzie-

hen, Schlappen suchen, nach unten gehen, haarenden Kater auf den Arm nehmen und nach oben tragen. Um 1 Uhr kratzte er selbstverständlich erneut an meiner Tür. Tarzan sprang vom Balkon, um eine Stunde später wieder nach oben getragen zu werden. Nach drei Tagen hatte ich schwarze Ringe unter den Augen und Tarzan einen Schock. Ich, die absolute Tierliebhaberin, hatte mich nämlich irgendwann geweigert, stündlich aufzustehen. So ließ ich Tarzan draußen und warf als pädagogische Maßnahme Steinchen auf ihn, die ich abends vorausschauend noch gesammelt hatte. Doch die halfen nur eine begrenzte Zeit, so dass ich einen Kübel Wasser über den miauenden Kater goss. Dann war Ruhe, absolute, göttliche Ruhe. Jedenfalls in dieser Nacht.

Um mein Schlaf-Katzen-Problem zu beenden, brachte Susan bereits nach vierzehn Tagen nächtlicher Torturen eine Katzenleiter an meinem Schlafzimmerbalkon an, auf der Tarzan bequem von oben nach unten und retour wandern konnte. Er war jedoch nicht der einzige nachtaktive Kater, der zwischen 24 Uhr und 5 Uhr gern auf Leitern stieg. Immer mehr Katzen versammelten sich auf meinem Balkon. Diverse Kater markierten ihr frisch erobertes Revier an meinen Blumentöpfen, und der Gestank vermischte sich mit lautem Gejaule, wenn sie sich gegenseitig die beste Aussicht streitig machten. Die Kinder wachten auf, beklagten sich über Krach und Gestank, und ich sprühte »Dolce & Gabbana« über die Töpfe – die Flasche für hundertfünfunddreißig Mark.

Ein paar Nächte später flogen zwei fremde Kater über den Balkon, gefolgt von der Katzenleiter, die Susan so liebevoll zusammengenagelt hatte.

Ich ersann eine neue Strategie, klaubte Tarzan am Abend

auf, trug widerwillig das Katzenklo auf den Gang und schloss alle Türen zwischen mir und dem Kater. Am nächsten Morgen war die Geruchskatastrophe perfekt.

Eine noch ausgefeiltere Variante erhoffte ich mir von der Küchenversion: Kater abends in die Küche sperren, das Dachfenster offen lassen, damit Tarzan irgendwie über die Dächer nach unten gelangen konnte. Zielstrebig fand er jedoch den Weg zu meinem Balkon, von wo aus er mich wieder aus dem Schlaf riss.

Nach einundzwanzig Tagen lagen meine Nerven blank. Susan war verschollen, sie rief nicht an, antwortete nicht auf meine zahlreichen SMS-Hilferufe, wohl wissend, dass ich ihr Kater, Klo und Dosen vor die Füße schleudern würde. Langsam begann ich wütend zu werden, denn zum Katzenhüten kamen noch andere Gefälligkeiten, die ich in dieser Zeit für sie tat, Gefälligkeiten, die eigentlich nicht der Rede waren. Aber ich kam mir mittlerweile schamlos ausgenutzt vor.

In den wenigen Träumen, die mir in diesen schlaflosen Nächten vergönnt waren, wurde ich zum barbarischen Katzenkiller. Tarzan konnte nichts dafür. Er tat mir Leid, ich hatte ein schlechtes Gewissen seinetwegen, und das hatte mir natürlich gerade noch gefehlt.

Die Schlaflosigkeit zehrte an meinen Kräften.

Die Wohnung hatte sich allmählich in ein pures Chaos verwandelt. Vorbei war die Zeit, da ich unablässig schrubbte und wienerte. Übernächtigt, wie ich war, arbeitete ich viel zu langsam, als dass ich wirklich effektiv hätte sein können. Die Aufbereitung der Interviews ging nur schleppend voran. Wie im Halbschlaf vernahm ich die Stimmen der Skins, müde diktierte ich die Texte auf Band. Alles wurde mir zu viel, ich war es leid zu hören, wer von wem wie oft und womit geschlagen worden war. Hasstiraden hingen mir zum Hals heraus. Die Arbeit versackte im Dämmerzustand. Nur einmal zuvor hatte ich eine ähnlich schlaflose Zeit erlebt: als meine Kinder nächtelang zuverlässig im Stundenrhythmus aufgewacht waren. Auch damals hatte ich Augenringe und war gereizt – doch da wusste ich wenigstens, wofür ich wachte.

Ständige Schlaflosigkeit ist ein Martyrium. Regelmäßig aus dem Schlaf gerissen zu werden ist eine bekannte Foltermethode. Und ich fühlte mich gefoltert. Schuld daran waren ein Kater und seine gewissenlose Besitzerin.

Eines Tages beschloss ich, wenigstens das Chaos zu beenden und die Wohnung aufzuräumen. In der Küche fing ich an. Hinter den Kochbüchern war die Stelle, von wo aus Tarzan zum Dachfenster hinaufzuspringen pflegte. Er liebte diesen Platz, weil er von dort aus die gerade schlüpfenden Jungvögel beobachten konnte. Hier sammelte ich eine Hand voll Katzenhaare auf. Dann wischte ich Kühlschrank und Waschmaschine ab, den Lappen voller Haare. Anschließend der Kühlschrank von innen: Ich weiß nicht, wie diese vielen Haare da hineingelangt sind, jedenfalls waren sie da. Der Brotkorb wurde gespült, im Ausguss sammelten sich weiße Haare. Ich öffnete die Fenster, machte eine kurze Pause. Die Sonne fiel durch die Dachschräge, und im Licht tanzten durch den Wind aufgewirbelte weiße Haare. Ich holte den Staubsauger, hielt ihn in die Luft, in der Hoffnung, alles würde eingesogen werden, was weiß war und schwebte. Mein Vater leidet unter Katzenallergie, Vater und Cousins meiner Kinder sind hochgradig allergisch, und ich fürchtete, bei dieser Überdosis Katzenhaare würden nun auch die Zwillinge eine Allergie entwickeln. Den Staubsauger im Schlepptau, eilte ich ins Kinderzimmer und saugte dort, was das Zeug hielt. So vergingen fünf geschlagene Stunden.

Dann klingelte es an der Tür. Eine Nachbarin stand im Gang, auf dem Arm den maunzenden Kater: »Er will rein, der Arme.« Ich nahm Tarzan – weiße Haare auf meinem schwarzen Pullover –, marschierte durch die Wohnung, setzte ihn auf den Balkon, gab ihm zu fressen, wanderte zurück in die Küche, trank ein Glas Milch und begab mich wieder ins Kinderzimmer. Tarzan saß schnurrend auf dem Kinderbett und putzte sein Fell; das machen Katzen gern, wenn sie sich den Bauch gefüllt haben. Das Fliegengitter im Fenster zum Kinderzimmer hatte ein großes Loch. Tarzan war von der Balkonbrüstung einfach durch das Fliegengitter ins Kinderzimmer gesprungen. Ich trug das weiße Bündel hinunter, setzte es unter einen Busch, streichelte es zärtlich aggressiv und bezog die Kinderbetten neu. Meine Laune war nahe dem Gefrierpunkt. Susan hatte von einer kurzen »Übergangszeit« gesprochen, und jetzt hatte Tarzan innerhalb von acht Wochen sicher schon zehnmal seinen weißen Anzug in meiner Wohnung gewechselt.

Zum Schluss kam die Diele dran. Ich saugte gerade unter dem schweren Schrank, da zeigte der Staubsauger mit einem Schlag eine hochgradige Verstopfung an. Als ich den Saugrüssel aus dem hintersten Eck hervorzog, würgte es mich: Der Kopf eines zerfledderten Vogels hatte sich in den Schlund des Saugers gebohrt, die Beinchen des Tiers waren schräg auseinander gestreckt. Ein Flügel war dem Kopf gefolgt, der andere hing schlaff an der Seite. Ich hatte Tarzans Speisekammer entdeckt, die Todesstätte seiner Opfer. Jetzt war mir auch klar, was hier in letzter Zeit so merkwürdig gerochen hatte. Das war zu viel. Ich mailte an Susan: »Kann nicht mehr, bitte hol Kater heute ab.«

Ich ging davon aus, dass sie Tarzan zu sich nehmen konnte. Das hatte sie mir immer wieder gesagt: »Wenn es dir zu viel wird, hole ich ihn ab, und dann muss er halt vorübergehend in meinem kleinen Zimmer wohnen.« Soll er doch dort Vögel verstecken, Haare verlieren und mit Geheul ankündigen, dass es Mitternacht ist.

Nach acht Stunden war die Wohnung endlich sauber, ich war müde und wütend. Außerdem hatte ich ein schlechtes Gewissen. Nein zu sagen fällt mir im Allgemeinen schwer, und immer wieder überlegte ich, ob ich vielleicht intolerant war, wenn ich bloß wegen der paar Haare und schlaflosen Nächte Susans Kater des Hauses verwies.

Um 21 Uhr stand sie vor der Tür. Bockig erklärte sie, der Kater dürfe nicht zu ihr, sie habe ihren Onkel, bei dem sie Unterschlupf gefunden hatte, gefragt. »Ich dachte, das hättest du schon vor Wochen geklärt.« – »Nein«, antwortete sie, immer noch bockig, »außerdem finde ich es merkwürdig, dass du mir von heute auf morgen den Kater vor die Tür setzt.«

Verzweifelt wiederholte ich: »Ich dachte, du ….« – »Nein.« Trotzig stand sie da, das personifizierte schlechte Gewissen – *mein* schlechtes Gewissen.

In mir fing es an zu wallen und zu brodeln. Die vielen anderen Enttäuschungen, die ich mit Susan erlebt hatte, kamen in mir hoch: Unzuverlässigkeit, Egoismus, mangelndes Einfühlungsvermögen – alles, was sich seit Wochen in mir aufgestaut hatte, schien jetzt vom Mageninneren her nach oben zu sprudeln. Ich bin ein durchaus geduldiger Mensch, konfliktscheu und friedliebend, es dauert lange, bis ich jemandem die Meinung sage. Ist meine Toleranzgrenze jedoch erst einmal erreicht, dann ist es aus. Das passiert mir selten, und ich kann mich nur an zwei Situationen erinnern, in denen ich so ausgerastet bin. Was damals gerechtfertigt war, war in Susans Fall eine mentale Totalentgleisung, eine chemische Fehlsteuerung.

Ich atmete tief durch und erklärte ihr äußerlich ruhig und schon fast milde, es sei für mich mal wieder an der Zeit, eine Nacht durchzuschlafen. Eigentlich hatte ich Verständnis von ihr erwartet, ein wenig Mitgefühl in Anbetracht meiner schwarzen Augenhöhlen oder eine kleine, eine winzig kleine Entschuldigung – zumindest aber keinen Trotz.

Susan jedoch stand an der Tür und betrachtete mich, als ob sie an meinem Verstand zweifeln würde, als sei es eine extreme Zumutung, dass sie jetzt wieder selber für den Kater sorgen sollte. Dann zuckte sie mit den Achseln und war im Begriff, auf dem Absatz kehrtzumachen, ob mit oder ohne Kater, war nicht klar.

»Moment: die Schlaflosigkeit ist nicht alles«, setzte ich mit etwas gehobenerer Stimme fort, »das ist bei weitem nicht alles.« Und dann begann ich Susan systematisch zu bombardieren, schleuderte ihr alles an den Kopf, was mich je an ihr geärgert hatte. Meine Stimme wurde lauter und lauter. Immer mehr Nichtigkeiten fielen mir ein. Ich wollte nicht aufhören, Adrenalin schoss durch meinen Körper und versetzte mich in ausgeprägte Kampfeslaune.

Irgendwann versuchte Susan sich zu wehren – mit schwachen Argumenten, befand ich. Das steigerte meine Wut, ich fühlte mich auf den Arm genommen. Immer aggressiver wurde ich, wusste genau, wo ich sie verletzen konnte: in der Seele. Ich demütigte sie, traf mitten ins Schwarze. Susan begann zu weinen. Die Bockigkeit war einem aschfahlen Weiß in ihrem erschrockenen Gesicht gewichen, gerötet die Augen. Sie verschwand auf die Toilette, wo sie Augen und Nase zu trocknen versuchte, und als sie zurückkam, erwachte in mir kurz das Mitgefühl. Ich hielt inne und fragte sie, ob wir ein Glas Wein zusammen trinken sollten. Es war ein Angebot, sie aus der für sie bereits verlorenen Schlacht zu entlassen. Sofort kehrte ihre Halsstarrigkeit zurück: »Nein, ich gehe jetzt telefonieren und frage, wer Tarzan nimmt.«

Das war ein Fehler. Die kurzzeitig zurückgewonnene Kontrolle über mich, entglitt mir wieder, zielsicher gab mir mein adrenalingeputschtes Hirn ein, wo ich die besten psychischen Treffer landen konnte. Ich beobachtete mich selbst, wusste rational, dass ich in diesem Zustand brandgefährlich war und dass ich zu weit gehen würde. Gleichzeitig weidete ich mich daran. Ich wollte diesen Zustand und schämte mich dafür, wie in einem Teufelskreis drehte ich mich um mich selbst, fand nicht mehr heraus, wurde immer aggressiver und verzweifelter. Susan war verstummt, das Gesicht tränenüberströmt. Unter meiner Rage kalt beobachtend, verfolgte ich die Tropfen in ihrem Fall zu Boden. Mitleid durfte ich jetzt nicht mehr haben, nachdem alles seinen unausweichlichen Lauf genommen hatte. Ich musste sie noch mehr erniedrigen, durfte nicht mehr zurück, durfte nicht mehr aufhören und womöglich Schuld einsehen oder gar um Verzeihung bitten. Je größer der Abstand wurde, von dem aus ich mir selber zusah, desto klarer wurde mir, wie sehr ich Unrecht hatte, wie sehr ich Susan verletzte, die ich eigentlich so von Herzen gerne hatte, und das steigerte, so paradox es klingen mag, meine Aggressionen ins Unermessliche: Ich begann Susan für mein Verhalten zu strafen. Schuld hatte sie, sie hatte verursacht, dass es so weit mit mir gekommen war!

Meine Stimme überschlug sich, die Argumente wiederholten sich. Susan war auf einen Stuhl gesunken und hielt den Kopf in den Händen. Ich habe keine Ahnung, warum sie nicht einfach gegangen ist. Es wäre das einzig Richtige gewesen. Ich fand keinen Ausweg mehr, die Situation schmerzte mich immer mehr. Verzweifelt brüllte ich sie an: »Pack deinen Kater und verschwinde!« Dann riss ich die Tür auf und warf eine meiner besten Freundinnen aus der Wohnung.

»Ich fahre ins Tierheim und frage, ob sie den Kater nehmen«, sagte sie leise.

»Der Kater geht nur über meine Leiche ins Tierheim, der bleibt hier. Aber du! Hau ab! Verschwinde!« Und damit knallte ich die Tür derart zu, dass weißer Putz zu Boden rieselte.

Mein Herz klopfte, nein, es raste. Ich hörte, wie Susan ihr Auto anließ und wegfuhr. Augenblicklich überkam mich eine schreckliche Leere. Wer war ich, wer konnte ich sein? Ich bekam Angst vor mir selber. Ich hatte einen Kick verspürt, womöglich genau jenen Kick, den auch andere fühlen, wenn sie Menschen mit Tritten quälen.

Tränen, die aus Trauer geweint werden, haben eine entgiftende und reinigende Wirkung. Lange, sehr lange überließ ich mich ihnen.

Ich hatte ein Kickgefühl, ich war berauscht, hatte Lust am Quälen, bis heute beschäftigt mich mein damaliger Zustand. Ist mein Kickgefühl in irgendeiner Form vergleichbar mit dem gewalttätigen Ausrasten der Skins? Was meine damalige Attacke auf Susan von der der Skins im wesentlichen unterscheidet, ist die Tatsache, dass sie auf die Seele zielte, nicht auf den Körper, dass ich mit Worten traf, nicht mit Fäusten und Schuhen. Ist sie deshalb verzeihbarer?

Hinzu kommt: Ich quälte keinen Fremden, was die Angelegenheit schlimmer macht.

Menschen haben eine sadistische Ader, der sie ausgerechnet vor allem bei ansonsten durch Nähe und Seelenverwandtschaft gekennzeichneten Beziehungen Ausdruck zu verleihen wagen. Das zu meiner Verteidigung. Die Gründe dafür mögen vielschichtig sein. Konrad Lorenz nannte es das so genannte Böse, Sigmund Freud zog in seinem analytischen Denken Kindheitserlebnisse in Betracht. Hirnphysiologen machen neuerdings das Stirnhirn verantwortlich, jenen Teil des Gehirns, der für die Impulskontrolle verantwortlich ist und wo normalerweise die Notbremse gezogen wird, bevor es zu einem aggressiven Impuls kommt. Versagt diese graue Masse, fällt der Kontrollmechanismus schlicht und einfach weg.

Am Susan-Desaster war also mein »Präfrontalcortex« in hohem Maße beteiligt, darauf einigte ich mich mit mir selbst, sozusagen als Entschuldigung. Es war nichts anderes als eine Dysfunktion der Serotoninbotenstoffe, chemische Prozesse, für die ich nichts konnte.

Und warum hatte ich mich auf Verbalattacken beschränkt? Sind es tatsächlich die elf Prozent mehr an grauer Masse in meinem Stirnhirn, die mich von physischen Grausamkeiten abhalten? Jene elf Prozent Hirnvolumen, die Gewalttätern angeblich fehlen? Sie fehlen ihnen, weil die Gene es so bestimmen oder weil bei der Geburt Komplikationen aufgetreten sind. Möglicherweise fehlt es ihnen aber auch, weil die Umwelteinflüsse nicht gut waren, zum Beispiel weil die Beziehung zur Mutter gestört war. Und wenn es sich so verhält, wie steht es dann mit der Frage nach der Schuld? Wie steht es um die Therapiearbeit, um die Chance, dass Wiederholungen künftig vermieden werden

können? Nur das Funktionieren des Präfrontalcortex kann zur Einsicht und zur Reue führen, sagen Wissenschaftler. Will man Taten ausschließlich unter diesem Blickwinkel sehen, muss Hoffnungslosigkeit die Folge sein.
Ich bin mir sicher, dass jeder von Ihnen sie schon einmal selbst erlebt hat, diese Kickgefühle bei einem Streit. Zwischenmenschliche Konflikte können im Körper Unbeschreibliches bewirken, im positiven wie negativen Sinn, wenn Adrenalin und Endorphine ausgeschüttet werden, wenn die Herzen rasen. Keiner von uns ist davor gefeit. Manche Menschen sind sogar süchtig nach den körpereigenen Opiaten, die während und nach Auseinandersetzungen durch den Körper schießen. Und was wäre, wenn in der Tat einzig und allein eine kleine Menge mehr oder weniger von dieser grauen schlabbernden Masse, die wir in unseren Köpfen tragen, darüber entscheidet, ob wir zu den willenlosen Opfern dieser Kickgefühle werden oder nicht?

Winfried:
»Kick? *(Pause)* Bei Musik zum Beispiel oder wenn manche Leute, wenn ich einfach, da krieg ich nen richtigen Adrenalinschub.«
»Was sind das für Leute?«
»Leute, denen man einfach die Schwäche im Gesicht ansieht. Ich meine jetzt nicht körperliche Schwäche oder so.«
»Psychische Schwäche?«
»Ja, so ungefähr, ja. Schwache Ausstrahlung. So was in der Art … das sind vor allem Leute, die sich länger in meiner Umgebung aufhalten, Mitschüler, Häftlinge, auf der Straße kommt das auch häufig vor, aber das beachte ich nicht, weil,

den seh ich einmal und dann nie wieder. So fing damals die Gewalt in der Schule an, durch solche Leute.«

»Haben die dich gar nicht blöd angemacht, sondern die haben Schwäche gezeigt?«

»Hm, ja, und ... ja, so ungefähr, kann man sagen, ja.«

»Haben die Schwäche gezeigt, ohne dass du sie vorher irgendwie angeredet hast? Durch Körperhaltung, durch die Stimme, oder was macht die Schwäche aus?«

»Zunächst einmal das Verhalten von denen. Irgendein dummes Rumgelache zum Beispiel.«

»Das auf dich gemünzt ist oder generell?«

»Ja, generell, was auch immer das für einen Sinn haben muss. Mehr dieses peinliche Gekichere oder der Gesichtsausdruck, die Gesichtszüge. So ne ganze Menge.«

»Also ein peinliches Gekichere, das hat bei dir einen Kick bewirkt, einen Adrenalinschub?«

»Ja.«

»Und was ist dann passiert? In der Schule zum Beispiel?«

»Ich habe die Leute erst mal beobachtet. Das war ja meistens die Phase, in der ich über ein paar Leute die Führung übernommen habe. Obwohl das nie gezielt war, nie Absicht war, so fing das meistens an. Dann habe ich die Leute erst mal beobachtet. Dann immer, nach einer Zeit des Beobachtens, habe ich einen solchen Hals auf die gekriegt, ja, dann, ja, dann hab ich denen einfach ein paar in die Fresse gehauen, einfach so. Ich hab das damals Bestrafung genannt.«

»Ohne dass die vorher mit dir Kontakt hatten?«

»Nee, nee, ich habe mit denen schon Kontakt aufgenommen.«

»Wohl wissend, dass die dann bald eine reinkriegen? Oder warum hast du Kontakt aufgenommen?«

»Ja, um weiter zu testen, ob der Eindruck stimmt. Ähm, wie die vom Charakter her sind und so. *(Pause)* Oder aus Interesse einfach.«
»So, und dann hast du beschlossen, dass du die schwach findest?«
»Ich hab das nicht beschlossen, das war einfach so.«
»Okay, das war so. Und dann hast du zugeschlagen?«
»Ja.«
»Wann fing das an, mit zehn?«
»Nee, nee, das hat gedauert. Das fing mit dreizehn bei mir an.«
»Kam das häufig vor?«
»Das kam sehr häufig vor.«
»Ein paar Mal in der Woche?«
»Ja.«
»Wie sehr hast du die zusammengeschlagen?«
»Ja, das … *(Pause)* … am Anfang war das so, dass ich ein-, zweimal vielleicht zugelangt habe, dann wurde es immer mehr, immer mehr, hat sich immer mehr gesteigert, ja.«
»Was war das Maximale?«
»Ja, dass der ne schön dicke Fresse gehabt hat. Dass er geblutet hat. Einmal habe ich sogar mit jemandem gewettet, dass ich ihn umlege.«

Michael:
»Schlägereien, die fand ich lustig.«
»Was fandest du da konkret lustig?«
»Ich habe mich da hingestellt, und ich habe was getrunken, die haben sich da rumgepurzelt, und ich fand das lustig. Der eine hatte die Nase kaputt, der andere ein blaues Auge, und ich fand es lustig, das anzusehen. Ich hätte gerne mitge-

mischt, aber die anderen haben gesagt, ich soll mich da raushalten, weil ich zu klein bin.«

»Was fandest du lustig daran, kannst du das beschreiben? Was war das für ein Gefühl?«

»Das Rumgepöble, das Angewichse, das In-die-Fresse-Hauen, das Schlagen, das war wirklich geil. Das war richtig antörnend.«

»Das hat dir so nen Kick gegeben?«

»Ja, das war richtig geil.«

»War das das erste Mal, dass du gemerkt hast, dass du einen Kick kriegst, wenn es zu Gewalt kommt?«

»Das war das zweite Mal. Das erste Mal war, wo ich mich mit meinem Vater abends unterhalten habe. Das war an meinem vierzehnten Geburtstag.«

»War das da, als du deinen Vater geschlagen hast? War dies das erste Mal, dass du das Gefühl hattest, dass Gewalt etwas bringt?«

»Ja, da wusste ich, was ich tue. Da wollte ich ihm das, was er mir jahrelang angetan hat, heimzahlen.«

»Was hast du mit deinem Vater gemacht?«

»Ihm ein paar in die Fresse gehauen. Feierabend.«

Ferdinand:

»Zum Beispiel bei Computerspielen, umso brutaler, umso besser. Wenn man im Film Sachen sieht, die man sonst nicht zu sehen bekommt. Stark übertriebenes Zeug halt. Also, nach so nem Zeug bin ich echt verrückt.«

»Was ist das bei den Horrorfilmen, was dir einen Kick gibt?«

»Ja, die krassen Szenen, die brutalen Szenen. Weil es einen dann auf einmal schockt. Oder bei so realistischen Computerspielen. Da gibt's schon ein paar gut heftige, da reißt's einen.«

»Was passiert da, beschreib mir die mal.«

»Na ja, wie soll man sagen, man sitzt im dunklen Zimmer, man spielt da, da gibt's so'n Spiel, das heißt […], ich weiß nicht, ob Sie das kennen, das läuft da durch die Gegend und metzelt halt Zombies nieder, und da hockt man drinnen, die fetten Boxen an der Seite, Riesensound und so, und dann kommen die aus der Ecke und springen einen an, dann reißt's einen, und das ist das Geile dran. Man gruselt sich nicht direkt, aber der Schockeffekt … Da bin ich oft stundenlang, nächtelang davor gehockt.«

»Das hat dich angetörnt?«

»Ja, das gibt nen Kick. Und die Hintergrundstorys dazu, das taugt mir einfach.«

»Wirkt sich das auf dein Normalverhalten aus?«

»Ha, ›Normalverhalten‹! *(Ausatmen)* Nein, eigentlich nicht. Ich unterhalt mich halt des öfteren darüber. Aber auch nur mit Leuten, die sich auch für des Zeug interessieren. Aber so, dass des aggressiver wird dadurch oder so, nein, das glaub ich nicht. Eigentlich beeinflusst es mich nicht. Im Unterbewusstsein vielleicht, ja. Dass da vielleicht was hängen bleibt, aber so nicht. Das ist mir zumindest noch nicht aufgefallen.«

»Was ist da so antörnend in so Momenten, wenn du in so Horrorfilmen Metzeleien siehst? Ist es das Blut, das Leid des anderen oder die Macht des einen?«

»Ja, Leiden und Macht eigentlich weniger. Es sind halt Sachen, wo man nie sieht, irgendwie. Das sieht man auf der Straße nicht, wie einer den anderen niederschlachtet. Und im Film sieht man so was halt, das interessiert mich einfach. Da ist es dann meist auch noch übertrieben dargestellt. Aber das ist wie'n Kult, so'n Horrorkult. Da gibt's viele, die auf so was stehen.«

»Kannst du beschreiben, welche Szenen dich da am meisten …? Kennst du eine Szene, die dich besonders angemacht hat?«

»Na, mich schockiert's ja selber irgendwo … *(Ausatmen) (Pause)* Na ja. *(Pause)* Es war, ja, das war ne Live-Dokumentation, also, das war alles real. Da haben sie einen auf den elektrischen Stuhl gesperrt und haben alles gefilmt, wie das aussieht. Das hat mich schon gut geschockt dann. Das war krass.«

»Wie war das?«

»Ja, der hat gezuckt. Die Augen zuckten und wie das halt alles so vor sich geht. Auch wie sie einen in die Gaskammer gesteckt haben, wie das aussieht.«

»Hat man da den Tod genau gesehen?«

»Ja, alles live. Also das war alles original, nichts nachgestellt, alles Nahaufnahmen. Ja, einen haben sie mal gefoltert, das war auch ziemlich heftig.«

»Wie haben sie den gefoltert?«

»Ja, das war irgendwie so'n Militärgefängnis in Amerika, Prügel und Schläge und die Fingernägel rausziehen. Da wurde gezeigt … da wird man halt etwas abgehärtet, dann schockt's einen nicht mehr so. Bei den gespielten Filmen, da weiß man ja, dass es gespielt ist, ja, wenn's dann einen zerreißt, und dann fliegt der Kopf da hin, und da ist ein Riesengemetzel, und so auf diese Weise. Schockieren tun die mich nicht mehr. Aber das mit den Live-Aufnahmen, das ist schon heftig gewesen. Ja, da gibt's schon perverse Dinge.« *(Lächeln)*

»Was schockiert dich da konkret?«

»Ja, was es halt so gibt. Wenn man sich vorstellt, so was könnte einem vielleicht auch passieren. Dann ist die Sache nicht mehr so lustig.« *(Lachen)*

»Sind das dann die Gedanken, dass dir das auch passieren könnte?«
»Ja, oder dass es halt so was gibt. Dass man so was überhaupt machen kann. Ja.«
»Findest du das gut, dass das jemand machen kann?«
(Pause)
»Eigentlich keins von beidem. Da hab ich mich eigentlich nie mit beschäftigt. Ich hab's halt nicht für möglich gehalten, dass es jemanden gibt, der so sadistisch und pervers sein kann ...«
»Empfindest du Mitleid mit den Leuten, die da gefoltert werden?«
(Pause)
»Ja, aber nicht viel.«
»Kommt dir manchmal das Gefühl, dass du denkst: Hört auf, hört auf?«
»Bräuchte ja bloß ausschalten. *(Lächeln)* Bis jetzt hab ich's immer laufen lassen. Also das nicht. Passiert ist's ja schon. Mich interessieren halt solche Sachen. Ich weiß nicht, das ist irgend so eine Art Perversion von mir.«
»Welche Perversion?«
»Ja, manche finden so was richtig abstoßend. Ja, gut, ich find das teilweise auch abstoßend. Aber des ist halt des Geile dran, der Kick, so was anzusehen. Mit der Zeit macht mir das dann aber nicht mehr so viel aus. Manche gucken sich so was erst gar nicht an ... Wie des so aussieht, wenn des jemand macht, das will ich halt sehen, ja, die Atmosphäre in so nem Film [mit dem elektrischen Stuhl], die ist so düster und voll krass. Mich interessiert das halt einfach.«
»Und wenn jemand die Fingernägel herausgezogen bekommt?«
»Na ja, das interessiert mich halt einfach, wie das aussieht.

Wie das vor sich geht. *(Lachen)* Das ist nicht so, dass ich das irgendwie befürworte oder so, aber alle reden immer davon, krass, wie des ist, wie schreit er, schreit er laut oder macht's ihm Spaß oder was weiß ich. Das interessiert mich einfach daran.«
»Und merkst du, dass es dem einen Spaß macht?«
»Ja. Manche machen auch nix, manche freuen sich darüber, das kommt immer auf die drauf an, die das machen, ob's jetzt Spaß macht oder nicht.«
»Kannst du das erkennen, ob es jemandem Spaß macht?«
»Bei manchen, da sieht man es schon dem Gesicht an, dass es denen Spaß macht. Das fette Grinsen dann, wenn er das drauf hat.«
»Steckt das dann an?«
»Nein, überhaupt nicht. Also, bei solchen Sachen nicht. Das ist alles übertrieben … Wenn ich mir *Clockwork Orange* anschaue, ja, dann muss ich raus auf die Straße und auch in der Gegend rumziehen und pöbeln. Ja, aber wenn der eine dem anderen die Fingernägel rauszieht, dann geh ich nicht auf die Straße und pack mir einen und sag, komm, jetzt mach ich das Gleiche. Das nicht. Das ist ja bloß Dokumentation.«
»›Bloß‹ ist gut.«
»Ja, das ist Hardcorekommunikation, aber keine Aufforderung zur Gewalt.«

Dietrich:
»Hast du das öfter schon gemerkt, wenn du Blut spürst und Blut siehst, dass du dann ausklinkst? Hängt das mit Blut zusammen?«
»Ja, aber nur bei mir, meistens wenn ich blute. Bei anderen macht es mir nichts aus, aber bei mir selber, wenn ich blute.

Wenn ich nasses Blut habe, dann nicht, aber wenn ich Schlägerei habe, dann schon.«

»Also wenn er dich so weit gebracht hat, dass er dich verletzt hat?«

»Ja. Und dann werde ich noch aggressiver.«

»Hast du dann auch Hass auf den oder …«

(unterbricht mich hastig) »Ja. Hass. Alles, da kommt dann alles raus.«

»Wenn du eine Zeit mal keine Schlägerei hattest, hast du dann Tagträume, dass du aggressiv werden könntest und wieder schlagen möchtest?«

»Ja, ab und zu.«

»Gibt es dann irgendwelche Sachen, die dem vorausgegangen sind. Irgendwelche Unzufriedenheiten, Frustration oder so?«

»Das war immer so Spaß an der Freude. Halt funmäßig.«

»Das war nicht so, dass du dich irgendwie geärgert hast oder deinen Frust loswerden wolltest? Das war einfach Spaß an der Freude?«

»Ja.«

Sven:

»Was geht dir in solchen Momenten durch den Kopf? Hast du da Gefühle?«

»Nein, überhaupt keine.«

»Schaltest du ab?«

»Da schalte ich ganz ab.«

»Suchst du das Abschalten?«

»Den Kick ja, aber nicht das Abschalten.«

»Fühlst du dich danach befriedigt?«

»Ja.«

»Einer sagte zu mir mal, das Ganze ist wie eine Droge …«

»Das ist so. Wenn es einmal anfängt zu gefallen, dann muss das immer wieder, immer wieder.«

Gottfried:

»Ja, so'n ganz leichter Kick, das ist, wenn jemand auf mich zukommt und sagt: Hast'n Problem?, und macht mich halt an ohne Ende, ich weiß ganz genau, der will nur auf Schlägerei raus ... *(Pause)* ... ja, dann kommt so'n leichter Schub *(Pause)*, ja, und da schaltet so'n Hebel bei mir um.«

»Wenn der Hebel dann umgeschaltet ist, läuft das dann automatisch ab?«

»Ja, dann läuft's wie bei einer Maschine. Es ist ganz einfach: Ich hab einen Feind, und den Feind muss ich vernichten.«

»Nimmst du da auch ihren möglichen Tod in Kauf?«

»Ja. Des, na ja, des hab ich beim Bund so eingedrillt bekommen.«

»Also, bei so Situationen, wo zugeschlagen wird, kannst du dann nicht mehr aufhören?«

»Das war mal so, mittlerweile nicht mehr. Jetzt kann ich auch sagen, so, jetzt reicht's. Grad wenn er wegläuft oder auf dem Boden liegt, dann wird aufgehört.«

»Und früher hast du nicht aufgehört?«

»Nein, da hab ich weiter getreten, bin dann hinterhergerannt, so lang, bis ich ihn gehabt hab, und dann konnt es manchmal auch sein, dass ich ihm von hinten ins Genick reingesprungen bin oder so.«

»Hast du auch ins Gesicht getreten?«

»Ja.«

»Kam das öfters vor?«

»Ja, sicher, grad wenn ich den Gegner auf Abstand halten wollte, wenn er, na ja, breiter und massiver war als ich, ja, da hab ich ganz einfach den Stiefel nach oben gezogen, genau auf den Kiefer, hab halt zwei bis drei Sachen Kieferbruch gehabt.«

Harald:
»Kommt ganz drauf an, wenn ich net gut gelaunt bin, umso fester tret ich zu. Wenn ich gut gelaunt bin, dann tret ich zwar auch fest zu, ich weiß nicht, das macht irgendwie Spaß. Ich weiß net, für Sie ist das vielleicht ein bisschen komisch, aber es ist doch schon ein kleiner Kick dabei.«
»Ist das dann so ein Gefühl von Macht?«
»Ja. Ja. Zum Beispiel einmal, da bin ich total abgerastet, dann hab ich den einen nur ins Gesicht reingetreten, dann hab ich gefragt: Kannst du immer noch reden? Und der hat Ja gesagt, und dann noch einmal reingetreten und noch mal gefragt und noch mal »Ja« gesagt und noch mal reingetreten. Wo ich beim dritten Mal gefragt habe, hat er nur noch genickt, und da wusste ich, ja, jetzt hab ich's gepackt. Jetzt redet er nimmer.«

Steffen:
»Was ist das für ein Gefühl, wenn du auf den eintrittst oder einschlägst?«
»Na ja, weiß ich auch nicht. Natürlich auch ein gewisses Gefühl von Stärke, das ist ja klar, also, dass man sich ein bisschen überlegener fühlt. Ja, und dann kommen da ja mehrere so Sachen zusammen, eben der Adrenalinstoß eben, und denn auch eine gewisse Angst, dass man auch selber irgendwie [...] Das ist so, wie wenn Leute einbrechen, die machen das ja auch nicht nur des Geldes wegen, sondern weil da der gewisse Kick dabei ist oder, oder so ein Adrenalinschub, das ist das Schönste im Körper, auch durch diesen Angstzu-

stand, den man da ja auch hat. Da kommt ein bisschen mehr Adrenalin raus als normal üblich [...] Das ist wie so eine Droge, ist so ein Gefühl wie beim Marathonläufer, der erreicht ja dann auch irgendwann so eine Schwelle, und dann, äh ... schüttet der Körper auch so eine Art eigene Drogen aus [...] Man macht das [die Taten] eben nur, um sich selber was zu beweisen und um eben auch dieses Gefühl zu haben.«

Äußerungen wie die zitierten sind grausam und nicht zu entschuldigen, welche Hirnareale die Wissenschaft dafür auch verantwortlich machen mag. Ich bin sicher, dass die dahinter stehenden Gefühle ähnlichen Mechanismen entspringen, wie ich sie am eigenen Leib erlebt hatte.

Tarzan ist inzwischen fort. Susan muss ihn in einer Nacht- und Nebelaktion abgeholt haben. Ich habe sie nicht mehr gesehen, wollte sie immer mal anrufen, fand bislang aber nicht das erste Wort.

Immer noch wüsste ich gern den wahren Grund dafür, Präfrontallappen und falsche Botenstoffe reichen mir nicht als Erklärung. Überlastung, Unzufriedenheit, nervliche Anspannung, das Gefühl, missachtet zu werden, könnten die Ursachen gewesen sein. Vielleicht war mein Leben aber auch zu sehr durchdrungen von Grausamkeiten. Vielleicht.

Geborgenheit

Oft grüble ich, welche Empfindungen ich überhaupt niederschreiben soll, kann und darf, ohne dass ich es später bereuen werde, wenn die Manuskriptseiten beim Lektor liegen, der sie auf seine Weise wahrnimmt, redigiert und in Druck gibt. Was kann ich preisgeben, ohne später einen großen Bogen um die Zeilen machen zu müssen? Dieses Buch beschreibt einen sehr privaten Raum. Es erzählt von meinen Kindern, am Rande auch von meinen Eltern. Was werden sie denken? Werden Antonin und Renein es später mit Humor aufnehmen? Im Buch setze ich mich auch mit meinen persönlichen Veränderungen auseinander, hier werden psychische Aussetzer und Albträume beschrieben. Freunde und Bekannte, die Teile des Manuskripts vorab gelesen hatten, gaben die unterschiedlichsten Ratschläge. Die einen meinten, man könne nicht über Exkremente schreiben, die anderen argumentierten, Träume würden mein damaliges Befinden nachvollziehbar erscheinen lassen.

Und nun stehe ich auch noch vor der Frage, ob ich meinen Wunsch nach Geborgenheit, der damals als Reaktion auf eine schonungslose Realität immer stärker und stärker geworden war, zu Papier bringen soll. Es ist bloßes Formulierungsgeschick, denke ich. Man muss die Gefühle nur gut zu verpacken wissen, sich selbst gegenüber diskret bleiben, den Leser gewissermaßen zwischen den Zeilen lesen lassen. Doch das ist eine Kunst, die gewandte Schriftsteller beherrschen mögen, aber nicht eine Verhaltensforscherin, die nur erprobt ist im Resümieren wissenschaftlicher Erkenntnisse.

Es ist spät. Eine gewisse Schwere steckt in meinen Gliedern und macht den Geist willenlos, als ich zu Papier bringe, was mich so irritiert hatte.

Ich hatte mich von meinem langjährigen Freund getrennt. Nein: *Wir* hatten uns getrennt. Um ganz genau zu sein: Er hat mich verlassen, und ich gebe zu, es hat mich verletzt. Es war das erste Mal seit über zwanzig Jahren, dass ich morgens allein im Bett aufwachte, abends allein unter die Decke schlüpfte, gegen niemanden mein Laken verteidigen musste, kein Schnarchen hörte, keine Liebkosungen spürte. Von nun an war ich mit meinen Zwillingen allein, schmierte abends nur Brote, statt aufwendig zu kochen, küsste zwei Kinderwangen, bevor ich die Nächte alleine verbrachte. Morgens schimpfte keiner, der Kaffee sei zu dünn, niemand beschwerte sich über ungebügelte Hemden und zu laute Musik. Streitigkeiten über das Fernsehprogramm gab es ebenso wenig wie Diskussionen darüber, wohin man in den Urlaub fliegen sollte. Dennoch fehlte mir die Nähe, die ich von klein auf genossen habe. Da war zunächst meine Mutter, die mir Geborgenheit gab. Später, als ich zur Universität ging, umsorgte mich meine Großmutter, bei der ich lebte. Von dort aus ging es schnurstracks zum ersten Freund, der mich nach allen Regeln der Kunst verwöhnte. Ich verließ ihn, um mehr zu erleben, schließlich war ich jung. Der Nächste wollte mich heiraten. Das war zu früh, ich war gerade mal vierundzwanzig, und so trennte ich mich von ihm. Später heiratete ich Christian, den ich seit meinem sechsten Lebensjahr kannte, gründete eine Familie, war glücklich.

Die Ehe ging auseinander, die Gründe tun hier nichts zur Sache.

Meistens hatte ich verlassen, diesmal war ich halt an der Reihe. Recht geschah mir! – Das sage ich jetzt, im Nachhinein, nachdem ich alles überwunden habe.

Als mein Freund und ich uns getrennt hatten, als er mich verlassen hatte, brach die Vorstellung von der »perfekten« Frau, die ich mir gemacht hatte, weil ich glaubte, von Männern unabhängig zu sein, gänzlich zusammen. Ich war verzweifelt, nahm acht Kilo ab, trank viel Wein, hockte bei Freundinnen herum und redete mir durchaus gekonnt ein, dass eigentlich ich es war, die die Beziehung beendet hatte. In solchen strategischen Manövern sind Frauen einfach unschlagbar.

Langes Trauern konnte ich mir indes nicht leisten – da waren die Kinder, der Beruf. Das Forschungsprojekt hatte damals gerade begonnen. »Wir brauchen unsere ganze Kraft«, hatte mir der Kollege damals fast schon mahnend gesagt. Für Frauen, die ständig wegen familiärer Probleme ausfallen, sei kein Platz.

Ich ging voller Energie an die Vorbereitungen für das Projekt. Meinen Kollegen gegenüber verbarg ich die verletzte Innenwelt. Ihnen war nur aufgefallen, dass ich viel rauchte – eine ganz schlechte Folgeerscheinung der Trennung. Nach über fünf Jahren Abstinenz hatte ich das Rauchen wieder angefangen.

Mein Leben bestand nun aus Recherchen. Ich trieb Literatur zur Skinszene auf, suchte nach wichtigen theoretischen Hintergründen für den Fragebogen, mit dem wir in das Leben der Skins eintauchen wollten, und eines Tages saß ich dann einem Kerl aus jener Gattung, die mir bis dahin so fremd erschienen war wie Aliens, leibhaftig gegenüber. Mit der Zeit wurde mir die Welt der Glatzen vertraut und die kahlen Köpfe riefen beinahe automatisch eine Reihe unterschiedlichster Assoziationen hervor: Ich sah sie nicht mehr nur als grölende Horde, als Arm des Neonazismus, als Gewalttäter. Fast empfand ich mich selbst als höchst unfreiwilliges Mitglied einer von der Mehrheit der Bevölkerung geächteten Gemeinschaft. Ich glaubte sie zu kennen wegen der Stunden, in denen ich bei ihnen gesessen war, aufgrund der Abende, die ich mit ihnen verbracht, mit ihnen Kaffee getrunken, Briefe ausgetauscht oder lange Telefonate geführt hatte. Diese Vertrautheit bedeutete aber auch Distanzlosigkeit – in den Augen mancher Außenstehender vielleicht sogar Realitätsverlust. Zugegeben, in meine Beziehung zu dem einen oder anderen Glatzkopf hatte sich nach stundenlangem Gespräch auch Verständnis gemischt. Ich habe Mitleid gefühlt, wenn ein Gewaltverbrecher bei der Erinnerung an grausame Erlebnisse in seine Kindheit vor mir zusammensackte. Ich habe mich gefreut, wenn ein mit Hakenkreuz tätowierter Kerl erzählte, was er empfand, als er zum ersten Mal sein Kind in den Armen hielt. Für diese Distanzlosigkeit schäme ich mich nicht, möglicherweise war sie der Schlüssel zu der verstockten Seele dieser Kerle.

Während der eine Teil meines Innenlebens okkupiert war von den Glatzen und ihren Geschichten, bemühte sich der andere um die Regelung meines persönlichen Durcheinanders. Nachdem ich mein plötzliches Alleinsein acht Monate lang mit brauner Tunke und mit Albträumen, Allergien und Übelkeit überdeckt hatte, beschloss ich eines Tages, tanzen zu gehen. So ist es immer, lange Zeit erdulde ich die unguten Gefühle, bis dann ganz plötzlich, wie aus heiterem Himmel, ein Wandel geschieht. Selten weiß ich den

Grund dafür. Ich wache einfach morgens auf und verspüren einen diffusen Optimismus im Bauch – ja: im Bauch, nicht im Kopf. Es sind die Emotionen, die mir ein Kribbeln im Leib verursachen und mit dem Kopf nicht erklärbar sind.

An jenem Morgen, als die schlechten Gefühle den glücklichen Platz gemacht hatten, rief ich eine Freundin an und verabredete mich zum Tanzen. Zum ersten Mal seit Wochen schminkte ich mich ausführlich, hörte laut Radio, sang, hüpfte in der Wohnung umher. »Selbstschutz der Seele«, nannte ich damals die Metamorphose.

Wir trafen uns mitternachts in einer Diskothek zur »Tropical Night«. Ich versank in eine Welt der Früchte, der bunten Farben und der beschwingten Musik. Die ganze Nacht hindurch tanzte ich, trank Caipirinha, hungrig nach Leben, Lachen, Freude.

Das erste Mal seit Monaten sprach ich wieder mit Männern – mit Männern ohne Glatze. Die Gespräche waren kurz und flüchtig, so wie es nachts eben ist. Man lernt sich kennen, um sich wieder abzuhaken. Frauen sind wählerisch, trotzdem beleben diese Kurzkontakte den Abend. Zu früher Stunde, gegen vier Uhr morgens, saß ich erschöpft auf einem Barhocker und blickte in das ausgelassene Toben im Saal. Eine Art geradezu magnetischer Zwang zog meinen Blick irgendwann auf einen großen Mann, der an einer Säule lehnte. Das war mehr als ungewöhnlich, denn ich kenne das sonst nicht, habe selten erlebt, dass ich fasziniert bin vom Äußeren, spüre selten Blitze durch meinen Körper fahren. Vor allem aber: Ich wollte momentan keine weitere Unruhe in meinem Leben, wollte abends weiterhin nur Brote schmieren, laute Musik hören, allein im Bett liegen und schnarchlose Nächte verbringen. Nur haben Magnete leider die ungünstige Eigenschaft, dass ihre Anziehungskraft besonders stark ist, wenn sie auf einen Gegenpol treffen. Im Schleier des Caipirinhas verfingen sich unsere Blicke.

Blicke sind Signale, sie können Gefühle nach außen tragen, sind Boten von Sehnsüchten und Wünschen. Ich aber wollte keine Wünsche haben, sah zu Boden und zählte die herumliegenden Zigaretten wie man beim Einschlafen Schafe zählt. Nur nicht aufhören, kein Schaf auslassen, keine inneren Blitze mehr durch die Nacht schleudern!

Alles in mir war willenlos, die Hand schlaff, die plötzlich hochgehoben und durch den Saal gezogen wurde, das Hämmern des Herzens mischte sich in die Rhythmen der tropischen Nacht.

Unfähig, auseinander zu gehen, standen dann zwei Magnetteile vor der Tür.

Wir trafen uns immer wieder, alle paar Monate, immer im selben Saal, immer mehr oder weniger zufällig. Wir wussten beide um die heimlichen Gründe unseres Kommens. Wir sprachen nie viel miteinander, wir tanzten, lachten, tranken und fühlten viel. So erlebte ich eine Affäre, in der jeder nach Nähe suchte, sie genoss, um unverweilt zu fliehen, sich nicht mehr zu sehen, Abstand zu suchen und Empfindungen zu verdauen. Ich denke, es war die Angst vor Verletzbarkeit, die mich so oft frühmorgens durch den Regen waten ließ, der die Ereignisse der Nacht aus meinem Herzen waschen sollte.

Dieser Mann begleitete mich wie ein unsichtbarer Lichtpunkt durch die braune Welt. Er war zugegen, wenn ich in den Zellen saß, er war greifbar, wenn ich an einsamen Bahnhöfen auf den Zug wartete, und er beruhigte meine

Sinne, wenn sie durch Geschichten von Hass und Mord aufgewühlt waren. Er war ein Teil meines braun verschmierten Lebens geworden, und ich fragte mich: Warum hatte ich mich ausgerechnet in Daniel verliebt, in einen Mann, den gerade mal fünf Millimeter lange Haare von einer Glatze trennten?
Zufall?

Buchverkauf

Ich habe einen Agenten, einen Buchagenten, er verkauft meine Ideen. Während der vergangenen drei Jahre hatte ich immer mal wieder das eine oder andere Buchprojekt vor Augen. Dann rief ich in seiner Agentur an und erzählte ihm von meinem Vorhaben. So schnell wie die Ideen kamen, so schnell verlor ich jedoch auch wieder mein Interesse an ihrer Umsetzung.

Doch dann wallte es in mir auf. Seit Wochen benutzte ich den Computer fast schon als Therapieersatz, hackte auf ihn ein, vor mir ein Glas Bier, neben mir leere und halb volle Zigarettenschachteln. Ich bin zu wenig konsequent, um Fachartikel zu schreiben, zu schlampig, um eine gute Wissenschaftlerin zu sein, zu leicht ablenkbar, um Projekte straff durchzuziehen, zu lebenslustig, um mich täglich von morgens bis abends vor den Bildschirm zu setzen, abgeschottet von der Außenwelt, und die Tage fast schon wie ein Autist zu verbringen. Aber dieses Mal wollte ich ein »Nebenprodukt« wissenschaftlicher Arbeit zu Papier bringen. So rief ich meinen Agenten an, der wie immer bereit war, mir geduldig zuzuhören.

Wir verabredeten uns im nahe gelegenen Biergarten. Im Unterschied zu sonst hatte ich dieses Mal ein Exposé geschrieben, dem ich eine zehnseitige Leseprobe beifügte.

Es war heiß, wir trafen uns zum Mittagessen, und mein Agent verzehrte triefende Blut- und Leberwürste, während ich von den Bluttaten der Skins sprach. Vor mir lag der vorbereitete Packen Papier, der innere Regungen, sentimentale Empfindungen und Tatbeschreibungen gleichermaßen barg. Meine Aufregung glich der Nervosität vor dem Abitur: »Ich lass dich erst gehen, wenn du alles gelesen hast!«

Er wischte sich das Fett von den Lippen und begann zu lesen. Er ist ein Profi, das Lesen von Manuskripten ist sein Job, Spreu von Weizen zu trennen sein Kapital. Ich hatte verschwitzte Hände, beobachtete ihn genau, analysierte die regungslose Miene, meinte registrieren zu können, ob er diagonal oder Zeile für Zeile las. Nie zuvor hatte ich etwas so Persönliches von mir gegeben, und das machte mich unsicher. Natürlich gibt es zahllose Filmsternchen, die in ihren Memoiren (die sie mit achtundzwanzig schreiben) über Betterlebnisse berichten, über ihre Diäten, über ihre gestörten Verhältnisse zu den Eltern – doch das sind Menschen, die gern im Rampenlicht stehen und sich den Medien bereitwillig präsentieren. Mich dagegen kostete schon die Beschreibung meiner Albträume starke Überwindung, und ich brachte es überhaupt nur deshalb fertig, weil ich sie irgendwie verarbeiten musste.

Er hielt das letzte Blatt in Händen, er legte es beiseite, er sah mich an und sagte ernst: »Weiter so!«

Es folgten seine Prognosen: »Wie gut das Buch auch immer werden mag, viele Verlage fassen diese Thematik nicht mit der Beißzange an. Der Vorschuss wird wohl eher kläglich sein – wenn ich es überhaupt verkaufen kann. Trotzdem, ich bin optimistisch. In drei bis vier Wochen sage ich dir Bescheid.«

Er kannte mich seit über zehn Jahren, seit drei Jahren hatten wir uns nicht mehr gesehen, umso mehr bewegten mich die Worte, die er mir zum Abschied sagte: »Christiane, du hast aufgehört zu lachen. Tu mir einen Gefallen: Lerne es wieder!«

Meine früheren Bücher hatte er sehr schnell verkauft: Keine Woche, und schon hatte ich Gespräche mit Verlegern. Nicht so bei diesem Buch. Tag um Tag, Woche um Woche verstrich, und ich war mir sicher, dass kein einziger Verlag Interesse gezeigt hatte. Mit der Zeit hörte ich auf, meine Regungen und Erlebnisse niederzuschreiben, es gab auch keine mehr – ich fuhr nicht mehr in die Gefängnisse, sprach keine Schicksale mehr ins Diktiergerät, meine Arbeit war stattdessen von Zahlen bestimmt. Das Projekt hielt mich auf Trab, die Bänder mussten ausgewertet, der Computer mit Zahlen gespeist werden. Die transkribierten Interviews meiner Kollegen stapelten sich auf dem Tisch, und alle musste ich sie noch lesen. Das war oft nicht einfach. Viele Skins sprachen in einem schwer verständlichen Kauderwelsch wie:
»Und da war das, mei Mutter war halt zu jung, so würd ich das sagen, mit sechzehn keine Erfahrung gehabt hat sie, und da bin ich zur Oma, weil, meine Mutter hat noch bei meiner Oma, da war sie, hat gewohnt, also meine Mutter hat bei ihrer Mutter gewohnt, und dann ist sie noch so oft weggegangen, also weg, so mit Freunden und so, und dann halt war ich halt ungefähr acht Tage alt, da war ich bei meiner Oma.«
Verbale Ausdrucksweisen sind für die Auswertung durchaus interessant, schließlich lassen sie Rückschlüsse auf den emotionalen und intellektuellen Zustand des Sprechers zu. Sprach der Skin häufig in der dritten Person? »Man war halt schlecht drauf, man muss Kanaken schlagen …« – das

könnte ein möglicher Hinweis auf Distanzierung sein. Oder die ständigen Selbstbestätigungen: »So würde ich mal sagen, war das Negerklatschen eine feine Sache, find ich mal.« Hinweise auf starke emotionale Beteiligung sind Besonderheiten in der Satzkonstruktion: »Über Gefühle, also sprechen, also das, über Gefühle kann ich nicht, ich meine also, so Liebe, also ich würd mal sagen, will ich nichts sagen ...«
Liest man pro Fall über hundert Seiten eines derartigen Durcheinanders und sucht bei jedem Satz verzweifelt nach der heimlichen Botschaft, ist man mit jedem einzelnen Fall mehrere Stunden beschäftigt. Dann werden die Protokolle reduziert, sie schrumpfen zu einem Schicksalskondensat wie dem Folgenden:

Fall S1:
Geboren 1972, Mutter Köchin, evangelisch, Vater Kranführer, herzkrank. Keine Frühgeburt, keine Geschwister. Familienklima getrübt. Probleme kein Gesprächsstoff. In Schule auffällig, kein Schulabschluss, Lehre abgebrochen. Kontakte zur Szene mit 12. 14 Straftaten (Körperverletzung, Einbruch, Diebstahl ...) usw. usf.

Ich sprach kaum mehr über meine Arbeit, hatte auch nicht das Verlangen danach. Ich distanzierte mich von Glatzen und Bomberjacken, schleuderte die Fragebögen mehr oder weniger achtlos in die Ecke, nachdem ich sie für den Computer ausgewertet hatte.
Ich hatte keine Albträume mehr. Schlangen und Fäkalien überschritten nicht mehr die Grenze zu meiner Welt, angenehme Träume veränderten mich.
Es kam eine Zeit der Ausgeglichenheit. Ich wachte mor-

gens ausgeschlafen und bester Laune auf. Ich war zufrieden. Der kahlköpfige Schatten über mir hatte sich getrollt. Ich begann wieder viel zu unternehmen, ging aus dem Haus, war auf vielen Festen, lernte neue Menschen kennen – und log sie alle an, was meinen Beruf anbelangte: »Ich bin Mutter und Hausfrau, sonst nichts!«
Ich tauchte wieder ein in die vertraute heile Welt. Ich ging spazieren, kletterte auf Berge, fuhr mit dem Fahrrad, saß auf meinem Balkon, genoss die warme Sonne – und lachte wieder.
Während dieser Zeit hörte ich das Rauchen auf.
Das Buch hatte ich verdrängt, sozusagen ad acta gelegt.
Dann häuften sich die Berichte in den Medien über rechtsextremistische Taten. Überall in Deutschland, im Norden wie im Süden, wurden Ausländer geprügelt, Synagogen angezündet, Obdachlose gequält und erschlagen. In Schwerin zum Beispiel. Zwei dieser Täter waren jung, noch nicht einmal volljährig, gerade mal fünfzehn und sechzehn Jahre alt. Den Berichten zufolge hatten sie mit ihrem Opfer zusammen gesessen und Alkohol getrunken, bevor sie den Mann mit Füßen traten. Es ist müßig zu spekulieren, ob sie die Tat geplant hatten oder nicht. Allerdings setzen sich Glatzen mit »Abschaum und Ungeziefer«, wie sie Obdachlose zu nennen pflegen, normalerweise nicht friedlich auseinander, indem sie eine Flasche Wein mit ihnen trinken. Auch Affekte konnten in Schwerin keine große Rolle gespielt haben, denn ein zweites Mal zum bereits zusammengetretenen Opfer zurückzukehren, um die Sache zu beenden, das setzt schon eine extreme Kaltblütigkeit voraus.
Ich las die Nachrichten, teilte meine Bestürzung mit dem Großteil der Bevölkerung und begann mich immer mehr zu fragen, ob es überhaupt Sinn machte, in autobiographi-

scher Form über verkorkste Kindheit und Jugend, über prügelnde Eltern, rohe Lehrer und randalierende Gangs zu berichten. Was konnte ich mit diesem Buch erreichen? Was würde einen Käufer bewegen, nach einem Buch über jene Kerle zu greifen, die die innen- und außenpolitische Situation so arg strapazierten? Wer will schon etwas über die möglichen Gründe erfahren, die hinter solchen Grausamkeiten stecken?

Ich war nahe daran, meinen Agenten anzurufen, um ihm das Buchprojekt abzusagen. Lieber wollte ich es bei den Zahlen und Statistiken belassen, die unsere Untersuchung ergeben würde. Ich wollte mich distanzieren von möglichen Folgen, die mein Buch haben könnte: Talk-Shows zum Beispiel, in denen die »Skinexpertin« befragt wird, die ich nicht bin. Kritiker, die jene Stellen ankreideten, an denen mir die Worte »Verständnis« oder gar »Sympathie« entschlüpft waren. Ich würde mich vor mir selbst und vor aller Öffentlichkeit in den Medien verteidigen und rechtfertigen müssen – vorausgesetzt, dass überhaupt jemand aufmerksam wird auf mein Buch.

Ich sprach mit Freunden, die mich ermutigten, die Arbeit an dem Buch fortzusetzen. Dennoch wartete ich ab, das bereits Geschriebene sollte sich setzen. An einem stillen Abend las ich es durch und befand es für zu emotional. Ich müsste alles ändern, alles neutralisieren, stellte ich fest und war insgeheim froh darüber, dass sich weder Agent noch Verlage meldeten.

Eines Tages waren in der Lokalbeilage der Tageszeitung Skinheads auf Seite eins zu finden. Da stand, wo sie sich aufhielten: am See, nicht weit von meiner Wohnung. Es war Sommer, und so begab ich mich an jedem schönen

Wochenende sozusagen zu Forschungszwecken mit meiner Badetasche an den See. Ab 14 Uhr waren sie mit großer Zuverlässigkeit zu Gange, eine Gruppe von zwölf bis vierzehn Glatzen. Die weißgeschnürten Stiefel lagen verstreut umher, und auf jeden Kahlschädel kamen mindestens zehn Bierdosen. Hier waren sie friedlich, lachten viel, verfolgten hübsche Frauen mit gierigen Blicken. Ab und zu machten sie eine dumme Bemerkung. Zu fortgeschrittener Stunde begannen sie ein wenig herumzupöbeln, offenbar jedoch ohne ernsthaft aggressive Absichten. In ihrem Verhalten unterschieden sie sich nicht wesentlich von anderen jugendlichen Gruppen, vom Lärmpegel einmal abgesehen.

Nach dem vierten Wochenende hatte ich die Sonntage mit Skinheads satt. Nichts geschah, keine aggressive Gruppendynamik, keine ausländerfeindliche Anmache – obgleich wenige Meter entfernt türkische Familien Picknick machten. Wäre die Polizei wie ich auf Beobachtungsposten, sie hätte nie etwas zu melden gehabt, und das ist ein Teil des Problems: Man kann sie nicht vierundzwanzig Stunden lang überwachen, doch genau das wäre nötig, denn meist entsteht die Gewalt spontan. Zwar sind etliche Übergriffe geplant, etwa wenn es um die Demolierung von ausländischen Einrichtungen geht, aber viele Prügeleien entstehen aus der unmittelbaren Situation heraus. Oft sind die Glatzen zu zweit, nicht selten auch alleine. Viele Schlägereien tauchen in den Polizeiakten gar nicht auf, zu eingeschüchtert sind die Opfer, zu sehr fürchten sie sich vor den möglichen Folgen. Die Überfälle finden in dunklen Parks und in versteckten Hinterhöfen genauso statt wie an stark belebten Straßen, auf Bahnhöfen und so weiter. Meines Erachtens gibt es keine wirklich kalkulierbare Systematik, die entsprechende Präventionen erlaubt. Ich denke, die meisten Taten sind Affekthandlungen, bei denen Glatzen den Kick suchen, ganz gleich, welche Konsequenzen es für sie hat, und das macht sie so gefährlich. Beispielsweise trat ein achtzehnjähriger Skinhead gemeinsam mit seinen Kumpels einen Mann zu Tode, einfach so:

»Ja, so furchtbar spät sind wir da durch die Gegend gezogen, und da habe ich jemanden angegriffen.«

»Irgend jemand?«

»Ja, willkürlich, und habe den da getreten, da umgetreten, und, jedenfalls hatten andere da auch noch auf den eingetreten, und der ist nachher verstorben eben aufgrund, ähm ... seiner inneren Verletzungen. Der ist auch nicht weggegangen, der ist nicht zum Arzt gegangen oder so, der ist später erst verstorben. Der war nicht gleich verstorben oder so auf einen Schlag. Es ist nicht, als ob ich den jetzt angeschossen hätte oder so, der hat ... eine Rippe hat dann seinen einen Lungenflügel durchschnitten, und der war wohl auch ziemlich angetrunken oder so, und da hat der so gedacht, jetzt, wenn er sich ein bisschen ausruht oder so, aber der ist dann irgendwie verstorben. Eingeschlafen ist er, und da ist er dann irgendwie tot geblieben.«

»Wie viel wart ihr?«

»Wir waren zwanzig Mann oder so.«

»Über zwanzig Leute haben ihn mit Fußtritten gequält?«

»Ja, und ich habe dann mit jemand anderem ihn da rumgetreten und ihn da ...«

»Also, ich kann mir das gar nicht vorstellen, ihr habt den einfach so angegriffen?«

»Einfach willkürlich habe ich ihn angegriffen.«

»Ja, okay.«

»Also ohne Grund oder so. War auch besoffen gewesen und,

na ja. Ich wollte mich da noch ein bisschen stark fühlen und stark machen vor den anderen, ja, und da eben Lust gekriegt, und da haben sie mir eben am nächsten Tag, haben sie mir erzählt, dass die den da eben mit einem Leichensack da abgeholt haben, war einfach ein Sack. Ja, und zwei Wochen später oder so standen dann die, stand dann die Polizei auf der Matte in der Schule und hat mich da abgeholt mit Handschellen und so. Ja, ich meine Aussage gemacht, Protokoll auch abgegeben, und da haben die mich wieder gehen lassen. Das konnte ich gar nicht glauben, dass ich da jetzt einfach wieder gehen darf.«

Fast gewöhnte ich mich an die Berichte in den Zeitungen. Den Tod des Obdachlosen in Schwerin hatte ich immer noch vor Augen. Ich ahnte, welche Prozesse wirkten, wenn Vietnamesen durch die Straße gejagt und verprügelt wurden: Ich hatte das Gefühl, die Vorgeschichte der Täter genauestens zu kennen, stellte mir die Emotionen vor, die die Glatzen zur Tat trieben, wusste, mit welchen Argumenten sie ihre Taten rechtfertigten. Wenn das Projekt noch etwas dauern würde, dann säßen diese Kerle in ein paar Monaten vor mir, der eine schüchtern und verunsichert, der andere kaltherzig und aggressiv. »Reue? Nein, die kenne ich nicht!«

Die Politiker scheinen ratlos zu sein. Sie vergeben Forschungsaufträge, lassen Umfragen machen, organisieren Symposien, bei denen sich Pädagogen, Soziologen, Psychologen und so weiter die Klinke in die Hand geben. Wenige von ihnen haben direkten Kontakt mit den Skins. Es sind die Bewährungshelfer und Streetworker, die Pädagogen, die entsprechende Einrichtungen betreuen, die Kontakte zu den Gruppierungen haben. Skinheads sind schwer zugänglich. Sie schotten sich erfolgreich nach außen ab, wissen oft, wer ein Spitzel ist und wie damit umzugehen ist. Der Rechtsextremismus boomte, er kam geradezu in Mode und füllte einen Sommer lang die Zeitungen. Wer etwas zu sagen hatte, versuchte sich als Analytiker und Ergründer eines Phänomens, das in Wirklichkeit schon seit langem in unserer Gesellschaft rumort. Auf diese Weise wurden Skinheads für viele Jugendliche erst recht attraktiv. Endlich berichtete man über sie, endlich fürchtete man sich vor ihnen. Jetzt stellte ihre zweite Heimat, ihre Ersatzfamilie etwas dar. Als ich vor vielen Jahren anfing, mich mit Fremdenfeindlichkeit zu befassen, krähte fast kein Hahn nach dieser Thematik. Aber nun schrie jeder danach. Für gewöhnlich sind Hähne die Ersten, die den Tag begrüßen. Diesmal haben sie jedoch verschlafen.

Als dann in diesem heißen Sommer doch noch mein Agent anrief, um mir mitzuteilen, dass wir zu einem Gespräch mit einem Verlag eingeladen seien, wunderte es mich nicht weiter.

Ich begann wieder zu schreiben, näherte mich von neuem der auf Distanz gehaltenen Welt. Abend für Abend saß ich vor dem Computer und schrieb wie von Sinnen. Die Zeit der relativen Unbeschwertheit war dahin. Schreiben bedeutet, Erinnerungen wieder lebendig werden zu lassen, die vergessenen oder verdrängten Geschichten zurück ins Bewusstsein zu holen. Vorbei die Abende mit Daniel, es gab keine Ausflüge mehr zu »Tropischen Nächten«. Innerhalb weniger Tage war ich wieder mittendrin – in meiner Zurückgezogenheit, in üblen Schicksalen, in Albträumen.

Zivilcourage

Stellen Sie sich vor, Sie besuchen eine Bekannte irgendwo in Deutschland. Es ist Freitagnachmittag, und der Zug, mit dem Sie fahren, ist ziemlich voll. Sie gehen durch die Waggons und suchen einen Platz. In den Abteilen sitzen die unterschiedlichsten Menschen. Sie sehen eine ausländische Familie. Vater, Mutter mit Kopftuch und fünf kleine Kinder machen gerade Brotzeit. Im nächsten Abteil sitzen drei ältere Herren und lesen Zeitung. Ihnen gegenüber zwei junge Mädchen, die sich angeregt unterhalten. Der dritte Platz wäre frei, Sie aber beschließen weiterzugehen, weil Sie müde sind und während der Zugfahrt etwas schlafen möchten. Im dritten Abteil sitzen vier Geschäftsleute, jeder hat einen Computer auf dem Schoß. Das ist nichts für Sie, Sie blicken ins vierte. Das ist voll besetzt, und trotzdem bleiben Sie einen Moment lang davor stehen, weil Sie die sechs wild aufgemachten Punks mit ihren bunten, hoch stehenden Haaren, ihren Ketten und den alten Parkas genauer sehen wollen. Das nächste Abteil passt dann: Am Fenster schläft eine ältere Dame, daneben lesen zwei junge Männer Zeitung, ihnen gegenüber spielt ein junges Paar Karten. Sie beschließen, den letzten freien Platz zu nehmen, und verstauen Ihren Koffer. Gerade haben Sie sich niedergelassen, da wird es auf dem Gang laut, Sie hören schwere Schritte und wundern sich. An Ihnen vorbei marschieren sieben glatzköpfige Typen mit schwarzen Jacken, klobigen Stiefeln

und zwei Sixpacks Bier. Aus dem Nachbarabteil dröhnen Stimmen, es sind die Punks, die den Marsch der Glatzen durch den Zug mit Spott begleiten. Zumindest vermuten Sie das, denn Sie hören lautes Lachen. Die letzte Glatze bleibt auf Höhe Ihres Abteils stehen und dreht sich um. Im Nachbarabteil wird es schlagartig ruhiger. Die Glatze geht weiter. Die sieben Kerle müssen sich dann in unmittelbarer Nähe niedergelassen haben, denn Sie werden Ohrenzeuge lauter Schimpftiraden, untermalt vom Zischen der Bierdosen. Diese Typen sind Ihnen nicht geheuer. Ihre Nähe flößt Ihnen Unbehagen ein, zu viel Schlimmes haben Sie aus Fernsehen und Zeitung erfahren: Das sind genau die Kerle, die saufen und prügeln, die Sie immer dann in den Nachrichten sehen, wenn es um Neonazis geht. Und das ist zur Zeit immer häufiger der Fall.
Der Zug fährt an, Sie sind froh, dass er pünktlich ist, denken an das Wochenende und versuchen die lautstarken Stimmen der Glatzen zu überhören. Ihre Reisebegleiter scheinen das Drumherum zu ignorieren. Die Dame schläft immer noch, die Karten werden nach wie vor hin und her geschoben, und die zeitunglesenden Herren scheinen vom Wirtschaftsteil zu sehr in Bann geschlagen zu sein, als dass sie sich von ein paar Skins aus der Ruhe bringen ließen. Felder und Häuser rasen an Ihnen vorbei, ein Schaffner kontrolliert die Fahrkarten.
Punks und Skins, zehn Meter voneinander entfernt, das ist eine ungute Kombination. Sie wissen das und verdrängen doch gleichzeitig den Gedanken an eine mögliche Konfliktsituation, ganz wie ein Flugreisender, der seiner Angst vor dem Absturz mit der Frage begegnet: Warum ausgerechnet heute, warum ausgerechnet ich? Zu gering ist die Wahrscheinlichkeit, dass etwas passiert!

Sie beginnen gerade in einem Buch zu schmökern, da hören Sie laute Schritte und sehen sechs lärmende Glatzen an Ihrem Abteil vorbeimarschieren. Der siebte macht direkt neben Ihrem Sitzplatz auf der anderen Seite der gläsernen Trennwand Halt. Er grinst Sie hämisch an. Die beiden Herren Ihnen gegenüber haben die Zeitung auf die Knie gelegt und mustern den Skin verwundert. Auch das Paar neben Ihnen hört auf, Karten zu spielen, und die Dame am Fenster wird jäh aus ihrem Schlaf gerissen von dem Schrei, der aus dem Nachbarabteil dringt. Die sechs Glatzen müssen auf die Punks gestoßen sein.

Also doch: Sie werden zum unfreiwilligen Zeugen einer heftigen Auseinandersetzung. Schimpfworte fliegen über den Gang: Wichser, Säcke, Ungeziefer, Nazischweine, feige Sau. Dann hören Sie einen harten Knall an der Wand, die Ihr Abteil von dem der Punks trennt. Es folgt ein markerschütternder Schrei, dumpfe Schläge, dann wieder: »Zecke, du linke Sau!«

Die Dame am Fenster ist erbost, klopft an die Wand und ruft: »Ruhe da drüben!« Die beiden Herren meinen besorgt, man müsse den Schaffner holen. Das gut gemeinte Vorhaben scheitert jedoch an dem Grinsen des bulligen Typen vor Ihrem Abteil.

Sie bekommen es mit der Angst zu tun, denn offensichtlich eskaliert der Kampf. Die einen Stimmen werden lauter und immer aggressiver, die anderen immer leiser und ängstlicher. Der Dame wird es zu laut. Möglicherweise hält sie das ganze Spektakel für das zügellose Verhalten von Betrunkenen. Sie erklärt, sie werde das Abteil verlassen und in den Speisewagen gehen. Im Hinausgehen beschimpft sie den vor dem Abteil stehenden Skin, er möge gefälligst Platz machen, und dann ist sie verschwunden.

Sie beginnen sich zu beratschlagen. Das Paar schlägt vor, man solle mal nachsehen, die beiden Herren jedoch geben zu bedenken, der Typ vor dem Abteil gehöre zu der Bande und stünde sozusagen Schmiere. An dem käme man beim besten Willen nicht vorbei.
Sie können es nicht fassen, sind gänzlich ratlos. Sie erzählen von einem Vorfall, der sich vor ein paar Jahren in München zugetragen hat, wo zwei spielende Jungen im Winter durch das Eis des Olympiasees gebrochen und ertrunken waren. Um den See herum standen Menschen und sahen tatenlos zu, weil sie Angst hatten, in dem kalten Wasser selber zu ertrinken. Sie sahen zu, wie die kleinen Buben schreiend versuchten, sich aufs Eis zu ziehen. Jeder wusste, was am besten zu tun sei, aber keiner half. Am nächsten Tag war aus der Zeitung zu erfahren, dass die tiefste Stelle des Sees gerade mal einen guten Meter beträgt. Keiner hätte sein Leben riskiert bei der Hilfeleistung.
Aber wie soll man hier und jetzt helfen? Gegen sieben Skinheads kämpfen, die als überaus aggressiv gelten? Sie reden sich ein, es würde schon nicht so schlimm sein, die Skins wüssten schließlich, dass rundherum Zeugen sind. So blöde könnten die doch nicht sein. Oder?
Mittlerweile sind fünfzehn Minuten vergangen. Der Skin vor Ihrer Tür wirkt zufrieden, er lächelt. Die Schreie nebenan sind leiser geworden. »Die Punks werden wohl die Opfer sein«, sagen Sie besorgt zu den beiden Herren. Die jedoch haben resigniert und sich wieder in die Zeitung vertieft. Sie können nicht glauben, dass hier tatsächlich jemand Zeitung liest, während nebenan eine Schlägerei im Gange ist. Ohne weiter zu überlegen, was genau Sie eigentlich tun wollen, stehen Sie auf und öffnen die Tür des Abteils, Sie wollen einfach handeln. Doch der Zerberus

schubst Sie mit einem festen Schlag auf die Schulter zurück in Ihr Polster. Das Paar neben Ihnen schreit: »Hört auf, hört auf!«, und wieder öffnet sich die Tür: »Haltet die Fresse, sonst knallt's.«
Schließlich bleibt Ihnen nichts anderes übrig als zu warten, warten bis das Ganze aufhört, bis jemand anders die Notbremse zieht, jemand anders den Schaffner sucht, jemand anders auf irgendeine Weise zu helfen versucht, denn Sie haben Angst, ebenso wie das Paar und die beiden Herren, die ihre Köpfe hinter der Zeitung verschanzt haben und vorgeben, nichts zu sehen, nichts zu hören.
Schweiß läuft Ihnen den Rücken herunter, Sie fühlen Panik in sich aufkommen, nebenan wird gewinselt und gewimmert: »Seid ihr verrückt ...« Dann folgt wieder ein dumpfer Knall.
Nach dreißig Minuten hält der Zug an einem Bahnhof. Endlich! Die Glatze vor Ihrem Abteil verlässt ihren Posten. Sofort stehen Sie auf und öffnen die Tür. Sie sehen, wie die Punks von ihren Peinigern mehr tot als lebendig über den Gang gezogen werden. Auf dem Boden hinterlassen sie eine lange Blutspur.
Irgendwo muss sich doch ein Schaffner befinden. Sie öffnen ein Fenster und schauen auf den Bahnsteig, hinter Ihnen drängen sich das Paar und die beiden Herren ebenfalls ans Fenster: »Jetzt müssen wir aber wirklich was unternehmen!«, meint der eine.
Einer nach dem anderen werden die Punks auf den Bahnsteig geworfen, und Sie wissen nicht, ob in einem dieser blutverschmierten Körper noch Leben steckt.
Wenige Minuten später stecken die Fäuste der Schläger in Handschellen, sie werden abgeführt. Der Zug hat fünfzehn Minuten Aufenthalt, viele Minuten länger als geplant, dann

setzt er sich wieder in Bewegung. Mit ihm fahren Zeugen des Vorfalls weiter, die sich so gern ihr Gewissen rein geredet hätten. Aber was um alles in der Welt hätten Sie tun können?

»Nichts, gar nichts«, sagte mir Markus. Der musste es wissen, denn er war dabei gewesen: »Als wir durch den Zug gegangen sind, saßen so ein paar Punks im Abteil und haben uns blöde angemacht, ›Nazischweine‹ oder so haben sie gesagt. Wir sind dann erst mal weitergegangen und haben uns weiter hinten im Zug überlegt, wie wir uns rächen können, weil wir uns das nicht gefallen lassen wollten. Dann haben wir beschlossen, zu denen ins Abteil zu gehen. Die saßen da und haben einen Schreck bekommen. Jeder von uns hat sich einen geschnappt. Ich hab mir den am Fenster vorgenommen.«

»Warum gerade diesen?«, fragte ich.

»Na ja, der saß halt einfach da, mein Freund nahm einen anderen.«

Markus begann wie von Sinnen auf ihn einzuschlagen. Ein anderer Skin zückte sein Messer, schnitt die Schnürsenkel eines Punks auf und durchbohrte das Leder des Schuhs und den Fuß. Bis zum Heft steckte das Messer im Fleisch. Währenddessen prügelte Markus weiter auf sein Opfer ein: auf Gesicht, Nase, Mund. Ein Zahn lag auf dem Boden, alles war blutüberströmt. Keiner der Glatzen ließ sich von dem angst- und schmerzvollen Geschrei der Punks abhalten. Im Gegenteil, ihr Blutrausch wurde immer größer. »Es dauerte insgesamt dreißig Minuten«, meinte Markus.

»So lange? Das kann ich mir gar nicht vorstellen …«

»Doch, dreißig Minuten hat das gedauert. Wir schlugen,

bis sie sich nicht mehr bewegten. Alles war blutüberströmt.«
»Gab es denn keine Zeugen?«
»Oh ja, da waren da noch zwei Kumpels. Es waren, also, es waren Kumpels aus einer anderen Gruppe.«
»Standen die Wache?«
»Kann sein. Die gehörten nicht zu uns, die schauten einfach nur zu.«
Links und rechts von dem Abteil hätten ebenfalls Reisende gesessen, normale Leute mittleren Alters, meinte er.
»Hat denn keiner etwas getan?«
»Nein, kein Mensch, keiner hat den Schaffner geholt. Da ist niemand aufgestanden, obwohl die so geschrien haben.«
Während Markus zuschlug, verspürte er Hass, der in einen unkontrollierbaren Blutrausch überging. Er fühlte sich absolut im Recht. Prügeln wollte er, bis sich nichts mehr in dem Abteil regte. Die Punks sollten ihre Strafe bekommen, auch wenn einer dabei zu Tode geschlagen würde.
Am Bahnhof angekommen, schleiften sie ihre fast leblosen Opfer über den Gang, vorbei an »blöden Blicken, die Leute haben so dämlich geglotzt!« zur Tür, um die Punks aus dem Zug zu werfen. Danach wollten sie abhauen. Ein Schaffner hatte sie jedoch bemerkt und die Polizei alarmiert. Das führte zur Festnahme.
»Nach drei Tagen habe ich das alles furchtbar bereut. Mir hat Leid getan, dass ich den so hergeschlagen und verletzt habe. Beim Prozess bin ich dann zu ihm hingegangen und hab mich entschuldigt. Ich hab es so bereut.«
»Ich hab da noch eine letzte Frage: Wie kommt es, dass keiner geholfen hat, es waren doch so viele Menschen um euch herum?«
»Die werden wohl alle gewusst haben, dass sie keinerlei

Chance gehabt hätten!«, meinte Markus bestimmt. »Dafür hätten auch die anderen Kumpels gesorgt, deswegen glaube ich, standen die vor den anderen Abteils. Wenn wir zuschlagen, dann gibt es keinen Halt, vor niemandem. Das ist sicher!«

Ausbruch

Die Albträume kehrten zurück. Ich fasste die nächtlichen Attacken meiner Seele als Warnschüsse auf. Normalerweise werde ich wütend, wenn es mir schlecht geht, dann schimpfe ich mein soziales Umfeld in Grund und Boden. Freunde und Bekannte ziehen gewöhnlich den Kopf ein, wenn ich angestaute Belastungen nach außen trage. Man wirft mir bisweilen Zickigkeit vor. Ich motze, beklage mich, werde aggressiv und ungeduldig. Das mag widerborstig sein, hat aber den Vorteil, dass ich es immer irgendwie schaffe, Alltagsprobleme selbst zu lösen.

Doch wieder habe ich mich verändert. Die Monate des Schreibens machten mich erst nachdenklich, dann energielos.

An manchen Tagen kannte ich mich selbst nicht mehr, und ich fragte mich oft, ob meine Kinder den neuerlichen Wandel wohl spürten. Lustlos erfüllte ich meine Pflichten, bereitete das Frühstück, kochte das Mittagessen, fuhr die Kinder zu Freunden oder holte sie ab, ging Einkaufen … und dann kam endlich der Abend. Ich saß nicht einmal mehr vor dem Fernseher, las keine Zeitung mehr, rief keine Freunde mehr an, lag nur noch auf dem Sofa und tat nichts. Die Passivität kotzte mich an! Selbst wenn mein Nachbar nachts um elf Trompete übte, war ich zu keiner Regung fähig. Sollte er doch so lange ins Horn blasen, wie er wollte. Wie meine Großmutter kaufte ich mir Ohropax, stopfte nachts das klebrige Rosa in die Ohren, wollte nichts mehr an meine Sinne dringen lassen, hörte mein Herz klopfen, die Ströme meiner unruhigen Gedanken durch den Kopf fließen. Ich hörte meinen Atem so, als ob ich in ein tiefes Meer tauchen würde, fühlte mich in mir selbst wie in einem Fremdkörper – und schlief irgendwann vor Erschöpfung ein.

Andauernd war ich krank, zum ersten Mal seit über zehn Jahren hatte ich eine Grippe, der ich mich in Intervallen hingab: zwei Tage Bett, drei Tage Arbeit, dann wieder Bettzeit. Das Fieber kam und ging. Ich war ausgelaugt, fühlte mich zu schwach, um gegen die Streitereien meiner Kinder anzukämpfen, zu müde, um an dem Projekt zu arbeiten.

Möglicherweise würde ein Psychologe diese Symptome als »Depression« bezeichnen, doch damit läge er nach meinem Empfinden falsch. Ich war nicht unglücklich, weder weinte ich, noch trauerte ich, ich war nur aus der Bahn geworfen.

Es gab auch keine offensichtlichen Gründe. So sehr ich danach suchte, ich fand keine einleuchtenden Ursachen für meinen Zustand. Darum konnte ich mich nicht gegen ihn wehren, so gerne ich es getan hätte. Mir blieb nur, einfach das Ende abzuwarten – disziplinlos. Für diesen Mangel an Eigeninitiative im Kampf gegen Stumpfheit und Passivität wurde ich hart bestraft, als ich nachts schweißgebadet aufwachte:

Im Traum fahre ich auf dem »Ring«, einer der zentralen und immer verstopften Hauptverkehrsstraßen. Autokolonnen quälen sich durch die grauen Tunnel. Es ist heiß, ich sitze merkwürdigerweise auf einem Mofa. Schnell ist mir klar,warum ich mich auf einem solchen Gefährt befinde: Ich bin angreifbar.

Auf einmal tauchen Tiere auf. Sie sind auf dem Mittelstreifen, neben der Straße, in der Luft über mir. Elefanten schwenken ihren Rüssel auf die Fahrbahn, bedrohlich mit den Ohren wedelnd. Sie stampfen wütend mit ihren klobigen Beinen und versuchen, die verzweifelten Autofahrer von der Bahn zu stoßen. Hyänen fallen über Kaninchen her, Affen toben auf den Brücken. Ich weiß, sie sind aus dem Tierpark Hellabrunn ausgebrochen, die Tiere haben sich selbst befreit, wollen nun Rache nehmen an ihren Peinigern, an ihren Wärtern, ihren Besuchern, denen sie die Käfige, Gitterstäbe und hohen Mauern zu verdanken haben.

Und ich bin mittendrin, auf meinem Mofa, völlig ungeschützt! Es wimmelt nur so von Tieren. Löwen, Giraffen, Strauße, Hühner, Esel, Leguane und vor allem Wölfe treiben ihr böses Spiel mit den im Stau eingesperrten Autofahrern. »Warum sitzen alle im Auto, nur ich nicht?«, frage ich mich, während ich versuche, mir einen Weg durch die Naturgewalt zu bahnen. Es donnert und blitzt. Dunkle Wolken hängen über dem »Mittleren Ring«, es beginnt zu regnen. Immer mehr Tiere strömen herbei, jedes beladen mit einem Höchstmaß an Aggressionen. Tauben hacken auf Mäuse ein, Reste von Gnus verschwinden zwischen den mächtigen Kiefern von Tigern. Die Geparde machen sich an den Menschen zu schaffen, sie zerfetzen Autofahrer, die sie durch das Fenster aus ihren Wagen gefischt haben, Krokodile kriechen auf Windschutzscheiben, die unter ihrem Gewicht in tausend Scherben zerbersten. Überall Gebrüll, Blut, Kämpfe, bei denen immer nur einer überleben kann. Die Schwächeren versuchen die Stärkeren auszutricksen. Ich sehe eine Henne, die sich tot stellt, aber es soll ihr nichts nutzen, Hyänen sind schließlich Aasfresser – und innerhalb von wenigen Sekunden ist nichts weiter von ihr übrig als ein Stück des harten Schnabels, das durch die Lüfte fliegt. Ich sitze immer noch auf dem Mofa, beginne zu schreien, wehre mich gegen Prankenhiebe von Eisbären und Löwen. Meine Jacke zerreißt. Wie all die anderen angegriffenen Menschen und Tiere beginne auch ich zu bluten. Pythons und Anakondas umwickeln ihr Opfer – mich! Sie kriechen am Mofa empor, umschlingen meine Beine, meine Arme, meinen Hals. Das ist zu viel. Ich habe panische Angst vor Schlangen. Ich kann ihren Anblick nicht aushalten. Nicht einmal harmlose Abbildungen in einem Buch ertrage ich.

Mit einem Schrei wachte ich auf. Der Schrei wollte nicht enden, und ich fand Vergnügen daran, die nächtliche Stille zu durchbrechen.

Schweißgebadet stand ich auf, knipste das Licht an, wechselte mein Nachthemd, wollte alles Unheil von mir streifen, ging in die Küche und trank ein Glas Wasser. Dort fand ich zurück zur Realität. Auf dem Tisch lagen die Unterlagen von Richard. Er hatte eine Frau getötet, aus purer Lust an der Gewalt. Sie war eine Griechin, stand nichtsahnend an einer Haltestelle, als er mit zehn Messerstichen ihren Aufenthalt in »seinem« Land ein für alle Mal beendet hat – ganz einfach nur so.

Fieber

Endlich war ich richtig krank geworden. Ich hatte hohes Fieber und genoss es, wie sich mein Körper auf die Bekämpfung der Viren vorbereitete, wie sich die Poren schlossen, sich die Härchen aufstellten und meine Haut in Hochspannung versetzt wurde. Ich zitterte und meine Kinder häuften Decken über mich. Unfähig, klar zu denken, lag ich auf der blauen Couch und wartete, bis die nächste Phase eintrat, in der sich wohlige Wärme über mich ergießen würde. Der Hals schmerzte, ich konnte nicht mehr schlucken, geschweige denn die zeitlich bereits überfälligen Kinder ins Bett schicken.

Tief in die Kissen versunken, begann mein Körper zu triefen, Kleidung und Decken waren schnell durchnässt. Ich ahnte, dass mich nun Phantasien heimsuchen würden, ich wusste es, und dennoch nahm ich sie für wahr. Traum und Wirklichkeit flossen ineinander, ich befand mich zwischen Halb- und Scheinwelten. Immer wieder fiel ich in tiefen Schlaf, der mich zu wilden Träumen trug. Dann weckten mich die Kinder, wenn sie die kühlenden Lappen auf meiner Stirn wechselten.

Ich hatte mir eine Auszeit verschafft, mein Körper befahl mir Ruhe – endlich, nachdem ich schon so viele Wochen gekränkelt hatte. Der Computer blieb ausgeschaltet, die Tonbänder ruhten in der Kiste. Zumindest vorübergehend sollten keine Kahlköpfe mehr in meinen Kopf dringen. Zu viel Gift hatte sich in mir angesammelt, Viren schossen durch meinen Körper und legten mich lahm. Mit jedem Schweißtropfen, den ich vergoss, wurde etwas von dem Dreck hinausgeschwemmt, der sich seit Monaten in mir angesammelt hatte. Was andere als normale Grippe ansehen würden, betrachtete ich als dringend nötigen Reinigungsprozess, bei dem ich von den zahllosen Eindrücken rein gewaschen wurde.

Die Zeit der langen Interviews war vorbei. Zusammen hatten wir an die hundert Interviews hinter uns, alle inzwischen abgetippt und im Computer gespeichert. Nach vierzehn Monaten hatte ich jedes einzelne dieser Schicksale verinnerlicht. Jene Gespräche, die von Kollegen geführt worden waren, auch nur zu lesen, hatte mich schon in die Tiefe gezogen.

Ich genoss die Auszeit. Im Fieberwahn rückten die Skins in weite Ferne. Zu lange war ich in dem braunen Brei gewatet. In ein paar Monaten würde das Projekt beendet sein. Ich bin offen für Neues, vielleicht erforsche ich in einem Jahr das Verhalten von Politikern bei Fernsehdiskussionen.

Im Fernsehen lief eine Soap Opera. Wie durch einen Schleier verfolgte ich Dramen ganz anderer Art. Trotz des Fieberwahns blieb ich nicht ganz unberührt von diesem Herzflattern. Hier entdeckte ich eine Sphäre wieder, vor der ich mich so lange abgeschottet hatte – von den wenigen Tagen abgesehen, an denen ich Ruhe und Geborgenheit bei Daniel gesucht hatte. Es wurde Zeit, den Schatten abzuschütteln, die Wohnung wieder zu verlassen, rauszugehen, Freunde zu treffen und Pause zu machen von den grausigen Biographien. Ich hatte es fest vor – im Fieberwahn.

Irgendwann piepste das Handy und kündigte eine Nachricht an.
»Wie geht es Dir? Es grüßt Dich H. aus T.«
Wer sollte H. aus T. sein?
»Wer grüßt wen?«, antwortete ich.
»Hubert.«
Ein Skin hatte gemailt, mitten hinein in meine von Soaps durchdrungenen Phantasien. Ich beschloss, ihn zu ignorieren, und träumte schweißgebadet weiter. Ruhe hatte ich mir vorgenommen, und die gönnte ich mir.

Am nächsten Tag war das Fieber vorbei. Leider. Das ist immer so bei mir. Mütter können sich keine langen Pausen erlauben, und es ist, als ob Körper und Viren das wüssten. Noch leicht angeschlagen, versorgte ich morgens die Kinder, schickte sie zum Spielen und begann gerade die Bettwäsche zu wechseln, als gegen 10 Uhr abermals eine Nachricht auf meinem Handy einging:
»Hast Du gut geschlafen? Es grüßt Dich nochmals H. aus T.«
Einigen Skinheads hatte ich meine Handynummer gegeben, wenn mir ihr Schicksal besonders zu Herzen gegangen war und ich eine besondere Beziehung zu ihnen aufgebaut hatte. Es waren Skins, die mir fast schon sympathisch geworden waren. Es waren die Gefühlvollen unter ihnen, jene, die ihre Taten zutiefst bereut hatten, die litten und gewillt waren, sich ernsthaft von der Szene abzusetzen. Mit ihnen wollte ich in Kontakt bleiben, ihren weiteren Werdegang begleiten und für sie da sein, wenn sie jemanden brauchten, mit dem sie reden konnten.
Es gab wenige, die die Nummer hatten. Hubert war einer davon.

Ich hatte zu viele Interviews gemacht, als dass ich noch hundertprozentig genau wusste, wo ich ihn einzuordnen hatte. So kramte ich in den Unterlagen, wollte mir sein Gesicht in Erinnerung rufen, bevor ich ihn anrief. Hubert war unter Fall Sx registriert, und in seinem Fragebogen stand:
»Ist ein großer Mann, der inzwischen keine Glatze mehr hat, sich also äußerlich von der Skinszene abgesetzt hat. Bei der Begrüßung wirkte er unsicher, dennoch außerordentlich offen. Er brauchte für jede Antwort ziemlich lange Zeit, wirkte depressiv, fast schon gebrochen. Er trug keine Tattoos, und mir fiel auf, dass er extrem aggressiv wurde, wenn andere Insassen den Raum betraten, indem er sie anbrüllte und hinausschickte. Nach dem Interview wirkte er sehr erschöpft. Machte insgesamt einen schüchternen Eindruck, sensibles Auftreten, keine so typische emotionale Kälte. Die Tat ist happig, und glaubt man ihm, dann hatte ihn das Gericht extrem hart bestraft; angeblich basierte viel auf Falschaussagen eines ehemaligen Skins – eines Aussteigers. Nach dem mehr als fünf Stunden dauernden Interview kann ich mir beim besten Willen nicht vorstellen, dass dieser junge Kerl jemals mit Springerstiefeln und kahl geschorenem Schädel umhergelaufen ist, schon gar nicht, dass er zu einer derart brutalen Tat fähig gewesen sein sollte. Hat meine Handynummer.«
Er trug keine Glatze mehr. Wie sehr sich ein Gesicht verändert, wenn Haare den Knochen ihre Härte nehmen, die Ohren nicht so markant abstehen und der Nacken nicht mehr so fleischig wirkt. Huberts Augen waren, so paradox es klingen mag, fast schon gutmütig. Ich wollte lieber nicht wissen, welchen Ausdruck sie hatten, als er auf sein Opfer einschlug. Während des Gesprächs war er überaus zuvorkommend, holte Kaffee, schenkte mir aufmerksam nach,

zeigte mir Familienbilder, machte sich Gedanken um seine Mutter, sorgte sich um seinen Großvater, der mit Bauchspeicheldrüsenkrebs im Krankenhaus lag und bald sterben würde, sorgte sich um seine Vergangenheit wie um seine Zukunft. Er bereute und hoffte auf Besserung. Ich glaubte ihm. Er war lange Zeit im Vollzug gewesen, mal in dieser, mal in jener Anstalt. In jedem Knast hatte er etwas ausgefressen, meistens Schutzgelder erpresst oder Mitinsassen vehement bedroht, die sich mit Ausländern eingelassen hatten. Seiner eigenen Aussage zufolge war er unbeliebt und grausam.

Äußere Umstände führten dazu, dass Hubert im Lauf der Zeit immer nachdenklicher geworden war. Die Skinszene innerhalb der Knäste löste die Gefängnisleitung auf, indem sie besonders eng verknüpfte Gruppen voneinander trennte und auf unterschiedliche Gefängnisse verteilte.

Den Rest mischten die zahlenmäßig stark vertretenen Ausländer auf, so dass sich die meisten Skins ohne Kappe über ihren verräterischen Glatzen nicht mehr aus den Zellen wagten. Hubert vereinsamte, als ihm das Milieu entzogen worden war. Der Täter wurde zum Opfer, er wurde erpresst und geschlagen. Anfangs reagierte er mit Hass darauf, dann mit Resignation und schließlich verfiel er in tiefe Depressionen, aus denen er sich nur langsam erholte.

Er war einfach geknickt, aber er hatte viel nachgedacht. Für ihn existierten nur Gut oder Böse, Entweder-oder, Skin oder Nichtskin. Mit einem solchen Nichtskin setzte er sich nun auseinander, um sich mit ihm anzufreunden. Hubert versuchte, sich eine neue Identität aufzubauen. Es war ein ehrlicher Versuch, da war ich mir sicher. Ihm war klar, dass die Zeit der »Partys« vorbei war, die Stiefel standen im Keller, die Kontakte zur Szene hatte er abgebrochen. Einmal hatten ehemalige Kumpel ihn auf der Straße niedergeschlagen, weil er sich geweigert hatte, wieder mitzumachen. Das hat seinen Ausstiegswillen nur noch gesteigert.

Lange saß ich über der schriftlichen Wiedergabe des Gesprächs. Inzwischen war es Mittag geworden, die Kinder aßen Fischstäbchen, jene heiligen Fischstäbchen, mit deren Hilfe Renein einst versucht hatte, mir die Grundprinzipien des Glaubens zu erklären. Das war in der zweiten Klasse, und Renein, der Zornespinkel, hatte mal wieder Ärger mit seiner Religionslehrerin. Nicht nur, dass er nie ruhig auf seinem Platz saß, erschwerend kam hinzu: Er wollte nicht an Gott glauben und weigerte sich standhaft, die Geschichte von Adams Rippe anzunehmen. »Mama, wer sagt denn, dass Frau Nagel Recht hat? Woher will die denn wissen, dass es Gott gibt? Den hat doch noch nie jemand gesehen?« Ich erzählte ihm vom Alten und vom Neuen Testament, von den Jüngern ... Das kannte er schon von Frau Nagel, aber die wirklichen Beweise fehlten ihm. Plötzlich stand er auf, nahm ein Fischstäbchen in die Hand, marschierte damit einmal um den Tisch, sprach: »Kommt, ihr Jünger, und folgt mir«, dann tauchte er die fettigen Stäbchen ins Wasserglas, wobei er sagte: »Und hiermit seid ihr getauft«, und erklärte seiner verblüfften Mutter: »Mama, so entsteht Religion.«

Die Kinder aßen also Fischstäbchen, dieses Mal jedoch ungetaufte.

Nachmittags kam das Fieber wieder. Die Kinder waren zu Freunden gegangen, nicht ohne mich vorher wieder in Decken gehüllt und mir einen kalten Lappen auf die Stirn gelegt zu haben. Liebe von Kindern zu empfangen ist wohl das Schönste, was ich bislang erfahren habe. Oft fragte ich mich, ob die Mütter der Skins solche Gefühle überhaupt

verspüren konnten oder wollten. So viele Skins hatten mir erzählt, sie hätten die mütterliche Nähe gemieden und Liebkosungen gehasst. Vater und Mutter hatten sie nicht interessiert, Liebe war ein verbotenes Wort, damals wie heute. Gleichzeitig sehnten sich fast alle nach einer Familie, hofften darauf, ein Mädchen kennen zu lernen, mit dem sie Kinder haben würden, die sie lieben und achten. Sie wollten viel mit ihnen unternehmen, sich Zeit nehmen, für ihre Probleme da sein und sie vor allem niemals schlagen.
Hubert hatte zu seiner Mutter ein höchst ambivalentes Verhältnis. Sie war Alkoholikerin und gab ihre Kinder zu Pflegeeltern, da sie sich außerstande sah, sie angemessen zu versorgen. Als Hubert drei Jahre alt war, kam er mit seiner kleineren Schwester auf einen großen Hof, wo bereits über sieben andere Kinder waren. Die Pflegeeltern, die streng gläubig waren, hatten viel Platz und wollten möglichst vielen Problemkindern ein schönes Zuhause bieten. Hubert fühlte sich dort sehr wohl. Seine Mutter sah er ab und zu am Wochenende oder in den Schulferien, und jedes Mal erlebte er ein Wechselbad der Gefühle. Die Mutter versuchte, ihr schlechtes Gewissen im Kaufrausch zu ertränken. Hubert bekam alles, was er wollte: Spielzeugautos, ein Fahrrad, neue Schuhe. Dann wieder wurde die Mutter aggressiv, wenn der Alkoholpegel nachmittags jegliche Kontrollmechanismen überflutet hatte. Hubert erduldete die Schläge, packte seine neu erworbenen Spielsachen und fand, dass er unter dem Strich dabei recht gut weggekommen war. So trug er im Lauf der Zeit zwar einen halben Spielzeugladen zusammen, aber Liebe und Wärme vermisste er.
In mein Fieber kamen die Glatzen. Es war wieder so weit, mit Hubert hatten sie sich in meine private Sphäre geschlichen.

Am frühen Abend rief ich ihn an. Hubert hatte an diesem Wochenende Ausgang und verspürte wohl das Verlangen, mit einem der wenigen Menschen aus seinem Bekanntenkreis zu sprechen, die weder mit Knast noch Szene etwas zu tun hatten – dazu gehörte ich, das hatte er in Krakelschrift auf dem Fragebogen hinterlassen:
»Tut gut, mal mit jemandem reden zu können, der zuhört.«
Seine Stimme klang fröhlich. Bald sei er draußen, dann werde er sich eine Arbeit suchen und sich von den Skins fern halten.
Er merkte, dass meine Stimme belegt klang: »Du klingst irgendwie anders, was ist los?« Ich war erstaunt, dass er an meiner Stimme erkannt hatte, wie es mir ging, und erklärte ihm, ich sei noch etwas krank und würde ihn wieder anrufen, sobald ich fieberfrei sei.
Merkwürdig bewegt legte ich mich schlafen. Leise piepte mein Handy, als mich der Tag verließ.
Am anderen Morgen waren sechs Mails auf meinem Handy gespeichert:
»Gute Besserung. – »Schlafe gut.« – »Ich hoffe, du träumst was Schönes.« – »Ich melde mich morgen bei dir, um zu sehen, wie es dir geht.« – »Guten Morgen, bist du wieder gesund?« Um 7 Uhr 45 hatte er die sechste versandt: »War schön, mit dir zu sprechen, meld dich bitte.«
Ich meldete mich nicht, das Fieber war zu hoch. Drei Tage dämmerte ich vor mich hin, die Kinder kochten Tee, plünderten mittags den Kühlschrank, ich hörte, wie sie sich Spiegeleier brieten, und ahnte, wie die Küche nach solchen kulinarischen Exzessen aussehen würde. Ich schaltete das Handy aus und zog mich in meine Fieberträume zurück.
Am dritten Tag stolperte meine Mutter in das Chaos – leider war ich auf dem Weg der Besserung, so dass ich ihr ent-

setztes Gesicht durchaus registrieren konnte. Zum ersten Mal seit meinem elften Lebensjahr, als sie beschlossen hatte, sich nie wieder um meine Unordnung zu kümmern – räumte sie für mich auf. Nein, nicht für mich, für meine Kinder. Ich war nämlich inzwischen ziemlich ordentlich geworden, nicht aber meine Kinder, und die Zwillinge waren schließlich momentan die uneingeschränkten Herrscher über die Wohnung.

Am dritten Tag schaltete ich das Handy wieder ein. Vierzehn nicht angenommene Anrufe zeigte das Display an. Diskretion ist nicht unbedingt die Stärke meiner Mutter, und so eilte sie, als es mal wieder klingelte, zum Telefon und nahm einen für sie recht merkwürdigen Anruf entgegen. Argwöhnisch hielt sie mir das Handy vor die Nase, fragte, ob das mein neuer Freund sei, der klänge ja recht jung – und außerdem: »Ausgerechnet einen Sachsen?«

Hubert hatte sich gewundert, dass er keine Antwort auf seine vielen Mails bekam, außerdem wollte er meine Adresse wissen, weil er mir schreiben wollte. Um nicht allzu indiskret zu wirken, verschwand meine Mutter in die Küche, versorgte die Kinder mit Essen, schickte sie zum Spielen in den Garten und kochte eine große Kanne Kamillentee. Es war wie immer: Kaum überschreitet mein Körper die zulässige Temperatur von 37 Grad, scheint meine Mutter vom Heiligen Geist oder sonst wem ein Signal zu empfangen. Sofort setzt sie sich ins Auto und fährt viele Kilometer zu ihrer Tochter, nicht ohne vorher im Garten Unmengen von Kamillen gepflückt zu haben. Dieser Tee roch nun durch die ganze Wohnung.

Ich hatte mein Gespräch mit Hubert beendet, stand auf, zog mir einen Bademantel über und fand meine Mutter im ordentlich aufgeräumten Wohnzimmer, wo sie gerade zwei

Tassen Kamillentee einschenkte. Sie warf mir einen fragenden Blick zu. So ganz unter Mutter und Tochter: Wer ist der Sachse?
Von nun an schrieb mir Hubert eifrig und berichtete von seiner Entlassung, von seiner Arbeit als Schreinerlehrling. Er wohnte wieder bei seinen Pflegeeltern. Kontakte zur Szene hatte er angeblich keine mehr, wusste aber trotzdem recht gut Bescheid, was so abging: Ein ehemaliger Kumpel musste nach dreijährigem Knastaufenthalt wieder »einfahren«, weil er einschlägige Lieder in einem einschlägigen Lokal gesungen hatte. Ein anderer ehemaliger Freund hatte sich kurz nach der Entlassung mit einem ausländischen Kollegen geprügelt. Mit gebrochenem Nasenbein durchschritt er daraufhin zum zweiten Mal die eiserne Pforte. Es sei schwer, so Hubert, Aggressionen zurückzuhalten und sich von der Szene loszusagen. Immer noch werde er bedroht.
Wie eine Krake ziehen manche Skingruppen ehemalige Mitglieder zurück in ihre Arme, vor allem jene, die zu viel wissen. Der Ausstieg ist nicht leicht.
Auch Hubert sollte das noch erfahren.

Erschlagen

»Na ja, wir haben halt in W. so nen Asylanten ausgezogen, in Stacheldraht eingewickelt und an den Laternenpfahl gehängt. Bordsteintreten und so was.«

»Bordsteintreten?«

»Ja. In den Bordstein beißen lassen und dann ins Genick treten.«

»Der muss sich dann also hinlegen und in den Bordstein beißen oder wie?«

»Ja. Und dann kriegt er auch noch auf den Hinterkopf getreten.«

»Und wie war das mit dem Asylanten?«

»Wir sind nach W. gefahren, da haben wir getrunken, dann haben wir uns hingehockt, und da sind die halt vorbeigelaufen, und da haben wir den einen erwischt. Und dann haben wir irgendwie Stacheldraht gesehen und den eingewickelt, hochgezogen.«

»Dann habt ihr ihn hochgezogen und an den Pfosten gebunden? Da war er splitterfasernackt? – Das gibt ja massive Verletzungen!«

»Ja.«

»Dann seid ihr wieder gegangen?«

»Ja. Nachdem wir alle zugeguckt haben und auf ihn eingetreten haben.«

»Der eine hier, der hat so ne Platzwunde, da habe ich so mit der Faust draufgeschlagen, bis der Kopf kaputt gegangen ist. *(lacht)* Na ja, ging nicht anders, weil, der hat mich irgendwo gestört. Der hat jetzt so ein Loch im Kopf irgendwie gehabt und so, oder so, was weiß ich, war auf jeden Fall übelst groß, und da habe ich übelst viel Blut an meinen Händen gehabt.«

»Da waren wir auf ner Party, und da haben wir schon Ärger gemacht gehabt, und dann sind wir weggelaufen, und dann haben wir die Jugoslawen gesehen und die noch zusammengeschlagen.«
»Auch mit Baseballschlägern?«
»Ja, und Totschläger halt. Baseballschläger.«
»Ist ja eigentlich erstaunlich, dass da niemand gestorben ist bei diesen ganzen Brutalitäten.«
»Ja, der Türke wäre ja fast …« *(Pause)*
»Ist das dann nicht versuchter Totschlag gewesen?«
»Nein.«
»Da hast du Glück gehabt.«
»Ja, weil wir alkoholisiert waren, deswegen, weil wir nix mehr gewusst haben. Also, so haben wir das halt ausgelegt. Wir sind dann halt noch draufgetreten dabei und haben uns nix dabei gedacht.«
»Und der wäre an dem Schädelbruch fast gestorben?«
»Ja, Schädelbruch nicht direkt, aber wegen dem Nasenbeintrümmerbruch und dem Jochbein. Weil des, also, noch ein Tritt mehr, und dann wär er ins Hirn eingedrungen … der Splitter.«
»Wie kam es, dass ihr aufgehört habt? Wann hört ihr überhaupt auf zu schlagen?«
»Entweder weil wir keinen Bock mehr haben, und da war

halt so ne Italienerin dabei, die haben wir dann noch gesehen, und die ist dann zu den Häusern hin und hat um Hilfe geschrien. Da sind wir aufmerksam geworden und weg. Sonst hätten wir wahrscheinlich noch weiter auf ihn eingetreten.«

»Und warum habt ihr den zusammengeschlagen?«

»Sind wir rumgefahren und da war ein Platz, wo wir uns normalerweise getroffen haben, und da war halt ein Türke, na ja, haben wir halt zusammengeschlagen, ohne Grund halt. Weil er halt ein Türke war. War sein Pech. Zur falschen Zeit am falschen Ort.«

Gestern habe ich im Rahmen des Projekts Aussagen gesammelt, die um die Gewalttaten der Skins kreisen. Die Fragestellung lautet: Um welche Art von Taten handelt es sich und welche Formulierungen verwenden die Skinheads, um sie zu beschreiben? Schon als ich die Gespräche führte, gefror mir das Blut in den Adern, wenn ich die Glatzen so sprechen hörte, und auch gestern brauchte ich viel Wein, um »Analysen« aus den Protokollen ziehen zu können. Und dann war es mal wieder so weit: Von wilden Tieren und von braunen Exkrementen hatte ich schon geträumt, diesmal träumte ich von Nazis. Mir fällt auf, dass ich immer dann von solchen entsetzlichen Phantasien heimgesucht werde, wenn ich mich am Tag zuvor mit besonders schlimmen Geschichten befasst hatte.

Das Projekt wird bald abgeschlossen sein. Das Buch ist fast zu Ende geschrieben. Von meiner Grippe habe ich mich erholt. Ich hatte in den letzten Wochen viel Zeit zum Schreiben. Die Kinder sind bei ihrem Vater, der sich extra Urlaub genommen hat, um für sie – und indirekt auch für mich – da zu sein. Ich konnte mich gut konzentrieren, liebte die Klausur, in die ich mich begeben hatte, und schrieb ohne Unterlass.

Heute jedoch sitze ich wie gerädert in der Küche. In der Zeitung stehen Schicksale, die weiß Gott von anderen Dimensionen sind. Da hocken junge Leute in über hundert Meter Tiefe in einem U-Boot. Sie haben kein Licht mehr, sollen sich schlafen legen, damit sie nicht zu viel Sauerstoff verbrauchen. Heute hoffen sie noch auf Rettung. Morgen sind sie vielleicht schon tot. Das sind echte Dramen, wenn diese Menschen Albträume haben, ist das mehr als gerechtfertigt. Die Zeitung ist voll von Ereignissen, wegen derer die Betroffenen Albträume haben können. Meine Situation erscheint mir im Vergleich dazu lächerlich. Dennoch haben sie mich unsäglich gequält, die Visionen, die ich letzte Nacht hatte.

Ich lebte einst auf dem Land, in Nussdorf, einem Dorf im Inntal. Wir wohnten dort in einer kleinen Eigentumswohnung im Ortskern. Wir, das waren meine Mutter, meine beiden Brüder und ich. Mein Vater war ein Globetrotter, der zuerst geheiratet und Kinder gezeugt hatte, bevor er die Welt erkundete. Der Traum von gestern Nacht führte mich zurück in jene Zeit, in der mein Vater in Indien bei den Mönchen logierte:

Viele Würmer behindern mich beim Gehen: Ringelwürmer, Schaben, eine undefinierbare, glitschige Masse, die sich langsam und wellenartig bewegt. Das eklige Geglibber reicht mir bis an die Knöchel. Ich bin auf dem Weg zu den Feldern, zu einem Heuschober, um dort meine Pferdepostkarten zu sortieren und festzustellen, welche die schönsten sind. Ich bin nämlich stolze Besitzerin von über vierhundert Karten, die ich sorgfältig beschriftet habe:

Name des Pferdes, vermutete Rasse und Rang in der Schönheitsliste. Immer dann, wenn ich eine neue Karte getauscht, käuflich erworben oder im Schreibwarenladen gestohlen habe, marschiere ich über eine große Wiese zu der Tenne, in der ich eigens Bretter hergerichtet habe, auf denen ich die Karten übersichtlich aneinander reihen kann. Mit dem dicken Kartenpacken in der Hand stapfe ich tapfer über die mit Gewürm übersäte Wiese. Mich ekelt, aber der Wunsch, die Karten zu sortieren, hindert mich am Umkehren.

Ich überquere die Straße, die zwischen mir und der Tenne liegt, blicke nach rechts in die kleine Waldlichtung, in der ich so gerne Räuber und Gendarm spiele. Da stehen Polizeiautos mit roten Warnblinkanlagen auf dem Dach. Aus dem Dickicht kommen Menschen gelaufen, es sind die Bauersleute vom Dorf. Hinter ihnen Männer mit Hitlerfrisuren und Hitlerbart. Jemand rennt an mir vorbei und ruft: »Lauf weg, renn, Krieg ist ausgebrochen!« Ich beobachte, wie der Huberer Sepp geköpft wird, mit einem einzigen Hieb. Immer mehr Nazis tauchten auf, sie quellen aus dem Wald, sie jagen und köpfen die Menschen. Ich will zur Scheune flüchten, die aber brennt mittlerweile wie all die anderen Scheunen auch.

Voller Panik bleibe ich stehen, da kommen Frauen in Uniformen auf mich zu: »Da ist noch eine von denen, zeigen Sie mir Ihren Stempel.« Ich habe eine Zahl im Unterarm tätowiert, ich bin Jüdin, das wird mir in diesem Moment klar. »Ich bin eine Null, ehrlich, eine Null, ich gehöre nicht dazu«, schreie ich und denke, diese runde Ziffer sei meine Rettung. Zitternd stehe ich in einem weißen Nachthemd da und sehe die blauen Zahlen in der Haut. Mir wird ein Messer an den Hals gehalten. Ich soll mitkommen zu einem überdimensional großen hölzernen Gebäude, das plötzlich unweit von mir steht. Es ähnelt einer Holzscheune, oben ist auf der ganzen Länge des Dachs ein großes Fenster, durch das ich Entsetzliches sehe: Da ist ein Heuhaufen, bestimmt zehn Meter hoch. In dem Haufen hat sich eine Riesenschlange versteckt. Was ich sehe, ist ihr Kopf und ihr Schwanzende.

Vor der Tür stellen die Nazis ihre Gefangenen auf, es sind Bauern, deren Frauen und Kinder. Nacheinander gehen sie in die Scheune, wo sie in den Heuhaufen geschleudert werden, um von den wuchtigen Schwanzschlägen getötet zu werden. Durch das Fenster sehe ich, wie sich die Menschen winden, wie sie versuchen, dem übergroßen Tier zu entkommen. Der Anblick lässt mich verzweifelt zu Boden gleiten. Neben mir liegt in einer Pfütze ein blaues, stumpfes Plastikteilchen, mit dem ich hastig meine Pulsadern aufzuschlitzen versuche. Immer wieder ritze ich ins Fleisch, blute wie wild. Mein weißes Hemd färbt sich rot, und ich fühle Schwäche über mich kommen. Die Nazis heben mich auf. »Glaubt mir, ich bin eine Null«, höre ich mich schwach flüstern.

Ich werde verbunden, mit einem braunen Verband. Es lohne sich bei mir nicht mehr, die Schlange zu bemühen, bei dem hohen Blutverlust sei ich ohnehin nicht mehr zu retten, meinen sie. Dann werde ich fortgeschickt, nach Hause. Das Gewürm hat sich mittlerweile von der Wiese getrollt. Sie ist trocken und satt grün.

Ich stehe zitternd und blutend an der Haustür, ein kleines Mädchen im blutbefleckten weißen Nachthemd. Das Mädchen läutet, die Mutter öffnet die Tür. Sie hat gerade Kamillentee gekocht, jedenfalls riecht es in der Wohnung danach. »Schick dich«, sagt sie zu ihrer blutüberströmten

Tochter, »die Schule fängt gleich an.« Fassungslos steht das kleine Mädchen mit wirren Haaren und panischen Gefühlen an der Türschwelle: »Mami, weißt du nicht, dass Krieg ist?«

Tierpark

Während der großen Schulferien nahmen mich die Zwillinge mehr denn je in Beschlag, als spürten sie meine Zerrissenheit. Ich hetzte vom Schreibtisch zum Küchentisch, versorgte die Kinder und schrieb Seite um Seite fürs Buch. Alles gleichzeitig. Abends hörte ich mir die Tonbänder an, in denen immer wieder die gleichen Fragen auftauchten: »Wie sah bei Ihnen so der Alltag aus? Hatten Sie das Gefühl, mit Ihren Eltern reden zu können? Hörte man Ihnen zu, fühlten Sie sich verstanden, wenn Sie Probleme hatten?«
Meine Kinder hatten massive Sorgen, als sie sich mit der Maus als Detektive durch den TKKG-Dschungel bewegten. Sie hatten nämlich die Abenteuer-CD-ROM als Belohnung für die erfolgreich abgeschlossene dritte Klasse geschenkt bekommen. Aus meiner Sicht waren ihre Sorgen nicht besonders groß, zumindest waren sie zu gering, als dass ich minütlich von der Küche oder aus dem Arbeitszimmer ins völlig durchgeschlampte Kinderzimmer hetzen wollte, um Tipps abzugeben, wo man auf dem Bildschirm nach den Entführern suchen könnte. Eigentlich konnte ich meinen Kindern keine Minute meiner Zeit gönnen, mir selbst fehlten Stunden davon.
Die Kinder hätten mir in dieser Zeit als Mutter sicher schlechte Noten gegeben – eine 5, vielleicht gar eine 6 –, denn ich war ziemlich gereizt, weil ich von morgens bis abends das unangenehme Gefühl nicht loswurde, dass ich

mir zu viel zugemutet hatte. Ich hörte ihnen zu wenig zu, interessierte mich nicht genug für Detektivspiele und unternahm zu wenig mit ihnen.
Eines Tages unterbrach ich die Arbeit und ging mit ihnen in den Zoo, um mein Ansehen bei ihnen wieder ein wenig aufzubessern. Im Tierpark wimmelte es vor lauter Eltern mit ihren Kindern. Es war, als hätte der Zoo zu einem Multikultitreffen aufgerufen. Auf Orang-Utans aus Borneo und bayerische Ziegen, auf australische Kängurus und asiatische Hängebauchschweine, chinesische Pandas und alpenländische Gämsen blickten viele große Kinderaugen. Dahinter standen die Eltern, die wohl ebenfalls aus allen Gegenden der Welt kamen, aus Afrika, Australien, Südamerika und den Alpentälern. Überall drängten sich die Menschen, der Zoo war heillos überfüllt, und ich hatte alle Hände voll zu tun, meine Kinder nicht zu verlieren.
Irgendwann standen wir im Affenhaus vor traurig blickenden Gorillas.
Antonin bemerkte sie als Erster und verkündete stolz und ziemlich laut, er könne einen Skin nun auch schon von hinten erkennen. Tatsächlich: Rechts von uns, keine fünf Meter entfernt, hatten sich sieben kahlköpfige Kerle versammelt. Offensichtlich befanden sie sich gerade nicht auf Kriegspfad, denn sie trugen Turnschuhe. Einer hielt sein Mädchen im Arm. Sie amüsierten sich lautstark.
Ein Gorillaweibchen lief unruhig vor den Zuschauern auf und ab. Plötzlich nahm das wuchtige Tier ein großes Stück Brokkoli, visierte die kahlköpfige Truppe an und schleuderte das Gemüse über die Glasbarriere, mitten unter die Glatzenhorde. Renein bog sich vor Lachen, und Antonin meinte unüberhörbar, das geschehe den Deppen recht. Ein Skin brüllte: »Drecksaffe!«, die anderen grölten. Ein paar

herumstehende Besucher quittierten den Vorfall mit einem Lachen – einem gutmütigen, wohlwollenden Lachen. Aus ihren Blicken war eher Respekt als Kritik zu lesen. Wie will man um Gottes willen Zivilcourage in einem Land erwarten, in dem man mit Skins scherzt, während die Nachrichten jeden Tag von einer neuen Gewalttat der Glatzen berichten? An diesem Tag sah es so aus, als hätten ein kleines Kind und ein Gorilla mehr Zivilcourage gezeigt als die vielen anwesenden Erwachsenen.

Wir beschlossen, den Kerlen eine Weile zu folgen, weil ich wissen wollte, wie die Menschen hier auf eine Horde Kahlköpfiger reagieren. Aber es gab noch nicht einmal verwunderte Blicke. Niemand schien sich zu fragen, wieso die hier die Tiere aus fremden Ländern bewunderten, deren menschliche Bewohner sie bei der nächstbesten Gelegenheit durch die Straßen jagen würden. Keiner blickte verärgert, keiner böse, keiner eingeschüchtert – außer einem indischen Ehepaar, das schnell seine Kinder zur Seite schob, als die Truppe an ihnen vorbeizog.

Die Zwillinge erlebten ihr privates TKKG-Abenteuer, sie fanden es spannend, hinter üblen Kerlen herzuschleichen. In der großen Vogelvoliere hoffte Antonin inbrünstig, eine Glatze würde von Vogelscheiße getroffen werden, aber seine Hoffnung erfüllte sich nicht. Wir folgten ihnen durch das Löwenhaus, vorbei an den Eisbären und dem Streichelzoo. Irgendwann verschwanden alle im Toilettenhäuschen, gefolgt von den Zwillingen, die die Beschattung nicht abreißen lassen wollten. »Sie pieseln wie die Schweine und waschen sich danach nicht einmal die Hände«, verkündete Antonin.

Meine berufliche Beschäftigung hatte bei meinen Kindern klare Feindbilder entstehen lassen. Sie wussten, dass

Skinheads gefährlich sein können, und wähnten mein Leben in Gefahr. Immer wieder fragten sie mich, was zu tun sei, wenn die auf einmal vor der Tür stünden: »Mama, du weißt doch so viel von denen, tun die dir dann nichts?«

Skins waren für die Kinder unheimlich geworden, sie sahen sie in der Zeitung, lasen mit mir am Küchentisch von ihren Untaten – und längst schon konnte ich sie nicht mehr mit »Verbrechergeschichten« ins Bett locken.

Und trotzdem sind Kinder so leicht beeinflussbar … Ich musste an einen Dialog denken, den ein Kollege vor ein paar Wochen mit einem Skin geführt hatte:

»Ein Bimbo ist ein Kohlenschlüpfer. *(lacht auf)* Bei denen ist ja alles schwarz. Schwarze Händ, schwarze Füß, weil, auch die Zähne sind immer … na ja gut, die sehen weiß aus, aber nur, weil sie schwarz sind. Ist das Einzigste. Ein Bimbo kotzt mich irgendwie voll an, allein schon die Art. Kann ich jetzt nicht irgendwie beschreiben, muss man einfach live sehen. Wenn ich den Bimbo sehe, der läuft hier so frei. Der weiß genau, dass er hier nicht erwünscht ist, also wenn er hier auf irgendeine andere Station [im Knast] kommt, da wird das gleich klipperklar gemacht.«

»Beschreiben Sie mir das Gefühl, das Sie empfinden, wenn Sie einen Ausländer sehen.«

»Na, da kommt mir das pure Kotzen. Also da könnte ich immer gleich durchdrehen, ist immer so.«

»Warum?«

»Ist wie ein Vulkanausbruch. Na, ich weiß nicht, wenn ich die Leute so sehe, die haben doch ein eigenes Land. Da können sie doch hingehen, da können sie doch ihre Partys machen. Was weiß ich, da können sie auch ihre Leute erschießen oder quälen oder sonst irgendwas machen. Aber warum ausgerechnet hier? Die tun hier vom Sozialamt leben; wenn denen keine Sau mehr Steuern bezahlen würde, da würde doch alles zu Grunde gehen. Wenn ich von den Punks die Meinung sehe, arbeitslos und Spaß dabei. Das ist so ein Motto […]«

»Haben Sie manchmal Tagträume, wo Sie sich erträumen, gegen irgendjemand aggressiv zu werden?«

»Na, ich hab da manchmal ziemlich krasse Vorstellungen. So richtig bildlich. Genau wie mit dem Neger hier. Wo das hier auf dem Freihof war. Habe ich mir auch schon vorgestellt, Junge, dass ich ihm eine ins Gesicht reindrücke und er gleich umfällt, peng. Aber die Neger, genau wie die Russen, sind alles zähe Schweine. Als wir uns mit den Russen rumgeboxt haben, musste ich auch ganz schön toll reinschlagen, damit der endlich mal aufhört, sich zu bewegen. Der hat sich immer noch bewegt, und da habe ich schon mindestens sechs- oder siebenmal reingekloppt und dann noch peng, peng. *(macht Schlaggeräusche nach)* Dann hat er endlich aufgehört, sich zu bewegen. Hat er rumgezuckt.«

»Was ist das, wenn Sie ihn sehen. Ist das Wut?«

»Ist irgendwo ein Hassgefühl gegen solche Leute. Kann ich irgendwo nicht ab, solche Nussis zu sehen, weil, weeß nicht, im Zoopark wäre das was anderes. Da würde ich es akzeptieren, weil, es ist ein Zoopark. Es sind eben Tiere. Affen drin. Aber in Freiheit, das ist unakzeptabel. Kann ich nicht verstehen. Geht absolut nicht.«

Im Zoo wären sie also akzeptabel, die Ausländer. Da könnte man in Ruhe sein Mädel ausführen und die fremden Menschen begaffen. Auch so eine Meinung können Kinder aufsaugen – werden zehn Jahre alte kleine Jungs mit solchem

Gedankengut infiltriert, wenn sie bei einer Skingruppe ein neues Zuhause finden?

»Unsere« Glatzen im Tierpark verschwanden in Draculas Höhle, wo Fledermäuse über die Köpfe der Besucher schwirren. Die schwarzen Seelen fühlten sich im Dunkel wohl, da blieben sie lange. Es lief mir kalt den Rücken herunter.

Die Observation wurde abgebrochen, sie hatte nichts Wesentliches erbracht. Die anderen Besucher hatten die Skins ignoriert, hatten absichtlich weggesehen. Heute waren die Glatzen nüchtern und friedlich. Sie hatten keinen der zahlreichen Ausländer beschimpft. Ihr Aggressionspotenzial war noch nicht erwacht, es schlummerte noch in der Tiefe und wartete auf den ersten Schluck Alkohol, wartete auf die Macht der Nacht, in der man unbehelligt losziehen und Deutschland von »Ungeziefer« reinigen kann.

Abgestumpft

»Hast du dir irgendwie Gedanken über die Folgen gemacht, während du auf ihn eingetreten hast?«

»Wie der sich gefühlt hat, der Typ?«

»Ja.«

»Nein, also, hab ich noch gar nicht drüber nachgedacht. Auch jetzt noch nicht, mach ich auch nicht, weil dann würde ich mich ja fertig machen, dann, das ist so ein Schutz. Ich hab so ein Schutzschild aufgebaut, ich weiß auch nicht genau, ob ich das war, das kann ja auch er gewesen sein, mein, mein Kumpel, der da mit so bei war, und, äh, sonst würde ich mir ja das Leben hier zur Hölle machen, wenn ich da jeden Tag dran denke. Das ist ja so, das kann man ja auch nicht wieder gutmachen. Dass da immerhin einer tot geblieben ist, der noch ein paar Jahre am Leben sein könnte. Also da kann ich mich auch gar nicht irgendwie so mit auseinandersetzen. Das möchte ich auch gar nicht, weil sonst gehe ich ja kaputt.

Ich habe da eine Rolle gespielt, und das hat mich selber auch angeekelt, aber die musste gespielt werden. Ich musste eben fertig werden. Das ist wie als wenn man einen Rohrbruch hat. Das macht man ja auch nicht gerne, wenn man den Kot da irgendwie in den Händen hat und das dann unheimlich stinkt. Da würde man am liebsten aufstehen und weggehen, aber das macht man dann eben nicht. Das muss fertig werden. Und so war das da halt auch. Und dann nach

einer Weile, da riecht das auch nicht mehr. So kann man sich das vorstellen. Dann kann man damit viel besser umgehen. Deswegen denke ich darüber einen Dreck. Ich habe das auch verdrängt, oder ich bin ganz einfach abgestumpft.
Sicherlich bereue ich das [...] das tut mir unheimlich Leid, ja, ist ganz klar. Aber was soll ich machen, das ist passiert.
Also, ich bin ja kein Psychopath. Ich sitze meine Strafe hier ab und dann ist für mich die Sache erledigt. Aber es ist jetzt nicht so, dass ich hier anfange zu heulen jeden Abend oder so, dass ich total fertig bin. Das mache ich auch nicht, um eben nicht fertig zu sein, weil ich ja dann, äh, da kann ich mir ja einen Strick nehmen bei dem, was ich jetzt schon gemacht habe, bei so vielen Menschen, denen ich wehgetan habe. Das kann ich nicht machen.«

Es ist August und doch schon Herbst, die Blätter werden bunt, und es regnet ohne Unterlass. Ich hatte mich auf die Wärme gefreut, den Balkon bepflanzt und fest mit Urlaub gerechnet. Der sollte nun doch nicht stattfinden, die Zeit drängt. Die Kinder sind wieder bei ihrem Vater. Sie fehlen mir, denn sie ziehen immer wieder meine Gedanken weg vom Computer, von Tonbändern und Fragebögen. Noch immer werte ich die langen Gespräche aus. Es geht um die Analyse der Emotionen, und das heißt, ich soll die Frage klären, inwiefern die Gewalttaten möglicherweise auf eine emotionale Verwahrlosung zurückgeführt werden können. Immer wieder hatte mich gewundert, wie unbewegt die Glatzen über ihre Taten sprachen, wie wenig sie bereut hatten, wie kümmerlich wenig Gedanken sie sich über ihre Opfer machten. Ich weiß nicht, wie es tief in ihnen drin aussieht. Brodeln da diffuse Gefühle, ohne dass sie sich dessen bewusst werden? Haben sich die ungelebten Empfindungen zu einem glühend heißen Magma verschmolzen, das unter der Oberfläche lauert, bis es einen Weg nach oben findet, um dann auszubrechen und alles ringsum zu vernichten? Vulkane sind heimtückisch, sie sind unberechenbar und richten ungeheure Verheerungen an, wenn sie ihr Inneres nach außen schleudern. Dann kehrt Ruhe ein, vulkanischer Frieden inmitten der Zerstörung, bis sich die heiße Masse wieder ansammelt, anschwillt, aus dem tiefen Erdinneren heraufschäumt und von neuem ihr zerstörerisches Werk tut.

Ich entdecke viele Gründe für die Zerstörungswut der Glatzen: Das geht von purem »Spaß« über Rache bis zu Strafaktionen. Anders, als man denkt, verspüren einige von ihnen mitunter auch Mitleid und Reue.

Wenn Gefühle überschwappen, vom Verstand nicht mehr zu steuern sind und machen, was sie wollen, dann macht das Angst – und zwar ebenso denjenigen, denen das widerfährt, wie denen, die das Ziel eines solchen Ausbruchs der Gefühle sind. Man ist nicht mehr Herr seiner Sinne, und das ist beängstigend. Zu Kontrollverlusten kommt es aus Liebe wie aus Hass. Wenn es einmal geschehen ist, gibt es mehrere Möglichkeiten: Man rechtfertigt sich für seine Entgleisungen, versucht sie zu vergessen, schluckt die Emotionen hinunter, trampelt sie im Inneren zu Brei – oder man lässt die Gefühle erstarren, spricht nicht mehr darüber, leugnet, sie jemals erlebt zu haben. Vielleicht vergisst man sie irgendwann. Ich denke, zu den schlimmsten Entgleisungen der Seele führt die Liebe, nicht der Hass. Liebe macht verletzbar und dumpf, wenn sie nicht erwidert wird. Eine nie erfahrene Liebe macht den Menschen zum Außenseiter – und zumindest eine Zeit lang quält ihn das. Hass dagegen

ist nur die Folge einer Seelenqual, wenn die Liebe verneint wird oder nicht mehr existent ist.
So ist das mit Gefühlen. Nicht selten hat ein Zuviel oder Zuwenig davon den gleichen Effekt: Man stumpft ab, es erscheint einem alles egal, und oft steht man vor der Frage, ob diese Gleichgültigkeit echt ist oder nur ein Abwehrmechanismus.
Ich bin mittlerweile abgestumpft. Das Thema »Skinhead« berührt mich nicht mehr. Nach Wellen unterschiedlichster Empfindungen, nach Verwunderung, Unsicherheit, Ängsten, nach Depressionen und Albträumen, kommt nun die Gewohnheit. Ich ertappe mich dabei, wie ich in einer Modezeitschrift blättere, während ich die Stimmen der Skins im Ohr habe. Während der eher faden Passagen der Interviews vertreibe ich mir die Zeit mit »mondäner Weiterbildung«. Immer längere Passagen der Bänder wirken öde auf mich: Wieder so ein Kerl, der geschlagen wurde, jedoch nur selten und nur mit der Hand … Wieder so einer, der lebhaft berichtet, wie er einen Neger zu Mus getreten hat – schon oft gehört. Wieder ein Kahlgeschorener, der sich noch nie im Leben wirklich freuen konnte – na und?
Ja, ich bin abgehärtet, verspüre kein inneres Engagement mehr. Ich lese die getippten Interviews meiner Kollegen, eins nach dem anderen, wie an einem Fließband, auf dem die Seelenware vorbeigleitet, um sortiert zu werden: Skinseelen, braune Soßen, stinkende Erzeugnisse, die mich noch vor kurzem fast betäubt hatten. Ich fühle mich wie ein Müllarbeiter mit dickem Handschuh und Mundschutz, der mit stoischer Gelassenheit seinen Job macht, Windeln, leere Dosen, Essensreste, Tampons, Milchtüten auseinander sortiert. Die Augen tränen bisweilen, doch das gehört dazu. Abends geht er heim, der Müllsortierer, holt sich eine Fla-

sche Bier aus dem Kühlschrank und streckt die müden Glieder auf dem Sofa aus. So wie ich. Nach getaner Arbeit, wenn die Schicksale des Tages erledigt sind und bearbeitet auf der Festplatte ruhen, liege ich ruhig und zufrieden mit schweren Augen auf der Couch und sehe regungslos zu, wie Glatzen auf dem Bildschirm durch die Straßen rennen. So einfach ist das mit der Abhärtung.

Am Ende

Wie soll es weitergehen in diesem Buch? Ich hätte noch viele Beispiele zu nennen, könnte noch zahllose Biographien wiedergeben. Ich habe das Manuskript an Freunde verteilt und sie um ihr Urteil gebeten. Wie viele Schicksale ist man zu lesen gewillt, Schicksale, von denen jedes einzigartig ist und die sich doch auf erschreckend konstante Weise wiederholen. Nur zu gern würde ich von Fällen berichten, bei denen die Kindheit geradezu harmonisch verlaufen war, ich suche nach Ausnahmen, um das Buch abwechslungsreich zu machen. In den Interviews meiner Kollegen treffe ich ab und zu auf Ausnahmen von der Regel: liebevolle Eltern, ein schönes Zuhause – und plötzlich, unvermutet, wie aus heiterem Himmel, nicht nachvollziehbar, der Rechtsradikalismus. Da hatte es keine Deprivation gegeben, keine Ängste, keine Suche nach Geborgenheit bei machtvoll erscheinenden Gruppierungen. Aber waren solche Darstellungen wirklich glaubwürdig? Waren es nicht doch Täuschungsversuche?

Noch habe ich mir keine Theorie gebildet, das ist Aufgabe der Statistik, wenn Zahlen den Einfluss des Umfelds oder der Persönlichkeit belegen. Theorien werden folgen, wenn dieses Buch längst geschrieben ist. Alles was sich in meinen Augen als Muster herausgebildet hat, sind oberflächliche

Gesprächserfahrungen, die mit Brutalitäten im Kindesalter zu tun haben: Kinder wurden zu Opfern von systematischen wie von affektiven Misshandlungen, sie wurden zur Strafe im Waschbecken fast ertränkt, mit Glockenspiel und Handbesen geschlagen, sie erlebten Streit, Schreiereien und Demütigungen …

Ich denke, es ist an der Zeit, in mich zu gehen, Abstand zu gewinnen von diesem Buch, von den Skins, von ihren Taten. Auf den Straßen erschrecke ich nicht mehr vor ihnen, sie fallen mir kaum noch auf. Ich ertappe mich sogar dabei, dass sie mich belustigen – vorausgesetzt, ich bin nicht selbst betroffen. Aber als neulich am See drei Glatzen in Badehosen auftauchten, bog ich mich vor Lachen, als ich auf ihre Füße schaute. Die steckten nämlich in weißen Söckchen und braunen Ausgehschuhen. Meine Freundin Silke kommentierte das vergnügt: »Na ja, weißgeschnürte Springerstiefel können die in der Hitze nicht mehr tragen, also zieren sie die Knöchel mit weißen Socken.«

Ich amüsiere mich über sie, nehme sie nicht mehr als Bedrohung war, zu vertraut sind sie mir. Und das ist gefährlich. Niemals sollte eine Glatze einen solchen Platz in meinem Leben einnehmen, dass ich ihr gegenüber distanzlos werde, sie nicht mehr als wandelnde Kaltherzigkeit und Brutalität erfahre, die sich mit braunem Gedankengut schmückt.

Die vielen Stunden und Tage, in denen ich in Klausur war, um dieses Buch zu schreiben, riefen in mir wellenartige Veränderungen hervor, die alle während des vergangenen Jahres erlebten Empfindungen wieder aufleben ließen. Alles durchlebte ich noch einmal: Die Gefühle beim ersten Anblick einer Glatze. Den Strudel der Gewalt.

Die Albträume. Ich hatte ständig das Bedürfnis, über Glatzen zu sprechen. Ich war wie eine Süchtige. Das Schreiben war zur Droge geworden. Morgens kochte ich mir Kaffee, um ihn vor dem Computer zu trinken, die Zeitung blieb im Briefkasten. Mit jeder Zeile hackte ich ein Stück der seelischen Belastung ins Papier – das meiste viel zu emotional, wie ich jetzt finde. Viel zu sentimental habe ich die häuslichen Verhältnisse der Skins beschrieben, ich hatte mich identifiziert, mit den Eltern, mit den Freunden und den Skins selbst. Ich hatte Wut und Hass in mir getragen, war verzweifelt, wenn ich keinen Ausweg aus schwarzbraunen Anekdoten mehr fand. Es war heiß an manchen Tagen. Freunde riefen an und versuchten, mich zum Schwimmengehen zu überreden. Ich aber wollte in der anderen Welt bleiben, wollte keine Abwechslung, wollte tief in der braun-roten Soße waten, denn schreiben konnte ich nur dann, wenn mich diese Welt geschluckt hatte. Hin und wieder zog es mich abends auf den Steg, meistens war Silke dabei. Sie besorgte Wein, ich die Gläser, und wir saßen stumm am Wasser und betrachteten den Sonnenuntergang. Ich erlebte die abendliche Dämmerung nicht als romantische Stunde, sondern als Ausdruck jenes Halbschattens, der sich im Lauf des Tages auf mich gelegt hatte. Silke teilte ihn mit mir, und ich war ihr dankbar.

Manchmal meine ich, mich zu sehr verausgabt zu haben, zu viel Privates und Persönliches zu Papier gebracht zu haben. Freunde und Bekannte, aber auch völlig Fremde werden sie lesen, meine emotionalen Enthüllungen. Möglicherweise empfinden einige die Sentimentalitäten als übertrieben, können nicht nachvollziehen, wie ein paar Begegnungen mit Glatzen wochen- und monatelang zu einem derartigen inneren und äußeren Durcheinander geführt haben sollen. Vielleicht lächeln auch die Kollegen, möglicherweise haben sie die Erfahrung besser weggesteckt als ich. Ich weiß es nicht, es ist mir auch egal.

In mir vermengen sich Peinlichkeit und Trotz. Noch stehe ich zu jedem Satz, den ich geschrieben habe, auch wenn ich es nicht für unwahrscheinlich halte, dass ich eines Tages vor den öffentlich preisgegebenen Gefühlen fliehen will. Aber dann ist es zu spät. Ich werde es als ein Kapitel in meinem Leben betrachten müssen, das ich mit diesem Buch festgeschrieben, für mich und andere greifbar gemacht habe. Das Buch ist authentisch – zumindest heute, an dem Tag, an dem ich im Begriff bin, die letzten Zeilen zu schreiben.

Ich denke zurück an mein erstes Gespräch mit dem Verlag, bei dem ich Skins wie Ware verkauft habe, die Skins und mich, mein Innenleben. Damals ahnte ich, dass es schwer werden würde, die Gratwanderung zu beschreiben, auf die ich mich zwischen der seelischen Notwendigkeit, alles offen darzulegen, und der Angst, mich zu weit aus dem Fenster zu lehnen, begeben habe. Ich bin mir sicher, dass ich dieses Buch nie wieder lesen werde, wenn es gedruckt vor mir liegt. Das Kapitel wird beendet sein.

In ein paar Wochen werde ich den Abschlussbericht für das Bundesministerium zusammen mit meinen Kollegen verfasst haben, sachlich und distanziert. Ich werde versuchen, zu Skins die gebührende Distanz und Verachtung aufzubauen, wenn sie gewalttätig geworden sind. Ich will, dass mir die entsprechenden Zeitungsartikel wieder unter die Haut gehen. Das weiß ich.

»Was wollen Sie mit dem Buch eigentlich erreichen?«, hatte

der Verlag damals von mir wissen wollen. Ja, was will ich erreichen? Was kann ich erreichen? Rezepte für vorbeugende Maßnahmen will ich hier nicht anbieten. Dafür Vorschläge zu machen ist unserer wissenschaftlichen Arbeit vorbehalten. Will ich erklären, entschuldigen? Lesern die Augen öffnen? Ihnen die Ursachen für Rechtsradikalismus darlegen? Auch das kann ich nicht. Aus ein paar Biographien lassen sich keine Verallgemeinerungen ableiten, darum habe ich Interpretationen bewusst vermieden und überlasse sie lieber dem Einfühlungsvermögen der Leser. Werden Skinheads unter den Lesern sein? Wird der eine oder andere kontrollieren, ob er in diesem Buch wiederzuerkennen ist? Werden die Skins Wut verspüren, wenn sie meine Gedanken erfahren? Werde ich dem Vertrauen, das sie mir entgegengebracht haben, gerecht? Ist meine Sichtweise authentisch?

Ich beginne zu zweifeln, deshalb muss ich ein Ende finden. Die Wirkung der Droge beginnt nachzulassen, wie das bei Drogen so üblich ist. Man braucht immer mehr, um sich in einen Rauschzustand versetzen zu lassen, um sich den Kick zu holen. Ich habe mich an die Schicksale gewöhnt, sie sind nichts Besonderes mehr für mich und rufen kaum mehr Emotionen in mir wach, die mich so sehr beschäftigen, dass ich mit klopfendem Herzen darüber schreibe. Ich sitze nicht mehr fiebernd vor dem Monitor, auf dem alles aufgewühlt und Schwarz auf Weiß vor mir steht.

Ich bin wirklich abgehärtet – oder habe ich etwa resigniert? Ich kann nicht helfen, ich kann nicht verhindern, dass es kriminelle Randgesellschaften gibt. Als Wissenschaftlerin füge ich dem angestrengten Versuch, eine Erklärung zu finden für das Phänomen des Rechtsradikalismus, klitzekleine Mosaiksteinchen hinzu. Mehr nicht. Als Mensch versuche

ich Ihnen, den Lesern, eine Welt zu zeigen, die Ihnen ansonsten verborgen geblieben wäre.
Es ist eine unbestimmte, diffuse Welt, aber man kann die Düsternis erahnen, hoffe ich.

Der Ausstieg

Von Hubert hatte ich nichts mehr gehört. Ich mailte ihm Nachrichten auf sein Handy, sie wurden nicht erwidert. Ich schrieb ihm Briefe, sie blieben unbeantwortet.

Mir war klar, dass etwas passiert sein musste. Ich suchte in den Unterlagen nach der Telefonnummer seiner Pflegeeltern und rief an. Seine Pflegemutter, mit der ich bislang noch keinen Kontakt hatte, nahm den Hörer ab. Sie war zögerlich und misstrauisch, wollte keine Auskunft geben. Ihr Sohn sei unterwegs, im Urlaub, behauptete sie.

»So bald hat der Urlaub? Der hat doch grad erst mit der Arbeit angefangen«, sagte ich.

»Wer sind Sie, was wollen Sie von Hubert, woher kennen Sie ihn?«, wollte sie wissen.

Ich erzählte von dem langen Gespräch, von seinen Anrufen und Briefen und von seinem Wunsch, mit mir zu sprechen. Das löste einen wahren Wortschwall bei ihr aus:

»Ich weiß nicht, der Hubert, ich bin so verzweifelt. Ich glaub, der hat wieder was ausgefressen. Gestern war die Polizei da, hat ihn mitgenommen. Sie haben mir nicht gesagt, warum. Ich darf nicht mit ihm sprechen, er sitzt jetzt wieder im Knast. Ich hab es gewusst, vorher habe ich mir so viele Hoffnungen gemacht. Ich dachte, er sei endgültig ausgestiegen. Er ist halt so labil. Dann hat er angefangen, seine Haare zu schneiden. Jede Woche immer kürzer. Ich hab ihn darauf angesprochen, aber er hat gesagt, dass jetzt Sommer sei, und wegen der Hitze will er die Haare kürzer haben. Mama, hat er immer wieder gesagt, glaub mir, ich gehe nicht mehr zurück zu denen. Dann hatte er eines Tages wieder eine richtige Glatze. Da wusste ich, dass es wieder so weit war. Er hat seine Bomberjacke wieder angezogen und ist über Nacht weggeblieben. Mit dem Trinken hat er auch wieder angefangen. Er ist wieder mittendrin, bei denen. Ich kann nicht mehr. Ich habe so gehofft. Der Junge schafft es nicht, der ist einfach zu labil. Ich weiß auch nicht, was ich falsch gemacht hab. Ich glaub, ich will ihn nicht mehr sehen.«

Ich schrieb an Hubert in den Knast, fragte ihn, was passiert sei. Nach wenigen Tagen kam Post von ihm. Hubert stellte sich als unschuldig dar. Etwas anderes blieb ihm auch nicht übrig, wenn er sich nicht selbst belasten wollte, denn Briefe von Gefangenen werden unter Umständen geöffnet und kontrolliert, bevor sie verschickt werden. Ich glaubte nicht an den Zufall, den er mir beschrieb:

»Ausgestiegen bin ich schon lange aus der Szene, es war an dem Abend als es mir langweilig war, wollte halt mal sehen, wie die so drauf sind […] kannst mich ja mal besuchen, muss es vorher wissen, dass ich dich eintragen kann. Zu meinen Eltern habe ich kein Kontakt mehr. Mache jetzt Schluss; freue mich, wenn du Dich meldest.

Tschüss Hubert.«

Vier Monate vorher hatte er geschrieben:

»Bei mir ist alles so weit in Ordnung, die Arbeit macht Spaß, gesund bin ich, was will ich mehr? Ich könnte dich zu mir einladen, zu mir und meiner Pflegefamilie. Ich würde mich so freuen. Da kannst du dann sehen, wie liebe Eltern ich habe und wie schön der Ort ist, wo ich aufgewachsen

bin. Ich hoffe, du meldest dich bald und kommst mich besuchen.
Tschüss Hubert«

Ich werde Hubert besuchen. Irgendwann, privat, nicht dienstlich, weder im Rahmen einer Untersuchung noch im Auftrag eines Ministeriums. Forschungsaufträge dieser Art gibt es ohnehin nicht. Sie sind zu teuer, zu aufwändig, lohnen sich nicht.

Die letzte Begegnung

Es sollten die letzten Stunden sein, die ich mit Skinheads verbringe, so war es zumindest geplant. Dennis und ich waren einen weiten Weg nach Norddeutschland gefahren, um in einem Knast drei Tage lang Interviews zu machen. Zu dieser JVA (Justizvollzugsanstalt) Zutritt zu bekommen war besonders schwierig gewesen. Ich hatte nicht nur ewig lange Telefonate mit der Gefängnisleitung, sondern auch diverse Schreiben der Universität, die meine Integrität bestätigten, und polizeiliche Führungszeugnisse beibringen müssen. Nach acht Wochen zermürbender Vorarbeit hatten wir endlich die Genehmigung. Bei dreißig Grad im Schatten badeten wir auf der Autobahn im eigenen Schweiß, und nach zehn Stunden, in denen wir uns im Schneckentempo über den heißen Asphalt gequält hatten, kamen wir gegen Mitternacht endlich in T. an. Die Nacht war kurz – zu kurz, als dass sich unsere angeschlagenen Nerven hätten erholen können.

Anderntags blinzelten wir uns aus kleinen und geröteten Augen an. Um halb acht Uhr morgens standen wir vor hohen, grün gestrichenen Mauern, tauschten Personalausweise gegen Besucherkärtchen und begaben uns zur Personalleitung. Dort wurde uns eine Belehrung vorgelesen: Wir dürfen keine Gefangenen befreien, dürfen uns nicht bestechen lassen und nach § 114 keinen Verkehr mit Gefangenen eingehen. »Aber dazu ist die Zeit ohnehin zu knapp«, meinte die Personalchefin so ernst, dass wir uns nur mit Mühe das Lachen verkneifen konnten. Diese ausführliche Unterweisung mussten wir schriftlich abzeichnen, bevor wir mit dem ersten Interview anfangen konnten.

Drei Tage lang saßen wir in Eiskellern, andere Räume konnte man uns wegen der Überbelegung nicht anbieten. Die Sonne hatte keine Chance, die dicken Gemäuer aufzuheizen. Ich verlangte nach einer Daunenjacke, Dennis nach Glühwein. Wir leisteten Akkordarbeit: Von einer kurzen Mittagspause abgesehen, arbeiteten wir ohne Unterbrechung von 7 Uhr 30 morgens bis 20 Uhr abends.

Das ging nicht spurlos an uns vorbei, auch wenn wir inzwischen natürlich routiniert waren und in den vergangenen zwölf Monaten gelernt hatten, mit Glatzen umzugehen. Ich erinnere mich, wie Dennis ganz zu Anfang in dem braunen, stinkenden Zimmer versucht hatte, sich hinter einem Kissenberg zu verschanzen. Inzwischen waren wir sozusagen »Skinprofis« geworden. Wir wussten, wie unterschiedlich sie auftreten konnten, wie sie imponieren wollten, wer gefährlich werden könnte, wer unsicher war. Wir verstanden es, mit diesen unterschiedlichen Verhaltensweisen und Eigenschaften umzugehen. Nur wenige blieben während des ganzen Interviews verschlossen, in der Regel konnten wir die Bollwerke durchbrechen, die sie um sich herum aufgebaut hatten. Provokationen perlten an uns ab, Machtkämpfe entschieden wir für uns. Die Routine veränderte uns, sicherlich wirkten wir auf die Skins unnahbarer, distanzierter als früher. Das waren wir auch, wir ließen uns von ihnen nicht mehr ganz nach unten ziehen, zeigten kaum mehr Betroffenheit. Es verschlug uns nicht mehr die Sprache, wenn sie von Dingen berichteten, die uns früher unfassbar vorgekommen wären. Und trotzdem berührten

uns die beispiellosen Schicksale von Tätern und Opfern nach wie vor stark.
Drei Tage lang verarbeiteten wir ein Schicksal nach dem anderen. Nur von den besonders drastischen Erzählungen berichteten wir uns gegenseitig abends beim Wein. Dennis erzählte von einem jungen Kerl, der als Fünfzehnjähriger einen Mann in dessen Wohnung bewusstlos getreten hatte, nur weil dieser sich ein paar Tage zuvor negativ über Glatzen geäußert hatte. Zusammen mit zwei ebenfalls verurteilten Mittätern hatte er zu später Stunde die Wohnungstür seines Opfers eingetreten und war in dessen Schlafzimmer gestürmt. Dort überfiel er den Schlafenden und trat auf ihn ein. Der junge Kerl war mittlerweile seit drei Jahren in Haft und erklärte Dennis mit glasigen Augen, dass die Zeit, in der Skins als pubertierende Knaben lächerlich gemacht wurden, bald vorbei wäre, dafür würde er selbst schon sorgen. Wegen ein paar blöder Schlägereien würde er nicht mehr eingelocht werden, das lohnte sich nicht. Sein Ziel stand fest: die restlichen Jahre absitzen, sein Innenleben keinem zugänglich machen, niemandem trauen (außer Dennis? – warum erzählte er ihm so etwas?), um dann seine Pläne im Untergrundkampf zu verwirklichen: »Es ist die Zeit des Bombenlegens, wir müssen handeln, nicht mehr nur irgendwelche Typen zusammenschlagen und deswegen ein paar Jahre hocken. Wir müssen zeigen, dass Skins zu mehr taugen!«
Stets litt er unter Selbstwertproblemen. Von klein auf lebte er zurückgezogen, wollte keinen Kontakt, weder zum Vater noch zur Mutter. Die hatten sich ohnehin nicht mit ihm abgegeben, sondern es vorgezogen, die Abende mit Bibelstunden zu verbringen, während der Kleine lernte, seine Einsamkeit als Triumph zu erleben. Er ließ keinen Men-

schen mehr an sich heran, sprach mit niemandem, verließ sein Zimmer nur dann, wenn es absolut nötig war. »Ich habe den Umgang mit Menschen nie gelernt«, sagte er zu Dennis. Auch im Interview wirkte er unnahbar und wie eingekapselt in seine eigene Welt. Der Skin habe ihm kein einziges Mal in die Augen gesehen, sagte Dennis.
Rigoros und überaus entschieden wurde der Kerl nur dann, wenn die Sprache auf seine Eltern, vor allem auf seine Mutter kam. Über die wolle er kein einziges Wort verlieren. Über Umwege erfuhr Dennis später, dass die Mutter querschnittsgelähmt war und im Rollstuhl saß, wofür sich der Skin fürchterlich schämte. Er erwähnte keine Prügel, keine Misshandlungen. Nie hatte er Hass verspürt, auch keine Wut. Nie beklagte er sich, nie suchte er Hilfe. Den Hilfsangeboten in der Kinder- und Jugendpsychiatrie verweigerte er sich. Als Dennis wissen wollte, was er bei der Erziehung seiner eigenen Kinder ähnlich machen würde wie seine Eltern, erwiderte er entschieden: »Nichts.« – Und was würde er anders machen? »Ich würde ihnen seelisch mehr geben.«
Möglicherweise wollte er leiden, vielleicht war aber gerade seine Zurückgezogenheit ein ungehörter Hilferuf. »Ich habe meine Chance vertan«, erklärte er Dennis, »jetzt ist es zu spät für die Aufbereitung, es gibt keinen Weg zurück. Das habe ich damals in der Psychiatrie verpasst. Da hätte ich mitarbeiten sollen, hab es aber nicht getan. Jetzt ist es zu spät. Das weiß ich.«
Der Skin war hoch intelligent. Er wusste sich auszudrücken, vor allem wenn es um politische Aussagen ging. Ohne jegliche elterliche Unterstützung meisterte er die Schule, ging auf eigenen Wunsch ins Gymnasium, schrieb nur Einsernoten. Dennis vermutete, dass er wegen seines defensiven und zurückgezogenen Verhaltens bei den Mit-

schülern ziemlich unbeliebt war. Ständig wäre er gegängelt worden, Freunde hatte er keine.
Einsamkeit umgab ihn bis zu dem Tag, an dem er über einen flüchtigen Bekannten zu einer Skingruppe stieß. Zunächst war der damals vierzehnjährige Bub weniger von der politischen Gesinnung beeindruckt als davon, »dass die sich nichts gefallen ließen, die konnten sich durchsetzen«. Nach und nach fand er dann Gefallen an deren Stammtischgeschwätz. Dank seiner hohen Intelligenz wurde er schnell Vordenker und Wegbereiter brauner Gesinnung, was sein Selbstwertgefühl beträchtlich steigerte. Zwei Jahre lang tobte sich der pubertierende Junge aus. Nicht selten wurden die elterlichen Gebetsstunden vom Getrampel der Springerstiefel gestört, wenn Kumpels zu Besuch kamen. Da halfen auch keine Stoßgebete gen Himmel. Hatte Gott es vielleicht so gewollt? Polternde Glatzen im Haus als eine von oben auferlegte Bürde – so konnten die Eltern sich gottergeben damit abfinden.
Seine Skinzugehörigkeit wirkte sich auf die Schule aus. Er begann den Unterricht zu schwänzen. Vergebens versuchten die Lehrer, ihn davon zu überzeugen, dass er ein sehr gutes Abitur machen könnte. Er aber entschied sich für einen anderen Weg, der bestimmt war von der Suche nach der eigenen Identität und nach Durchsetzungsvermögen, nach einem Umfeld, in dem es nicht weiter auffiel und störte, dass Gefühle tabu sind. Bei den Skins konnte er aus seiner Not eine Tugend machen: Gefühlsarmut ist dort gefragt, sie ist nötig, wenn man sich auf Menschenjagd macht.
»Bei dem ist alles zu spät, so wie der sich aufgegeben hat«, meinte Dennis abschließend. Ich fand es geradezu zynisch, dass ausgerechnet so gottesfürchtige Eltern ein solcher Schicksalsschlag treffen musste.

Ein Skin, mit dem ich gesprochen hatte, hatte immer mit dem Kleiderbügel eins auf die Fingerspitzen bekommen, wenn er sich weigerte zu beten. Dieser Kerl war ein Riese, der mich aufgrund seiner plumpen und unbeholfenen Bewegungen an einen Tanzbären erinnerte. Ich war mir sicher, dass er hochgradig gefährlich war. Er war über und über mit einschlägigen Motiven tätowiert: Totenköpfe, die »88«, »Blood and Honor« und so weiter. Ein paar Tattoos hatte er selbst fabriziert, jedoch verhältnismäßig stümperhaft: »Was soll man anderes machen, wenn man dreiundzwanzig Stunden Einschluss hat, und den hatte ich oft und lange!« Er schien stolz darauf zu sein, dass diese besondere Strafmaßnahme, bei der aufmüpfige Insassen dreiundzwanzig Stunden ohne Fernseher und sonstige Ablenkung in Einzelhaft kommen, bei ihm nie etwas bewirkt hatte: »Die können mich nie ändern, im Gegenteil, ich werde hier noch extremer mit all den dreckigen Kanaken!«

Eigentlich sei er überaus friedlich, nur wenn seine Ruhe aus dem Konzept gebracht werde, dann schlage er mit den gleichen Mitteln zurück, mit denen er angegriffen worden war. »Gilt das auch für Verbalattacken?«, fragte ich ihn, merkte aber schnell, dass ihn das intellektuell überforderte, also formulierte ich um: »Was machst du, wenn dich jemand beleidigt, ohne dich körperlich anzugreifen?« Angeblich beschränkten sich seine Reaktionen dann ebenfalls auf beleidigende Worte. Wer ihn physisch angegriffen hätte, sei bislang jedoch noch jedes Mal schwer verletzt im Krankenhaus gelandet, brüstete er sich. Angesichts seiner Statur wunderte mich das nicht weiter, allerdings fragte ich mich, ob es außerhalb seiner Gerechtigkeitsfiktionen tatsächlich jemals eine Person gegeben hat, die sich freiwillig auf einen Nahkampf mit diesem Bären eingelassen hatte, ohne dabei von Selbstmordabsichten getrieben worden zu sein. Der Kerl log, dass sich die Balken bogen, und er war zu blöd, um zu merken, wie leicht durchschaubar seine Unwahrheiten waren.

Seine Dummheit machte ihn so gefährlich, entsprechend abscheulich waren seine Taten: Kiefer- und Nasenbeinbrüche sah der Koloss als Kavaliersdelikte, als Kleinigkeiten an, Beinbrüche seien da schon respektabler. Ab dem vierzehnten Lebensjahr schlägerte er sich durch sein soziales Umfeld. Lehrer, Schüler und Eltern trugen blaue Flecken davon, wenn sie sich dem Riesen in den Weg stellten. Sogar die zwei Jahre jüngere Schwester bezog Prügel, wenn sie vergaß, vor dem Eintritt ins Reich der Glatze zweimal anzuklopfen. Er riss ihr die Haare aus, wenn er glaubte, dass sie sein Deo benutzt hatte, trat sie mit Springerstiefeln, wenn ihre Musik zu laut war. Die Eltern, früher die tyrannischen Herrn im Haus, hatte er zu Knechten degradiert. Sie hatten jede Macht verloren und sahen kommentarlos zu, wenn der Sohn die Tochter misshandelte. Das Mädchen war zwölf, als sie aus Angst vor dem brüderlichen Jähzorn fortlief und drei Wochen nicht mehr auftauchte. Sie hatte sich bei einer älteren Freundin versteckt. Schließlich wurde das Jugendamt auf die Familie aufmerksam und steckte den Kerl ins Heim für Schwererziehbare, wo er die ersten Kontakte zur Skinszene knüpfen konnte.

»Wie kann man nur seine eigene Familie, vor allem die kleine Schwester schlagen?«, empörte sich Dennis. »Das sind alles wandelnde Zeitbomben«, sagte ich. »Die kommen irgendwann wieder raus und sind alles andere als einsichtig. Einer sagte zu mir, sein Leben bestünde nur aus Gewalt. Die bräuchte er. Mit ihr würde er den Rest seines Lebens verbringen. Was will man mit solchen Menschen machen? Das ganze Leben lang einsperren? Oder soll man sie alle fünf Jahre rauslassen, damit sie ein paar Ausländer oder Punks niedertreten und ein paar Bomben bauen können und wir sie dann wieder einsperren?«

Am zweiten Abend waren Dennis und ich ausgesprochen ratlos. Wir dachten nach, diskutierten, schwiegen und tranken viel Wein. Unabhängig voneinander hatten wir bei unseren Interviews erfahren, dass es eine äußerst aktive rechtsradikale Szene in diesem Knast gab, von deren Existenz angeblich weder die Beamten noch die Gefängnisleitung etwas wussten. Sie verfassen, drucken und verteilen sogar ihre eigene Zeitung und haben ein ausgeklügeltes Kommunikationssystem. Entsprechende Unterstützung kommt von außen, von der »Braunen Hilfe«. Auch die NPD versorgt ihre eingeschlossenen Schützlinge tatkräftig – in emotionaler, finanzieller und materieller Hinsicht.

Trotz des Gewöhnungseffekts stellte sich bei uns am dritten Tag eine Art emotionale Überflutung ein. In Anbetracht der vielen Gesprächsstunden fand Dennis das durchaus normal, der unseren Zustand mit jener Übermüdung verglich, die einen nicht mehr schlafen lässt. Aus unserer Erschöpfung wurde Überanspannung und Rastlosigkeit, die zuletzt in unglaubliche Albernheit mündete. So saßen wir abends in Bars herum und lachten kindisch über jeden Unsinn. Wir lachten auf der Straße, lachten im Auto.

Im Zuge unserer Albereien erzählte ich Dennis von einem Skin, der den Ursprung seiner Ausländerfeindlichkeit doch tatsächlich ins Säuglingsalter zurückdatiert hatte: »Ich habe schon als Baby die Krise geschoben, wenn irgend so ein Fidschi seine Rübe in den Kinderwagen gesteckt hat.« Die Vorstellung, Vietnamesen hätten deutsche Kinderwagen inspiziert und somit zur allgemeinen Ausländerfeindlichkeit selbst beigetragen, amüsierte mich trotz der Gefährlichkeit, die eine derartige Hirnlosigkeit impliziert. Dennis merkte trocken an, man habe versäumt, diese eindeutige Quelle des Rassismus per Gesetz zu unterbinden.

Am vierten Tag waren wir bereits mittags fertig, da drei Skins ihre Einwilligung zum Interview zurückgezogen hatten.

Voll beladen mit Eindrücken und ausgefüllten Fragebögen fuhren wir zurück. Obwohl Freitag war, kamen wir recht zügig voran, so dass ich Dennis nach knapp neunstündiger Fahrt vor seiner Haustür verabschiedete.

Ich war gerade auf dem Weg durch die Dämmerung nach Hause, als Daniel auf dem Handy anrief und fragte, ob ich Lust hätte, den Abend am See ausklingen zu lassen. Eine gute Idee! In der Tankstelle kaufte ich Wein, packte einen Korb mit Decken, Windlichtern und Handtüchern, ließ mich von Daniel abholen, und zehn Stunden, nachdem sich die Knasttüren hinter mir geschlossen hatten, fand ich mich auf einem romantisch gelegenen Steg wieder. Wir saßen lange da, unterhielten uns und schwiegen. Mal waren wir allein, dann gingen wir baden, mal saßen Liebespaare um uns herum. Wir genossen den Rotwein, der uns schläfrig werden ließ. Das Funkeln der Lichter aus den Häusern der nahe gelegenen Stadt hatte deutlich abgenommen, es war spät. Außer uns war noch eine kleine Gruppe junger Leute auf dem Steg. Vier Jungen und drei Mädchen. Auch sie tranken Wein und rauchten Zigaretten.

Weder Daniel noch ich hatten die lauten Schritte zunächst bemerkt. Ich weiß nicht, wie lange sie schon da waren, die Unruhe hatte ich nur mit halbem Bewusstsein registriert.

»Hast du Nazischwein zu mir gesagt?« Der Schrei, mit dem dieser Satz ausgestoßen wurde, ging mir durch Mark und

Bein. Ich reagierte wie ein Pawlowscher Hund, schließlich war ich lange genug konditioniert worden. Augenblicklich begann das Herz zu rasen. Adrenalin brachte Körper und Verstand auf Hochtouren. Ohne mich umzudrehen, wusste ich, was hinter mir los war. Daniel sagte nur: »Wusste nicht, dass du noch im Dienst bist – da sind sie ja, deine harten Jungs.«

Ich weiß nicht genau, zu wie vielen sie waren, schätzungsweise acht bis zehn. Sie waren gnadenlos betrunken. Daniel musterte sie, als seien sie Neuankömmlinge von einem anderen Planeten: »Das hab ich ja noch nie erlebt, so nahe, und das hier.«

Die Situation eskalierte. Vor mir war Wasser, neben mir ein völlig verblüffter Daniel, einen Meter schräg hinter mir eine Gruppe heftig diskutierender Jugendlicher, die ihre Klappe nicht hatten halten können, und keine zwei Meter weiter die aggressiv pöbelnden Glatzen.

»Schau weg, schau weg, schau sie nicht an, das macht die noch aggressiver«, zischte ich Daniel zu. Der aber kannte Skingeschichten nur aus der Zeitung, wusste nicht, wie es zu Gewalttaten kommt, ahnte nicht, dass meist nur ein einziger kleiner Funke überspringen muss, um Skinheads ausrasten zu lassen. Ich griff zum Handy.

»Finger weg von dem Handy, du Schlampe, meinst du, wir sind blöde?«, brüllte jemand von hinten.

Ich wusste nicht genau, wen sie meinten, denn aus den Augenwinkeln sah ich ein Display in den Händen eines Jugendlichen leuchten. Ich legte das Telefon beiseite. Mein Herz klopfte so heftig, wie schon lange nicht mehr. Immer wieder sagte ich mir, dass die Skins aus dieser Gegend für ihre verhältnismäßige Harmlosigkeit bekannt sind. Es sind keine wirklich harten Kerle, die bei jedem Streit völlig ausrasten. Dennoch, auch diese haben was auf dem Kerbholz. Das wusste ich aus der Zeitung, in der während der letzten Wochen immer wieder berichtet worden war, dass Skins aus L. hier heraus aufs Land fahren, um die Dorfjugend aufzumischen.

»Wenn die mit dem Schlagen anfangen, dann geht's uns allen an den Kragen«, flüsterte ich. Zivilcourage? Tapferkeit? Bitte, wie soll man das machen? Soll man sich vor einen Skinhead stellen und ihm in aller Ruhe sagen, dass nicht richtig ist, was er tut? Oder soll man sich den Schädel einschlagen lassen, weil man so mutig war und versucht hat, die Polizei anzurufen? Alle mahnenden Politiker, die es besser wissen wollen, sollte man einen nach dem anderen auf diesen Steg setzen, nachts, wenn weit und breit keine Menschenseele ist, kein Haus, keine Straße, auf der Autos fahren – und dann kommen diese Typen vorbei. Wer da Zivilcourage zeigt, ist den letzten Tag Politiker gewesen, dachte ich bei mir.

Die Glatzen schaukelten sich gegenseitig hoch, immer wieder näherten sie sich auf extrem aggressive Weise den Jugendlichen, die inzwischen eng zusammengerückt waren. Ich vermied es, mich umzudrehen, und auch Daniel zog es vor, die glatte Wasseroberfläche zu bewundern. Ich glaube, er war weiß wie eine Wand, als er versuchte, die Sache mit schwarzem Humor zu bewältigen. Erst meinte er, er werde jetzt ins Wasser springen und ans andere Ufer schwimmen. »Und ich? Was wird aus mir?«, fragte ich. Da disponierte Daniel um: »Nein, ich werde dableiben. Ich beschütze dich, keine Angst, und wenn alle Stricke reißen, singe ich das Horst-Wessel-Lied. Bei meinem Haarschnitt werden mir die Trottel das bestimmt abnehmen.«

Die Jugendlichen hinter uns wurden allmählich starr und

stumm vor Schreck. Gottlob hörten sie mit ihren sinnlosen Überredungsübungen auf. Möglicherweise war auch ihnen endlich klar geworden, dass die Skins auf Provokationen aus waren. Dennoch wollte einer dieser Kerle nicht aufhören. Mit seinen Stiefeln trat er in die kauernde Runde, wurde aber von seinen Kumpanen wieder zurückgezogen. Sie gingen ein paar Meter den Steg zurück, wie um sich zu beraten, was nun zu machen sei. Ich fühlte mich unbeobachtet und rief die Polizei an. Die war bereits informiert worden – möglicherweise von Leuten, die ganz hinten von der Wiese aus das Geschehen beobachtet hatten –, ein Streifenwagen sei unterwegs.

Etwa fünfzehn Minuten, nachdem die Glatzen den Steg betreten hatten, kam der Einsatzwagen mit Sirenengeheul ans Ufer. Die Polizisten leuchteten mit Taschenlampen das Ufer ab und suchten nach den Skins, die sich mit lautem Lachen getrollt hatten, als sie das Martinshorn hörten.

Ich denke, wir hatten verdammtes Glück. Es war gut, dass die Jugendlichen ruhig geworden waren, dass sie den Aggressionen der Glatzen nichts entgegengesetzt hatten.

Vor zwölf Stunden noch, als ich im Knast mein letztes Interview geführt, den letzten Fragebogen eingepackt und mich vom letzten Skin verabschiedet hatte, hatte ich erleichtert gedacht, das sei es gewesen. Tief einatmen, langsam ausatmen, sich zurücklehnen, das Kapitel einfach abschließen – so hatte ich mir das vorgestellt. Das Leben hatte andere Pläne. Was wird noch kommen?

Dank

Ohne die tatkräftige Hilfe vieler guter Freunde hätte ich dieses Buch nicht schreiben können. Ich möchte ihnen an dieser Stelle von Herzen danken.
Allen voran Silke Hildebrandt, die mich Nacht für Nacht vom Bahnhof abholte, wenn ich von meinen Knastbesuchen heimkam. Stundenlang hörte sie mir mit großem Einfühlungsvermögen zu und überarbeitete das Manuskript mit viel Können.
Christian Tramitz und Annette Göbel unterstützten mich, indem sie die Kinder viele Wochen zu sich nahmen und mir dadurch die Möglichkeit gaben, zu arbeiten.
Monika Tramitz sowie Manzi Sedlmeir waren stets für mich da, wenn ich Hilfe brauchte. Peter Sedlmeir fuhr die Kinder oft in die Schule, als sie bei Christian wohnten.
Alexandra, Pia, Achim und Marsil Wirbser waren für meine Kinder fast schon wie eine Ersatzfamilie. Durch sie waren die Zwillinge nicht allzu sehr meinen schwankenden Launen ausgesetzt, die mich beim Schreiben üblicherweise begleiten.
Lionel von dem Knesebeck danke ich für das Vertrauen, das er in das Buch hatte.
Besonderer Dank gebührt meinem lieben Kollegen Dr. PD Klaus Wahl, der mich zur Mitarbeiterin dieses Projekts gemacht hat. Von ihm habe ich sehr viel gelernt.
Prof. Dr. Gerd Kegel gab mir die Gelegenheit, die Arbeit als

wissenschaftliche Mitarbeiterin an seinem Institut durchzuführen.
Dank auch der Volkswagenstiftung, die das Forschungsprojekt »Rechtsextremismus und Ausländerfeindlichkeit« mitfinanziert hat.